计算机组成原理

COMPOSITION PRINCIPLE

精深解读 练题册

研芝士李栈教学教研团队 ◎ 编著

中国农业出版社
CHINA AGRICULTURE PRESS

·北京·

目 录

第1章　计算机系统概述

1.1 计算机系统层次结构

● 单项选择题

1. 冯·诺依曼计算机中指令与数据均以二进制形式存放在存储器,CPU 区分它们的依据是（　　）。

    A. 指令操作码的译码结果 　　　　　B. 指令和数据的寻址方式

    C. 指令周期的不同阶段 　　　　　　D. 指令和数据所在的存储单元

2. 某计算机存储器按字节编址,采用小端方式存放数据。假定编译器规定 int 型和 short 型长度分别为 32 位和 16 位,并且数据按边界对齐存储。某 C 语言程序段如下:

```
struct{
    int a;
    char b;
    short c;
}record;
record. a=273;
```

若 record 变量的首地址为 0XC008,则地址 0XC008 中内容及 record. c 的地址分别为（　　）。

    A. 0X00、0XC00D 　　　　　　　　B. 0X00、0XC00E

    C. 0X11、0XC00D 　　　　　　　　D. 0X11、0XC00E

3. 计算机硬件能够直接执行的是（　　）。　　　　　　　【全国统考2015 年】

    Ⅰ. 机器语言程序　　Ⅱ. 汇编语言程序　　Ⅲ. 硬件描述语言程序

    A. 仅Ⅰ 　　　　　　　　　　　　　B. 仅Ⅰ、Ⅱ

    C. 仅Ⅱ、Ⅲ 　　　　　　　　　　　D. Ⅰ、Ⅱ、Ⅲ

4. 将高级语言源程序转换为机器级目标代码文件的程序是（　　）。　　【全国统考2016 年】

    A. 汇编程序 　　　　　　　　　　　B. 链接程序

    C. 编译程序 　　　　　　　　　　　D. 解释程序

5. 冯·诺依曼结构计算机中数据采用二进制编码表示,其主要原因是（　　）。

【全国统考2018 年】

    Ⅰ. 二进制运算规则简单

    Ⅱ. 制造两个稳态的物理器件较容易

    Ⅲ. 便于用逻辑门电路实现算术运算

    A. 仅Ⅰ、Ⅱ 　　　　　　　　　　　B. 仅Ⅰ、Ⅲ

    C. 仅Ⅱ、Ⅲ 　　　　　　　　　　　D. Ⅰ、Ⅱ和Ⅲ

6. 某计算机字长为 32 位,按字节编址,采用小端(Little Endian)方式存放数据。假定有一个 double 型变量,其机器数表示为 1122334455667788H,存放在 00008040H 开始的连续存储单元中,则存储单元 00008046H 中存放的是(   )。 【全国统考 2016 年】

    A. 22H   B. 33H   C. 66H   D. 77H

7. 某 CPU 内部的 MAR 寄存器的位数为 10,它输出 10 位地址信息。它的 MDR 是 16 位,对外数据线有 16 根。则该 CPU 可以直接访问的存储器的地址空间是(   )。

    A. 1024   B. 2048   C. 65536   D. 131072

8. 下列关于冯·诺依曼结构计算机基本思想的叙述中,错误的是(   )。 【全国统考 2019 年】

    A. 程序的功能都通过中央处理器执行指令实现

    B. 指令和数据都用二进制表示,形式上无差别

    C. 指令按地址访问,数据都在指令中直接给出

    D. 程序执行前,指令和数据需预先存放在存储器中

1.2 计算机性能指标

● 单项选择题

1. 假设基准程序 A 在计算机上运行时间为 100s,其中 90s 为 CPU 时间,其余为 I/O 时间。若 CPU 速度提高 50%,I/O 速度不变,则运行基准程序 A 所耗费的时间是(   )。

    A. 55s   B. 60s   C. 65s   D. 70s

2. 某计算机主频为 1.2 GHz,其指令分为 4 类,它们在基准程序中所占比例及 CPI 如下表所示。

指令类型	所占比例	CPI
A	50%	2
B	20%	3
C	10%	4
D	20%	5

该机的 MIPS 数是(   )。

    A. 100   B. 200   C. 400   D. 600

3. 程序 P 在机器 M 上的执行时间是 20 秒,编译优化后,P 执行的指令数减少到原来的 70%,而 CPI 增加到原来的 1.2 倍,则 P 在 M 上的执行时间是(   )。 【全国统考 2014 年】

    A. 8.4 秒   B. 11.7 秒   C. 14 秒   D. 16.8 秒

4. 假定计算机 M1 和 M2 具有相同的指令体系结构(ISA),主频分别为 1.5GHz 和 1.2GHz。在 M1 和 M2 上运行某基准程序 P,平均 CPI 分别为 2 和 1,则程序 P 在 M1 和 M2 上运行时间的比值是(   )。 【全国统考 2017 年】

    A. 0.4   B. 0.625   C. 1.6   D. 2.5

5. 2017 年公布的全球超级计算机 TOP 500 排名中,我国"神威·太湖之光"超级计算机蝉联第一,其浮点运算速度为 93.0146PFLOPS,说明该计算机每秒钟完成的浮点操作次数为(   )。 【全国统考 2021 年】

    A. $9.3×10^{13}$ 次   B. $9.3×10^{15}$ 次

    C. 9.3 千万亿次   D. 9.3 亿亿次

● 综合应用题

假定某个程序在计算机 A 上运行需要 50s。A 的时钟频率为 100MHz。现在将该程序在计算机 B 上运行,希望用时 20s。运行该程序,B 需要的时钟周期数量是 A 需要的时钟周期数量的 2.5 倍,计算 B 的时钟频率。

第2章 数据的表示和运算

2.1 数制与编码

● 单项选择题

1. 下列一组数中最小的数是( )。

A.1111(B)   B. 10(H)   C. 11(O)   D. 10

2. 某个2位十进制数34,假定采用压缩BCD码形式存储在某8位寄存器中,不要求存储符号,则该寄存器的内容是( )。

A. 22H   B. 34H   C. 22   D. 34

3. 与十进制766等值的十六进制数为( )。

A.1FE   B. 2FE   C. 1FF   D. 2FF

4. 1个汉字在计算机存储时,存储的形式被称为( )。

A. 汉字输入码   B. 汉字区位码   C. 汉字国标码   D. 汉字内码

5. 一个8位的机器数1000 0000,如果它所采用的表示格式是"不带符号的BCD(8421码)",以十进制表示其真值为( )。

A. 128   B. −127   C. −128   D. 80

2.2 定点整数

● 单项选择题

1. 32位补码所能表示的整数范围是( )。   【全国统考2022年】

A. $-2^{32} \sim 2^{31}-1$ B. $-2^{31} \sim 2^{31}-1$ C. $-2^{32} \sim 2^{32}-1$ D. $-2^{31} \sim 2^{32}-1$

2. 假定带符号整数采用补码表示,若int型变量x和y的机器数分别是FFFF FFDFH和0000 0041H,则x、y的值以及$x-y$的机器数分别是( )。   【全国统考2018年】

A. $x=-65, y=41, x-y$ 的机器数溢出

B. $x=-33, y=65, x-y$ 的机器数为FFFF FF9DH

C. $x=-33, y=65, x-y$ 的机器数为FFFF FF9EH

D. $x=-65, y=41, x-y$ 的机器数为FFFF FF96H

3. 整数x的机器数为1101 1000,分别对x进行逻辑右移1位和算术右移1位操作,得到的机器数各是( )。   【全国统考2018年】

A. 1110 1100,1110 1100   B. 0110 1100,1110 1100

C. 1110 1100,0110 1100   D. 0110 1100,0110 1100

4. 有如下C语言程序段:

```
short si=-32767;
unsigned short usi=si;
```

执行上述两条语句后,usi 的值为( )。
【全国统考 2016 年】
  A. -32767   B. 32767   C. 32768   D. 32769

5. 由 3 个"1"和 5 个"0"组成的 8 位二进制补码能表示的最小整数是( )。
【全国统考 2015 年】
  A. -126   B. -125   C. -32   D. -3

6. 若 $x=103, y=-25$,则下列表达式采用 8 位定点补码运算实现时,会发生溢出的是( )。
【全国统考 2014 年】
  A. $x+y$ B. $-x+y$ C. $x-y$ D. $-x-y$

7.某字长为 8 位的计算机中,已知整型变量 x、y 的机器数分别为 $[x]_补=1\,1110100$,$[y]_补=1\,0110000$。若整型变量 $z=2*x+y/2$,则 z 的机器数为( )。
  A. 1 1000000   B. 0 0100100   C. 1 0101010   D. 溢出

8. 假定编译器规定 int 和 short 型长度分别为 32 位和 16 位,执行下列 C 语言语句:

```
unsigned short x=65530;
unsigned int y=x;
```

得到 y 的机器数为( )。
  A. 0000 7FFAH   B. 0000 FFFAH
  C. FFFF 7FFAH   D. FFFF FFFAH

9. 一个 C 语言程序在一台 32 位机器上运行。程序中定义了三个变量 x、y 和 z,其中 x 和 z 为 int 型,y 为 short 型。当 $x=127, y=-9$ 时,执行赋值语句 $z=x+y$ 后,x、y 和 z 的值分别是( )。
  A. x=0000007FH,y=FFF9H,z=00000076H
  B. x=0000007FH,y=FFF9H,z=FFFF0076H
  C. x=0000007FH,y=FFF7H,z=FFFF0076H
  D. x=0000007FH,y=FFF7H,z=00000076H

10. 假定有 4 个整数用 8 位补码分别表示为 r1=FEH,r2=F2H,r3=90H,r4=F8H,若将运算结果存放在一个 8 位寄存器中,则下列运算中会发生溢出的是( )。
  A. r1×r2   B. r2×r3   C. r1×r4   D. r2×r4

11. 把 8 位补码 89H 进行逻辑左移 1 位,结果是( )。
  A. 0001 0010   B. 1100 0100   C. 0001 0001   D. 1001 0001

12. 把 8 位补码 89H 进行逻辑右移 1 位,结果是( )。
  A. 1100 0100   B. 0100 0100   C. 1100 0101   D. 0100 0101

13. 把 8 位补码 89H 进行算术左移 1 位,结果是( )。
  A. 0001 0010   B. 1100 0100   C. 0001 0001   D. 1001 0001

14. 把 8 位补码 89H 进行算术右移,结果是( )。
  A. 0001 0010   B. 1100 0100   C. 0001 0001   D. 1001 0001

15. $X_补$=0101 1111,$Y_补$=0111 0111,进行 $X_补$ 与 $Y_补$ 的加法运算后,进位 CF 与溢出位 OF 分别为( )。
  A. 1、0   B. 1、1   C. 0、1   D. 0、0

16. 把 8 位补码 94H 转换为 16 位补码,得到( )。
  A. 0094H   B. FF94H   C. 0F94H   D. F094H

17. 把 8 位无符号数 94H 转换为 16 位无符号数,得到( )。

    A. 0094H   B. FF94H   C. 0F94H   D. F094H

18. 某个 32 位有符号数的补码为 FFFF9094H,与它的真值相等的补码是( )。

    A. 4H   B. 94H   C. 094H   D. 9094H

19. 要把存放在寄存器 R0 的无符号数乘以 8,可以进行的操作是( )。

    A. 把 R0 逻辑左移 3 位   B. 把 R0 逻辑右移 3 位

    C. 把 R0 逻辑右移 8 位   D. 把 R0 算术右移 8 位

20. 已知 $X_{补}$,求 $(-X)_{补}$ 的步骤是( )。

    A. 把 $X_{补}$ 的所有位取反,加 1   B. 把 $X_{补}$ 的除去最高位的剩余位取反,加 1

    C. 把 $X_{补}$ 的所有位取反   D. 把 $X_{补}$ 的除去最高位的剩余位取反

21. 两个 4 位无符号数送入加法器运算后,和为 0111,进位 C 为 1,溢出位 OF 为 0,则两个无符号数的和的真值是( )。

    A. 23   B. 7   C. −7   D. 无法确定

22. 两个 4 位有符号数以补码形式送入加法器运算后,和为 1011,进位 C 为 1,溢出位 OF 为 0,则两个有符号数的和的真值是( )。

    A. −3   B. −5   C. −11   D. 无法确定

23. 两个 4 位有符号数以补码形式送入加法器运算后,和为 1011,进位 C 为 1,溢出位 OF 为 1,则两个有符号数的和的真值是( )。

    A. −5   B. −3   C. −11   D. 无法确定

24. 考虑以下 C 语言代码:

```
unsigned short usi = 65535;
short si = usi;
```

执行上述程序段后,si 的值是( )。   **【全国统考 2019 年】**

    A. −1   B. −32767   C. −32768   D. −65535

● 综合应用题

1. 假定在一个 8 位字长的计算机中运行如下 C 程序段:

```
unsigned int x = 134;
unsigned int y = 246;
int m = x;
int n = y;
unsigned int z1 = x−y;
unsigned int z2 = x+y;
int k1 = m−n;
int k2 = m+n;
```

若编译器编译时将 8 个 8 位寄存器 R1～R8 分别分配给变量 x、y、m、n、z1、z2、k1 和 k2。请回答下列问题(提示:带符号整数用补码表示)。

    (1)执行上述程序段后,寄存器 R1、R5 和 R6 的内容分别是什么(用十六进制表示)?

    (2)执行上述程序段后,变量 m 和 $k1$ 的值分别是多少(用十进制表示)?

    (3)上述程序段涉及带符号整数加/减、无符号整数加/减运算,这四种运算能否利用同一个加法器辅助电路实现？简述理由。

(4) 计算机内部如何判断带符号整数加/减运算的结果是否发生溢出？上述程序段中,哪些带符号整数运算语句的执行结果会发生溢出？

2. 某个 32 位的补码 FF FF E4 10H 对应的真值是多少？用补码表示该真值至少需要多少位？

3. 假定 $X_补$ = 0110 1010,$Y_补$ = 0111 0110,当运算器进行 $X_补$ - $Y_补$ 时,得到的结果是什么？OF 位的值是多少？CF 位的值是多少？

2.3 浮点数

● 单项选择题

1. float 型数据常用 IEEE 754 单精度浮点格式表示。假设两个 float 型变量 x 和 y 分别存放在 32 位寄存器 f1 和 f2 中,若(f1)= CC90 0000H,(f2)= B0C0 0000H,则 x 和 y 之间的关系为( )。

【全国统考 2014 年】

A. $x<y$ 且符号相同

B. $x<y$ 且符号不同

C. $x>y$ 且符号相同

D. $x>y$ 且符号不同

2. 某数采用 IEEE 754 单精度浮点数格式表示为 C640 0000H,则该数的值是( )。

A. -1.5×2^{13} 　　　 B. -1.5×2^{12} 　　　 C. -0.5×2^{13} 　　　 D. -0.5×2^{12}

3. float 类型(即 IEEE 754 单精度浮点数格式)能表示的最大正整数是( )。

A. $2^{126}-2^{103}$ 　　 B. $2^{127}-2^{104}$ 　　 C. $2^{127}-2^{103}$ 　　 D. $2^{128}-2^{104}$

4. 浮点数加、减运算过程一般包括对阶、尾数运算、规格化、舍入和判溢出等步骤。设浮点数的阶码和尾数均采用补码表示,且位数分别为 5 位和 7 位(均含 2 位符号位)。若有两个数 $X=2^7\times29/32$,$Y=2^5\times5/8$,则浮点加法计算 $X+Y$ 的最终结果是( )。

A. 00111 1100010

B. 00111 0100010

C. 01000 0010001

D. 发生溢出

5. 在按字节编址,采用小端方式的 32 位计算机中,按边界对齐方式为以下 C 语言结构型变量 a 分配存储空间。

```
struct record{
    short x1;
    int x2;
}a;
```

若 a 的首地址为 2020 FE00H,a 的成员变量 x2 的机器数为 1234 0000H,则其中 34H 所在存储单元的地址是( )。

【全国统考 2020 年】

A. 2020 FE03H 　　 B. 2020 FE04H 　　 C. 2020 FE05H 　　 D. 2020 FE06H

6. 已知带符号整数用补码表示,float 型数据用 IEEE 754 标准表示。假定变量 x 的类型只可能是 int 或 float,当 x 的机器数为 C800 0000H 时,x 的值可能是( )。　　　**【全国统考 2020 年】**

A. -7×2^{27} 　　　 B. -2^{16} 　　　 C. 2^{17} 　　　 D. 25×2^{27}

● 综合应用题

1. $f(n)==1+2+4+\cdots+2n=2^{(n+1)}-1=111\cdots1$(共 $n+1$ 位个 1),计算 $f(n)$ 的 C 语言函 $f1$ 如下:

```
int f1 ( unsigned n){
    int sum=1,power=1;
    for ( unsigned i=0; i <= n -1; i ++){
        power * =2;
        sum+=power;
    }
    return sum;
}
```

将 $f1$ 中 int 都改为 float,可得到计算 $f(n)$ 的另一个函数 $f2$。假设 unsigned 与 int 型数据都占 32 位,float 采用 IEEE 754 单精度。

回答下列问题: 【全国统考 2017 年】

(1)当 $n=0$ 时,$f1$ 会出现死循环,为什么?若将 $f1$ 中变量 i 和 n 都定义为 int 型,则 $f1$ 是否会出现死循环,为什么?

(2)$f1(23)$ 和 $f2(23)$ 的返回值是否相等?机器数各是多少?(用十六进制表示)

(3)$f1(24)$ 和 $f2(24)$ 的返回值分别是 33554431 和 33554432.0,为什么不相等?

(4)$f(31)=2^{32}-1$,而 $f1(31)$ 的返回值却是 −1,为什么?若使 $f1(n)$ 的返回值与 $f(n)$ 相等,则最大的 n 是多少?

(5)$f2(127)$ 的机器数为 7F800000H,对应的值是什么?若使 $f2(n)$ 的结果不溢出,则最大的 n 是多少?若使 $f2(n)$ 的结果精确(无舍入),则最大的 n 是多少?

2. 某浮点数的 IEEE 754 单精度表示如下,计算该浮点数的值。

2.4 运算方法和运算电路

● 单项选择题

1. 串行加法器的缺点是(　　)。

A. 电路复杂　　　　　　　　　　　　B. 速度慢,进位延迟

C. 采用门电路实现　　　　　　　　　D. 采用时序电路实现

2. 行波加法器的优点是(　　)。

A. 电路复杂　　　　　　　　　　　　B. 速度快,进位生成快

C. 采用门电路实现　　　　　　　　　D. 采用时序电路实现

第 3 章　存储器层次结构

3.1 存储器的分类

● 单项选择题

下列各类存储器中,不采用随机存取方式的是(　　)。

A. EPROM　　　　　B. CDROM　　　　　C. DRAM　　　　　D. SRAM

3.2 存储器的层次化结构

● 综合应用题

一个存储系统具有 4 级层次结构,各层的特性如下:

层次号	类型	存取时间	命中率
1	Cache	100ns	0.8
2	主存	1μs	0.85
3	磁盘	1ms	0.92
4	磁带	50ms	1.0

计算存储系统的平均存取时间。

3.3 半导体随机存取存储器

● 单项选择题

1. 某计算机存储器按字节编址,主存地址空间大小为 64MB,现用 4M×8 位的 RAM 芯片组成 32MB 的主存储器,则存储器地址寄存器 MAR 的位数至少是(   )。

    A. 22 位   B. 23 位   C. 25 位   D. 26 位

2. 下列关于闪存(Flash Memory)的叙述中,错误的是(   )。

    A. 信息可读可写,并且读、写速度一样快

    B. 存储元由 MOS 管组成,是一种半导体存储器

    C. 掉电后信息不丢失,是一种非易失性存储器

    D. 采用随机访问方式,可替代计算机外部存储器

3. 下列存储器中,在工作期间需要周期性刷新的是(   )。   【全国统考 2015 年】

    A. SRAM   B. SDRAM   C. ROM   D. FLASH

4. 假定 DRAM 芯片中存储阵列的行数为 r,列数为 c,对于一个 2K×1 位的 DRAM 芯片,为保证地址引脚最少,并尽量减少刷新开销,则 r、c 的取值分别是(   )。   【全国统考 2018 年】

    A. 2048、1   B. 64、32   C. 32、64   D. 1、2048

5. 下列有关 RAM 和 ROM 的叙述中,正确的是(   )。

    Ⅰ. RAM 是易失性存储器,ROM 是非易失性存储器

    Ⅱ. RAM 和 ROM 都采用随机存取方式进行信息访问

    Ⅲ. RAM 和 ROM 都可用作 Cache

    Ⅳ. RAM 和 ROM 都需要进行刷新

    A. 仅Ⅰ和Ⅱ   B. 仅Ⅱ和Ⅲ

    C. 仅Ⅰ、Ⅱ和Ⅳ   D. 仅Ⅱ、Ⅲ和Ⅳ

3.4 主存储器

● 单项选择题

1. 某计算机主存容量为 64KB,其中 ROM 区为 4KB,其余为 RAM 区,按字节编址。现要用 2K×8 位的 ROM 芯片和 4K×4 位的 RAM 芯片来设计该存储器,则需要上述规格的 ROM 芯片数和 RAM 芯片数分别是(   )。

    A. 1、15   B. 2、15   C. 1、30   D. 2、30

2. 假定用若干个 2K×4 位的芯片组成一个 8K×8 位的存储器,则地址 0B1FH 所在芯片的最小地址是(   )。

    A. 0000H   B. 0600H   C. 0700H   D. 0800H

3. 某容量为 256MB 的存储器由若干 4M×8 位的 DRAM 芯片构成,该 DRAM 芯片的地址引脚和数据引脚总数是(   )。   【全国统考 2014 年】

    A. 19   B. 22   C. 30   D. 36

4. 某存储器容量为 64KB,按字节编址,地址 4000H~5FFFH 为 ROM 区,其余为 RAM 区。若采用 8K×4 位的 SRAM 芯片进行设计,则需要该芯片的数量是(   )。   【全国统考 2016 年】

    A. 7   B. 8   C. 14   D. 16

5. 某计算机使用 4 体交叉编址存储器,假定在存储器总线上出现的主存地址(十进制)序列为 8005,8006,8007,8008,8001,8002,8003,8004,8000,则可能发生访问冲突的地址对是( )。

【全国统考2015年】

A. 8004 和 8008   B. 8002 和 8007

C. 8001 和 8008   D. 8000 和 8004

6. 某计算机主存按字节编制,由 4 个 64M×8 位的 DRAM 芯片采用交叉编址方式构成,并与宽度为 32 位的存储器总线相连,主存每次最多读写 32 位数据。若 double 型变量 x 的主存地址为 804001AH,则读取 x 需要的存储器周期是( )。 【全国统考2017年】

A. 1   B. 2   C. 3   D. 4

3.5 外部存储器

● 单项选择题

1. 下列选项中,用于提高 RAID 可靠性的措施有( )。

Ⅰ. 磁盘镜像   Ⅱ. 条带化   Ⅲ. 奇偶校验   Ⅳ. 增加 Cache 机制

A. 仅 Ⅰ、Ⅱ   B. 仅 Ⅰ、Ⅲ

C. 仅 Ⅰ、Ⅲ和Ⅳ   D. 仅 Ⅱ、Ⅲ和Ⅳ

2. 下列关于磁盘存储器的叙述中,错误的是( )。 【全国统考2019年】

A. 磁盘的格式化容量比非格式化容量小

B. 扇区中包含数据、地址和校验等信息

C. 磁盘存储器的最小读写单位为一个字节

D. 磁盘存储器由磁盘控制器、磁盘驱动器和盘片组成

3. 某磁盘的转速为 10000 转/分,平均寻道时间是 6ms,磁盘传输速率为 20MB/s,磁盘控制器延迟为 0.2ms,读取一个 4KB 的扇区所需的平均时间约为( )。

A. 9ms   B. 9.4ms   C. 12ms   D. 12.4ms

4. 若磁盘转速为 7200 转/分,平均寻道时间为 8ms,每个磁道包含 1000 个扇区,则访问一个扇区的平均存取时间大约是( )。 【全国统考2015年】

A. 8.1ms   B. 12.2ms   C. 16.3ms   D. 20.5ms

5. 下面的 RAID 系统中,采用磁盘镜像技术来保证数据安全的是( )。

A. RAID0   B. RAID1   C. RAID2   D. RAID3

6. 通常规定,磁盘的每个磁道存储的数据量相等。在磁盘发展的早期,为保证信息存储的安全,把文件目录信息存储在磁盘的特定磁道。该磁道的位置应该是( )。

A. 最外磁道   B. 最内磁道

C. 任意磁道   D. 中间磁道

7. 下列操作对光盘破坏最大的是( )。

A. 沿半径方向擦洗   B. 沿螺旋形方向擦洗

C. 随机擦洗   D. 对背面擦洗

8. 无法保证数据完整的 RAID 系统是( )。

A. RAID0   B. RAID2

C. RAID4   D. RAID6

● 综合应用题

1. 某计算机系统中的磁盘有 300 个柱面,每个柱面有 10 个磁道,每个磁道有 200 个扇区,扇区大小为 512B。文件系统的每个簇包含 2 个扇区。请回答下列问题: 【全国统考 2019 年】

(1)磁盘的容量是多少?(说明:本题后两问属于操作系统内容,故这里不列出。)

2. 一个存储系统具有 4 级层次结构,各层的特性如下:

层次号	类型	存取时间	命中率
1	Cache	100ns	0.8
2	主存	1μs	0.85
3	磁盘	1ms	0.92
4	磁带	50ms	1.0

计算存储系统的平均存取时间。

3.6 Cache

● 单项选择题

1. 若计算机主存地址为 32 位,按字节编址,某 Cache 的数据区容量为 32KB,主存块大小为 64B,采用 8 路组相联映射方式,该 Cache 中比较器的个数和位数分别为( )。

【全国统考 2022 年】

    A. 8,20   B. 8,23   C. 64,20   D. 64,23

2. 假设某计算机的存储系统由 Cache 和主存组成,某程序执行过程中访存 1000 次,其中访问 Cache 缺失(未命中)50 次,则 Cache 的命中率是( )。

    A. 5%   B. 9.5%   C. 50%   D. 95%

3. 假设某计算机按字编址,Cache 有 4 个行,Cache 和主存之间交换的块大小为 1 个字。若 Cache 的内容初始为空,采用 2 路组相联映射方式和 LRU 替换策略。访问的主存地址依次为 0,4,8,2,0,6,8,6,4,8 时,命中 Cache 的次数是( )。

    A. 1   B. 2   C. 3   D. 4

4. 采用指令 Cache 与数据 Cache 分离的主要目的是( )。 【全国统考 2014 年】

    A. 降低 Cache 的缺失损失   B. 提高 Cache 的命中率

    C. 降低 CPU 平均访存时间   D. 减少指令流水线资源冲突

5. 假定主存地址为 32 位,按字节编址,主存和 Cache 之间采用直接映射方式,主存块大小为 4 个字,每字 32 位,采用回写(Write Back)方式,则能存放 4K 字数据的 Cache 的总容量的位数至少是( )。 【全国统考 2015 年】

    A. 146K   B. 147K   C. 148K   D. 158K

6. 有如下 C 语言程序段: 【全国统考 2016 年】

```
for (k=0; k < 1000; k++)
    a[k]=a[k]+32;
```

若数组 a 及变量 k 均为 int 型,int 型数据占 4B,数据 Cache 采用直接映射方式、数据区大小为 1 KB、块大小为 16B,该程序段执行前 Cache 为空,则该程序段执行过程中访问数组 a 的 Cache 缺失率约为( )

    A. 1.25%   B. 2.5%   C. 12.5%   D. 25%

7. 某 C 语言程序段如下:

```
for (i=0; i<=9; i++){
    temp=1;
    for (j=0; j<= i; j++) temp *=a[j];
    sum+=temp;
}
```

下列关于数组 a 的访问局部性的描述中,正确的是( )。 【全国统考 2017 年】

    A. 时间局部性和空间局部性皆有   B. 无时间局部性,有空间局部性

    C. 有时间局部性,无空间局部性   D. 时间局部性和空间局部性皆无

8. 若计算机主存地址为 32 位,按字节编址,Cache 数据区大小为 32KB,主存块大小为 32B,采用直接映射方式和回写(Write Back)策略,则 cache 行的位数至少是( )。 【全国统考 2021 年】

A. 275   B. 274   C. 258   D. 257

● 综合应用题

1. 某计算机的内存大小为 64KB，采用字节编址，Cache 数据大小为 4KB。每个块大小为 16 字节。在不同映射方式下，计算：

（1）需要的比较器的数量。

（2）tag 字段的大小。

2. 假设对于 44 题中的计算机 M 和程序 P 的机器代码，P：“for(int i = 0; i < N; i++) sum += A [i]; ”。

编号	地址	机器代码	汇编代码	注释
1	08048100H	00022080H	Loop: sll R4, R2, 2	(R2) << 2 → R4
2	08048104H	00083020H	Add R4, R4, R3	(R4) + (R3) → R4
3	08048108H	8C850000H	Load R5, 0(R4)	((R4) + 0) → R5
4	0804810CH	00250820H	Add R1, R1, R5	(R1) + (R5) → R1
5	08048110H	20420001H	Add R2, R2, 1	(R2) + 1 → R2
6	08048114H	1446FFFAH	Bne R2, R6, loop	If(R2)! = (R6) goto loop

M 采用页式虚拟存储管理；P 开始执行时，(R1) = (R2) = 0，(R6) = 1000，其机器代码已调入主存但不在 Cache 中；数组 A 未调入主存，且所有数组元素在同一页，并存储在磁盘同一个扇区。请回答下列问题并说明理由。 **【全国统考 2014 年】**

（1）P 执行结束时，R2 的内容是多少？

（2）M 的指令 Cache 和数据 Cache 分离。若指令 Cache 共有 16 行，Cache 和主存交换的块大小为 32 字节，则其数据区的容量是多少？若仅考虑程序段 P 的执行，则指令 Cache 的命中率为多少？

（3）P 在执行过程中，哪条指令的执行可能发生溢出异常？哪条指令的执行可能产生缺页异常？对于数组 A 的访问，需要读磁盘和 TLB 至少各多少次？

3. 对于题 45,若计算机 M 的主存地址为 32 位,采用分页存储管理方式,页大小为 4KB,则第 1 行 push 指令和第 30 行 ret 指令是否在同一页中(说明理由)? 若指令 Cache 有 64 行,采用 4 路组相联映射方式,主存块大小为 64B,则 32 位主存地址中,哪几位表示块内地址,哪几位表示 Cache 组号,哪几位表示标记(tag)信息? 读取第 16 行 call 指令时,只可能在指令 Cache 的哪一组中命中(说明理由)? 【全国统考 2019 年】

题 45 中,已知 $f(n)=n!=n\times(n-1)\times(n-2)\times\cdots\times2\times1$,计算 $f(n)$ 的 C 语言函数 fl 的源程序及其在 32 位计算机 M 上的部分机器级代码如下:

```
int fl (int n){
1    00401000              55                    push ebp
     ……                    ……                   ……
if ( n > 1 )
11   00401018              83 7D 08 01           cmp dword ptr[ebp+8],1
12   0040101C              7E 17                 jle fl+35h(00401035)
return n * fl(n-1);
13   0040101E              8B 45 08              mov eax,dword ptr[ebp+8]
14   00401021              83 E8 01              sub eax,1
15   00401024              50                    push eax
16   00401025              E8 D6 FF FF FF        call fl(00401000)
     ……                    ……                   ……
19   00401030              0F AF C1              imul eax,ecx
20   00401033              EB 05                 jmp fl+3Ah(0040103a)
else   return 1;
21   00401035              B8 01 00 00 00        mov eax,1
}
     ……                    ……                   ……
26   00401040              3B EC                 cmp ebp,esp
     ……                    ……                   ……
30   0040104A              C3                    ret
```

3.7 虚拟存储器

● 单项选择题

1. 某计算机主存地址空间大小为 256MB,按字节编址。虚拟地址空间大小为 4GB,采用页式存储管理,页面大小为 4KB,TLB(快表)采用全相联映射,有 4 个页表项,内容如下表所示。

有效位	标记	页框号	...
0	FF180H	2H	...
1	3FFF1H	35H	...
0	02FF3H	351H	...
1	03FFFH	153H	...

则对虚拟地址 03FFF180H 进行虚实地址变换的结果是( )。

A. 015 3180H   B. 003 5180H   C. TLB 缺失   D. 缺页

2. 下列关于 TLB 和 Cache 的叙述中,错误的是( )。 【全国统考 2020 年】

A. 命中率与程序局部性有关   B. 缺失后都需要去访问主存

C. 缺失处理都可以由硬件实现   D. 都由 DRAM 存储器组成

3. 假定编译器将赋值语句"x=x+3;"转换为指令"add xaddr,3",其中,xaddr 是 x 对应的存储单元地址。若执行该指令的计算机采用页式虚拟存储管理方式,并配有相应的 TLB,且 Cache 使用直写(Write Through)方式,则完成该指令功能需要访问主存的次数至少是( )。

【全国统考 2015 年】

A. 0   B. 1   C. 2   D. 3

4. 下列关于缺页处理的叙述中,错误的是( )。 【全国统考 2019 年】

A. 缺页是在地址转换时 CPU 检测到的一种异常

B. 缺页处理由操作系统提供的缺页处理程序来完成

C. 缺页处理程序根据页故障地址从外存读入所缺失的页

D. 缺页处理完成后回到发生缺页的指令的下一条指令执行

● 综合应用题

1. 某计算机的主存地址空间大小为 256MB,按字节编址。指令 Cache 和数据 Cache 分离,均有 8 个 Cache 行,每个 Cache 行大小为 64B,数据 Cache 采用直接映射方式。现有两个功能相同的程序 A 和 B,其伪代码如下所示:

程序 A: 程序 B:

```
int a[256][256]                  int a[256][256]
……                              ……
int sum_array1(){                int sum_array2(){
    int i,j,sum=0;                   int i,j,sum=0;
    for (i=0; i<256; i++)            for (j=0; j<256; j++)
        for (j=0; j<256; j++)            for (i=0; i<256; i++)
            sum += a[i][j];                 sum += a[i][j];
    return sum;                      return sum;
}                                }
```

　　假定 int 类型数据用 32 位补码表示,程序编译时 i,j,sum 均分配在寄存器中,数组 a 按行优先方式存放,其首地址为 320(十进制数)。请回答下列问题,要求说明理由或给出计算过程。

　　(1)若不考虑用于 Cache 一致性维护和替换算法的控制位,则数据 Cache 的总容量为多少?

　　(2)数组元素 a[0][31] 和 a[1][1] 各自所在的主存块对应的 Cache 行号分别是多少(Cache 行号从 0 开始)?

　　(3)程序 A 和 B 的数据访问命中率各是多少? 哪个程序的执行时间更短?

　　2. 某计算机存储器按字节编址,虚拟(逻辑)地址空间大小为 16MB,主存(物理)地址空间大小为 1MB,页面大小为 4KB;Cache 采用直接映射方式,共 8 行;主存与 Cache 之间交换的块大小为 32B。系统运行到某一时刻时,页表的部分内容和 Cache 的部分内容分别如题 44-a 图、题 44-b 图所示,图中页框号及标记字段的内容为十六进制形式。

虚页号	有效位	页框号	...
0	1	06	...
1	1	04	...
2	1	15	...
3	1	02	...
4	0	–	...
5	1	2B	...
6	0	–	...
7	1	32	...

行号	有效位	标记	...
0	1	020	...
1	0	–	...
2	1	01D	...
3	1	105	...
4	1	064	...
5	1	14D	...
6	0	–	...
7	1	27A	...

题 44-a 图　页表的部分内容　　　　　　题 44-b 图　Cache 的部分内容

请回答下列问题。

（1）虚拟地址共有几位,哪几位表示虚页号?物理地址共有几位,哪几位表示页框号(物理页号)?

（2）使用物理地址访问 Cache 时,物理地址应划分成哪几个字段?要求说明每个字段的位数及在物理地址中的位置。

（3）虚拟地址 001C60H 所在的页面是否在主存中?若在主存中,则该虚拟地址对应的物理地址是什么?访问该地址时是否 Cache 命中?要求说明理由。

（4）假定为该机配置一个 4 路组关联的 TLB 共可存放 8 个页表项,若其当前内容(十六进制)如题 44-c 图所示,则此时虚拟地址 024BACH 所在的页面是否存在主存中?要求说明理由。

题 44-c 图　Cache 的部分内容

3. 某计算机采用页式虚拟存储管理方式,按字节编址,虚拟地址为 32 位,物理地址为 24 位,页大小为 8KB;TLB 采用全相联映射;Cache 数据区大小为 64KB,按 2 路组相联方式组织,主存块大小为 64B。存储访问过程的示意图如下。

请回答下列问题。

【全国统考 2016 年】

(1)图中字段 A~G 的位数各是多少,TLB 标记字段 B 中存放的是什么信息?

(2)将块号为 4099 的主存块装入到 Cache 中时,所映射的 Cache 组号是多少,对应的 H 字段内容是什么?

(3)Cache 缺失处理的时间开销大,还是缺页处理的时间开销大?为什么?

(4)为什么 Cache 可以采用直写(Write Through)策略,而修改页面内容时总是采用回写(Write Back)策略?

4. 某计算机采用页式虚拟存储管理方式,按照字节编址。CPU 进行存储访问的过程如题 44 图所示。

题 44 图　CPU 进行存储访问的过程

根据题 44 图回答问题。 【全国统考 2018 年】

(1) 主存物理地址占多少位?

(2) TLB 采用什么映射方式,TLB 用 SRAM 还是 DRAM 实现?

(3) Cache 采用什么映射方式? 若 Cache 采用 LRU 替换算法和回写(Write Back)策略,则 Cache 每行中除数据(Data)、Tag 和有效位外,还应有哪些附加位? Cache 的总容量是多少? Cache 中有效位的作用是什么?

(4) 若 CPU 给出的虚拟地址为 0008 C040H,则对应的物理地址是多少,是否在 Cache 中命中? 说明理由。若 CPU 给出的虚拟地址为 0007 C260H,则该地址所在主存块映射的 Cache 组号是多少?

5. 某计算机字长为 32 位,采用单级 Cache,Cache 的存取时间为 10ns,每个 Cache 块为 32B,命中率 H 为 0.9。内存与 Cache 块之间传输时,传输第 1 个字需要 100ns,传输后面的每个字需要 30ns。

(1)假定从 Cache 访问某个数据未命中时,需要把数据所在的 1 个块从内存传输到 Cache,然后再从 Cache 访问该数据。计算在此种情况下,计算机处理 1 次未命中需要的时间。

(2)计算访问 1 个数据的平均存取时间。

6. 某计算机以字节为单位分配地址。主存容量为 1GB。该计算机配置有 2KB 的 Cache,Cache 块大小为 64B,Cache 采用组关联映射,每组有 4 个块。试计算:

CPU 发出的地址信号中,tag 字段、组号字段、块内地址各自的位数。

第4章 指令系统

4.1 指令系统的基本概念

● 单项选择题

1. 设置不同寻址方式的目的是( )。

A. 形成操作数有效地址

B. 缩短指令长度,扩大寻址空间,为编制程序提供方便

C. 实现虚拟地址到物理地址的转换

D. 可提供扩展操作码

2. 指令系统采用不同寻址方式的目的是( )。 【北京科技大学 2014 年】

A. 实现存贮程序和程序控制。

B. 缩短指令长度,扩大寻址空间,提高编程灵活性。

C. 可直接访问外存。

D. 提供扩展操作码的可能并降低指令译码的难度。

4.2 指令格式

● 单项选择题

设计某指令系统时,假设采用 16 位定长指令字格式,操作码使用扩展编码方式,地址码为 6 位,包含零地址、一地址和二地址 3 种格式的指令。若二地址指令有 12 条,一地址指令有 254 条,则零地址指令的条数最多为( )。 【全国统考 2022 年】

A. 0   B. 2   C. 64   D. 128

● 综合应用题

设计 1 个操作码可变的指令格式,指令长度为 24 位。要求指令系统包含下面 3 类指令:

(1)2 操作数指令。每个操作数需要 8 位编码。

(2)1 操作数指令。该操作数需要 8 位编码。

(3)0 操作数指令。

4.3 寻址方式

● 单项选择题

1. 下列寻址方式中,最适合按下标顺序访问一维数组元素的是( )。　　【全国统考 2017 年】

A. 相对寻址　　　　B. 寄存器寻址　　　　C. 直接寻址　　　　D. 变址寻址

2. 某指令格式如下所示。

OP	M	I	D

其中 M 为寻址方式,I 为变址寄存器编号,D 为形式地址。若采用先变址后间址的寻址方式,则操作数的有效地址是( )。　　【全国统考 2016 年】

A. I+D　　　　B. (I)+D　　　　C. ((I)+D)　　　　D. ((I))+D

3. 某计算机按字节编址,指令字长固定且只有两种指令格式,其中三地址指令 29 条,二地址指令 107 条,每个地址字段为 6 位,则指令字长至少应该是( )。　　【全国统考 2017 年】

A. 24 位　　　　B. 26 位　　　　C. 28 位　　　　D. 32 位

4. 某计算机采用 16 位定长指令字格式,操作码位数和寻址方式位数固定,指令系统有 48 条指令,支持直接、间接、立即、相对 4 种寻址方式。单地址指令中,直接寻址方式的可寻址范围是( )。　　【全国统考 2020 年】

A. 0~255　　　　B. 0~1023　　　　C. −128~127　　　　D. −512~511

5. 假设变址寄存器 R 的内容为 1000H,指令中的形式地址为 2000H;地址 1000H 中的内容为 2000H,地址 2000H 中的内容为 3000H,地址 3000H 中的内容为 4000H,则变址寻址方式下访问到的操作数是( )。

A. 1000H　　　　B. 2000H　　　　C. 3000H　　　　D. 4000H

6. 某计算机有 16 个通用寄存器,采用 32 位定长指令字,操作码字段(含寻址方式位)为 8 位,Store 指令的源操作数和目的操作数分别采用寄存器和基址寻址方式。若基址寄存器可使用任一通用寄存器,且偏移量用补码表示,则 Store 指令中偏移量的取值范围是( )。

　　　　　　　　　　　　　　　　　　　　　　　　　　　　　　　【全国统考 2014 年】

A. −32768~+32767　　　　　　　B. −32767~+32768

C. −65536~+65535　　　　　　　D. −65535~+65536

7. 某计算机采用大端方式,按字节编址。某指令中操作数的机器数为 1234 FF00H,该操作数采用基址寻址方式,形式地址(用补码表示)为 FF12H,基址寄存器内容为 F000 0000H,则该操作数的 LSB(最低有效字节)所在的地址是( )。　　【全国统考 2019 年】

A. F000 FF12H　　　B. F000 FF15H　　　C. EFFF FF12H　　　D. EFFF FF15H

● 综合应用题

1. 某计算机字长为 16 位,主存地址空间大小为 128KB,按字编址。采用单字长指令格式,指令各字段定义如下:

转移指令采用相对寻址方式,相对偏移量用补码表示,寻址方式定义如下:

Ms/Md	寻址方式	助记符	含义
000B	寄存器直接	Rn	操作数＝(Rn)
001B	寄存器间接	(Rn)	操作数＝(Rn)
010B	寄存器间接、自增	(Rn)+	操作数＝((Rn)),(Rn)+1→Rn
011B	相对	D(Rn)	转移目标地址＝(PC)+(Rn)

注:(X)表示存储器地址 X 或寄存器 X 的内容

请回答下列问题:

(1)该指令系统最多可有多少条指令?该计算机最多有多少个通用寄存器?存储器地址寄存器(MAR)和存储器数据寄存器(MDR)至少各需要多少位?

(2)转移指令的目标地址范围是多少?

(3)若操作码 0010B 表示加法操作(助记符为 add),寄存器 R4 和 R5 的编号分别为 100B 和 101B,R4 的内容为 1234H,R5 的内容为 5678H,地址 1234H 中的内容为 5678H,地址 5678H 中的内容为 1234H,则汇编语言为"add(R4),(R5)+"(逗号前为源操作数,逗号后为目的操作数)对应的机器码是什么(用十六进制表示)?该指令执行后,哪些寄存器和存储单元中的内容会改变,改变后的内容是什么?

2. 某计算机采用 16 位定长指令字格式,其 CPU 中有一个标志寄存器,其中包含进位/借位标志 CF、零标志 ZF 和符号标志 NF。假定为该机设计了条件转移指令,其格式如下:

15 11	10	9	8	7 0
0000	C	Z	N	OFFSET

其中,00000 为操作码 OP;C、Z 和 N 分别为 CF、ZF 和 NF 的对应检测位,某检测位为 1 时表示需检测对应标志,需检测的标志位中只要有一个为 1 就转移,否则不转移,例如,若 C = 1,Z = 0,N = 1,则需检测 CF 和 NF 的值,当 CF = 1 或 NF = 1 时发生转移;OFFSET 是相对偏移量,用补码表示。转移执行时,转移目标地址为(PC)+2+2×OFFSET;顺序执行时,下条指令地址为(PC)+2。请回答下列问题。

(1)该计算机存储器按字节编址还是按字编址,该条件转移指令向后(反向)最多可跳转多少条指令?

(2)某条件转移指令的地址为 200CH,指令内容如下图所示,若该指令执行时 CF = 0,ZF = 0,NF = 1,则该指令执行后 PC 的值是多少? 若该指令执行时 CF = 1,ZF = 0,NF = 0,则该指令执行后 PC 的值又是多少? 请给出计算过程。

15 11	10	9	8	7 0
0000	0	1	1	11100011

(3)实现"无符号数比较小于等于时转移"功能的指令中,C、Z 和 N 应各是什么?

3. 某程序中有如下循环代码段 p：

```
for( int i=0; i<N; i++)
    sum+=A[i];
```

假设编译时变量 sum 和 i 分别分配在寄存器 R1 和 R2 中。常量 N 在寄存器 R6 中，数组 A 的首地址在寄存器 R3 中。程序段 P 起始地址为 08048100H，对应的汇编代码和机器代码如下表所示。

编号	地址	机器代码	汇编代码	注释
1	08048100H	00022080H	loop: sll R4,R2,2	(R2) << 2→R4
2	08048104H	00083020H	add R4,R4,R3	(R4)+(R3)→R4
3	08048108H	8C850000H	load R5,0(R4)	((R4)+0)→R5
4	0804810CH	00250820H	add R1,R1,R5	(R1)+(R5)→R1
5	08048110H	20420001H	add R2,R2,1	(R2)+1→R2
6	08048114H	1446FFFAH	bne R2,R6,loop	if (R2)! =(R6) goto loop

执行上述代码的计算机 M 采用 32 位定长指令字，其中分支指令 bne 采用如下格式：

31	26	25	21	20	16	15	0
OP		Rs		Rd		OFFSET	

OP 为操作码；Rs 和 Rd 为寄存器编号；OFFSET 为偏移量，用补码表示。请回答下列问题，并说明理由。 【全国统考 2014 年】

（1）M 的存储器编址单位是什么？

（2）已知 sll 指令实现左移功能，数组 A 中每个元素占多少位？

（3）题 44 表中 bne 指令的 OFFSET 字段的值是多少？已知 bne 指令采用相对寻址方式，当前 PC 内容为 bne 指令地址，通过分析题 44 表中指令地址和 bne 指令内容，推断出 bne 指令的转移目标地址计算公式。

4. 在按字节编址的计算机 M 上,题 43 中 f1 的部分源程序(阴影部分)与对应的机器级代码(包括指令的虚拟地址)如下:

```
int f1 (unsigned n)
1        00401020   55          push ebp
……       ……                    ……
for (unsigned i=0; i <= n-1; i++)
……       ……                    ……
20       0040105E   39 4D F4    cmp dword ptr [ebp-OCh],ecx
……       ……                    ……
    { power *=2;
……       ……                    ……
23       00401066   D1 E2       shl edx,1
……       ……                    ……
    return sum;
……       ……                    ……
35       0040107F   C3   ret
    }
```

其中,机器级代码行包括行号、虚拟地址、机器指令和汇编指令。请回答下列问题。

【全国统考 2017 年】

(1)计算机 M 是 RISC 还是 CISC,为什么?

(2)f1 的机器指令代码共占多少字节? 要求给出计算过程。

(3)第 20 条指令 cmp 通过 i 减 n-1 实现对 i 和 n-1 的比较。执行 f1(0)过程中,当 i=0 时,cmp 指令执行后,进/借位标志 CF 的内容是什么? 要求给出计算过程。

(4)第 23 条指令 shl 通过左移操作实现了 power*2 运算,在 f2 中能否也用 shl 指令实现 power*2,为什么?

4.4 数据的存储和排列

1. 某 32 位计算机按字节编址,采用小端(Little Endian)方式。若语令"int i = 0;"对应指令的机器代码为"C7 45 FC 00 00 00 00",则语句"int i = -64;"对应指令的机器代码是(　)。

【全国统考 2018 年】

A. C7 45 FC C0 FF FF FF　　　　　　　B. C7 45 FC 0C FF FF FF

C. C7 45 FC FF FF FF C0　　　　　　　D. C7 45 FC FF FF FF 0C

2. 某小端(Little Endian)模式处理器的减法指令"sub ax,imm"的功能为(ax)-imm->ax,imm 表示立即数,该指令对应的十六进制机器码为 2DXXXX,其中 xxxx 对应 imm 的机器码,如果 imm = -3,(ax) = 7,则该指令对应的机器码和执行后 OF 标志位的值分别为(　)。

A. 2DFFFD、0　　　B. 2DFFFD、1　　　C. 2DFDFF、0　　　D. 2DFDFF、1

3. 信息按整数边界对齐存储的主要优点是(　)。

A. 访存速度快　　　　　　　　　　B. 节约主存单元

C. 指令字的规格化　　　　　　　　D. 指令的优化

4. 若字长为 16 位,数据传送是以双字为单位进行的,并采用地址对准方式,则地址能被(　)整除。

A. 2　　　　　　B. 4　　　　　　C. 8　　　　　　D. 16

5. 某计算机主存空间为 4 GB,字长为 32 位,按字节编址,采用 32 位定长指令字格式。若指令按字边界对齐存放,则程序计数器(PC)和指令寄存器(IR)的位数至少分别是(　)。

【全国统考 2016 年】

A. 30、30　　　　　B. 30、32　　　　　C. 32、30　　　　　D. 32、32

6. 某计算机存储器按字节编址,采用小端方式存放数据。假定编译器规定 int 型和 short 型长度分别为 32 位和 16 位,并且数据按边界对齐存储。某 C 语言程序段如下:

```
struct {
    int    a;
    char   b;
    short  c;
} record;
record.a = 273;
```

若 record 变量的首地址为 0xC008,则地址 0xC008 中内容和 record.c 的地址分别为(　)。

A. 0x00、0xC00D　　　　　　　　B. 0x00、0xC00E

C. 0x11、0xC00D　　　　　　　　D. 0x11、0xC00E

7. 存储中,信息按对齐方式存储(整数边界方式存储)的含义是(　)。

A. 信息的字节长度必须是整数

B. 信息单元的字节长度必须是整数

C. 信息单元的存储地址必须是整数

D. 信息单元的存储地址是其节长度的整数倍

4.5 CISC 和 RISC 的基本概念

● 单项选择题

下列关于 RISC 的叙述中,错误的是(   )。

A. RISC 普遍采用微程序控制器

B. RISC 大多数指令在一个时钟周期内完成

C. RISC 的内部通用寄存器数量相对 CISC 多

D. RISC 的指令数、寻址方式和指令格式种类相对 CISC 少

4.6 程序的机器级表示

● 单项选择题

1. 程序控制类指令的功能是(   )。 【国防科技大学 2017 年】

A. 进行算术运算和逻辑运算   B. 完成主存与 CPU 之间的数据传送

C. 改变程序执行的顺序   D. 完成 CPU 与 I/O 设备之间的数据传送

2. 转移指令的主要操作是(   )。 【北京航空航天大学 2017 年】

A. 改变地址缓存器的值   B. 改变程序计数器的值

C. 改变堆栈指针的值   D. 改变指令寄存器的值

第5章 中央处理器

5.1 CPU 的功能和基本结构

● 单项选择题

1. 下列给出的部件中,其位数(宽度)一定与机器字长相同的是(　　)。　　【全国统考 2020 年】

Ⅰ.ALU　　Ⅱ.指令寄存器　　Ⅲ.通用寄存器　　Ⅳ.浮点寄存器

A. 仅Ⅰ、Ⅱ　　　　　　B. 仅Ⅰ、Ⅲ　　　　　　C. 仅Ⅱ、Ⅲ　　　　　　D. 仅Ⅱ、Ⅲ、Ⅳ

2. 某机器有一个标志寄存器,其中有进位/借位标志 CF、零标志 ZF、符号标志 SF 和溢出标志 OF,条件转移指令 bgt(无符号整数比较大于时转移)的转移条件是(　　)。

A. CF+OF = 1　　　B. $\overline{SF}$+ZF = 1　　　C. $\overline{CF+ZF}$ = 1　　　D. $\overline{CF+SF}$ = 1

3. 某计算机主存空间为 4GB,字长为 32 位,按字节编址,采用 32 位定长指令字格式。若指令按字边界对齐存放,则程序计数器(PC)和指令寄存器(IR)的位数至少分别是(　　)。

【全国统考 2016 年】

A. 30、30　　　　B. 30、32　　　　C. 32、30　　　　D. 32、32

4. 某 CPU 为 32 位,不能推测出(　　)。

A. CPU 内部数据线的宽度为 32 位　　　B. 每次运算的数据长度为 32 位

C. CPU 内部寄存器为 32 位　　　　　　D. 通用寄存器数目为 32 个

5. 很多 CPU 设置有类似 IF 的标志位。该标志位的功能是(　　)。

A. 禁止或允许 CPU 响应中断　　　　　B. 表示运算结果是否是 0

C. 表示运算结果是否进位或借位　　　　D. 禁止或允许 CPU 单步运行

6. 某 CPU 的标志位有 CF(进位或借位)、ZF(是否为零)、OF(溢出标志)、SF(最高位,当看作有符号数,就是符号位)。执行指令 <u>CMP R1,R2</u> 后,再执行条件转移指令 JA(两个无符号整数比较,大于时转移)的转移条件是(　　)。

A. CF = 0　　　　B. ZF = 0　　　　C. CF∨ZF = 1　　　　D. CF∨ZF = 0

7. 某 CPU 的标志位有 CF(进位或借位)、ZF(是否为零)、OF(溢出标志)、SF(最高位,当看作有符号数,就是符号位)。执行指令 <u>CMP R1,R2</u> 后,再执行条件转移指令 JAE(两个无符号整数比较,大于等于时转移)的转移条件是(　　)。

A. CF = 1　　　　B. ZF = 0　　　　C. SF = 0　　　　D. CF = 0

8. 在 CPU 中,记录指令运行后各个标志位的寄存器是(　　)。

A. 指令寄存器　　　　　　　　　　　B. 指令译码器

C. 程序状态寄存器　　　　　　　　　D. 地址译码器

9. CPU 中记录下一条要执行的指令的地址寄存器是(　　)。

A. 主存地址寄存器 MAR　　　　　　　B. 状态标志寄存器 PSW

C. 指令寄存器 IR　　　　　　　　　　D. 程序计数器 PC

10. 下面关于 CPU 中控制器的功能的叙述,错误的是(　　)。

A. 产生取指令需要的控制信号

B. 根据 1 条指令的操作码在不同时间阶段产生不同的完成操作的控制信号

C. 进行算术运算与逻辑运算

D. 接收 IR 的操作码

11. 减法指令"sub R1,R2,R3"的功能为:(R1)-(R2)→R3,该指令执行后将生成进位/借位标志 CF 和溢出标志 OF。若(R1)= FFFF FFFFH,(R2)= FFFF FFF0H,则该减法指令执行后,CF 与 OF 分别为(　　)。　　　　　　　　　　　　　　　　　　　　　　　　　【全国统考 2018 年】

A. CF = 0,OF = 0　　B. CF = 1,OF = 0　　C. CF = 0,OF = 1　　D. CF = 1,OF = 1

5.2 指令执行过程

● 单项选择题

1. 单周期处理器中所有指令的指令周期为一个时钟周期。下列关于单周期处理器的叙述中,错误的是(　　)。　　　　　　　　　　　　　　　　　　　　　　　　　　　　　　【全国统考 2016 年】

A. 可以采用单总线结构数据通路　　　　B. 处理器时钟频率较低

C. 在指令执行过程中控制信号不变　　　D. 每条指令的 CPI 为 1

2. 下列有关处理器时钟脉冲信号的叙述中,错误的是(　　)。　　　【全国统考 2019 年】

A. 时钟脉冲信号由机器脉冲源发出的脉冲信号经整形和分频后形成

B. 时钟脉冲信号的宽度称为时钟周期,时钟周期的倒数为机器主频

C. 时钟周期以相邻状态单元间组合逻辑电路的最大延迟为基准确定

D. 处理器总是在每来一个时钟脉冲信号时就开始执行一条新的指令

3. 当 1 个外设提出中断请求,CPU 处理中断请求的时机是(　　)。

A. 任意时间　　　　　　　　　　　　B. CPU 译码 1 条指令后

C. CPU 在 1 条指令执行结束　　　　　D. CPU 在读取 1 条指令后

4. CPU 完成 1 个微操作需要的时间是 1 个(　　)。

A. CPU 时钟周期　　　　　　　　　　B. 指令周期

C. 总线周期　　　　　　　　　　　　D. 总线时钟周期

5. CPU 取指令的操作必定是(　　)。

A. 读内存　　　　B. 读 I/O　　　　C. 写内存　　　　D. 写 I/O

6. 假定 CPU 读取某条指令需要 1μs,译码时间为 1μs,执行该指令需要 5μs。该指令的处理时间是:(　　)。

A. 2μs　　　　　B. 5μs　　　　　　C. 6μs　　　　　　D. 7μs

7. CPU 把读取的 1 条指令存放在(　　)。

A. MAR　　　　　B. MDR　　　　　C. PC　　　　　　D. IR

8. CPU 在读取 1 条指令操作中,需要更新 PC 的值。更新 PC 的值发生的时机是(　　)。

A. "把 PC 的内容 N 送 MAR"之后即可　　B. "发出读内存控制信号"之后即可

C. "把 MDR 中的信息送 IR"之后即可　　　D. 任意位置

9. 下列关于 CPU 进行指令译码的叙述中,错误的是(　　)。

A. 把 IR 中指令的操作码送入译码器　　B. 把 IR 中指令的操作码送入控制器

C. 指令译码需要很长时间　　　　　　　　D. 指令译码需要的时间很短,可以忽略

10. 某 CPU 运行指令时,1 条指令的执行需要的 CPU 时钟周期数目由(　　)决定。

A. 该指令的长度　　　　　　　　　　　B. 该指令的操作数个数

C. CPU 时钟周期长短　　　　　　　　　D. 指令的操作码或控制器

11. 假定某指令系统的每条指令处理需要 10 个 CPU 时钟周期,CPU 时钟频率是 5MHz。每条指令执行完毕将检测外部中断。则理论上,该外部中断的请求频率最高是(　　)。

A. 50MHz　　　　　　B. 5MHz　　　　　　C. 0.5MHz　　　　　　D. 任意频率

12. 某 CPU 总共有 4 个不同的微操作。每个微操作需要的时间是:$2\mu s$、$3\mu s$、$4\mu s$、$5\mu s$。那么 CPU 时钟周期可以选用(　　)。

A. $2\mu s$　　　　　　B. $3\mu s$　　　　　　C. $4\mu s$　　　　　　D. $5\mu s$

13. 某 CPU 内部,MDR 是 8 位,MAR 是 12 位,PC 是 10 位。该 CPU 的指令长度为 8 位。则 CPU 运行的程序最多包含(　　)条指令。

A. 256　　　　　　　　B. 1024　　　　　　　C. 4096　　　　　　　D. 任意

14. 某 CPU 内部,MDR 是 8 位,MAR 是 12 位,PC 是 10 位,IR 是 16 位。该 CPU 采用等长指令,IR 存放 1 条指令。则读取 1 条指令,需要使用数据总线(　　)次。

A. 1　　　　　　　　　B. 1.5　　　　　　　　C. 2　　　　　　　　D. 4

● 综合应用题

已知 $f(n) = n! = n \times (n-1) \times (n-2) \times \cdots \times 2 \times 1$,计算 $f(n)$ 的 C 语言函数 fl 的源程序(阴影部分)及其在 32 位计算机 M 上的部分机器级代码如下:

		int fl(int n){	
1	00401000	55	push ebp
	……	……	……
		if (n>1)	
11	00401018	83 7D 08 01	cmp dword ptr[ebp+8],1
12	0040101C	7E 17	jle fl+35h(00401035)
		return n * fl(n-1);	
13	0040101E	8B 45 08	mov eax,dword ptr[ebp+8]
14	00401021	83 E8 01	sub eax,1
15	00401024	50	push eax
16	00401025	E8 D6 FF FF FF	call fl (00401000)
	……	……	……
19	00401030	0F AF C1	imul eax,ecx
20	00401033	EB 05	jmp fl+3Ah(0040103a)
		else return 1;	
21	00401035	B8 01 00 00 00	mov eax,1
	}		
	……	……	……
26	00401040	3B EC	cmp ebp,esp
	……	……	……
30	0040104A	C3	ret

其中,机器级代码行包括行号、虚拟地址、机器指令和汇编指令,计算机 M 按字节编址,int 型数据占 32 位。请回答下列问题: 【全国统考 2019 年】

（1）计算 $f(10)$ 需要调用函数 f1 多少次,执行哪条指令会递归调用 f1?

（2）上述代码中,哪条指令是条件转移指令,哪几条指令一定会使程序跳转执行?

（3）根据第 16 行 call 指令,第 17 行指令的虚拟地址应是多少? 已知第 16 行 call 指令采用相对寻址方式,该指令中的偏移量应是多少（给出计算过程）? 已知第 16 行 call 指令的后 4 字节为偏移量,M 采用大端还是小端方式?

（4）$f(13) = 6227020800$,但 f1(13) 的返回值为 1932053504,为什么两者不相等? 要使 f1(13) 能返回正确的结果,应如何修改 f1 源程序?

（5）第 19 行 imul 指令（带符号整数乘）的功能是 R[eax]←R[eax]×R[ecx],当乘法器输出的高、低 32 位乘积之间满足什么条件时,溢出标志 OF = 1? 要使 CPU 在发生溢出时转异常处理,编译器应在 imul 指令后加一条什么指令?

5.3 数据通路的功能和基本结构

● 单项选择题

1. 某指令功能为 R[r2]←R[rl]+M[R[r0]],其两个源操作数分别采用寄存器、寄存器间接寻址方式。对于下列给定部件,该指令在取数及执行过程中需要用到的是( )。

【全国统考 2019 年】

Ⅰ. 通用寄存器组(GPRs)　　Ⅱ. 算术逻辑单元(ALU)

Ⅲ. 存储器(Memory)　　Ⅳ. 指令译码器(ID)

A. 仅Ⅰ、Ⅱ　　　　B. 仅Ⅰ、Ⅱ、Ⅲ　　　　C. 仅Ⅱ、Ⅲ、Ⅳ　　　　D. 仅Ⅰ、Ⅲ、Ⅳ

2. 若 CPU 要处理的指令为:ADD R1,#50(把数值 50 与寄存器 R1 相加),则 CPU 首先要完成的操作是( )。

A. (PC)—> MAR　　　　　　　　　　B. 50 —> MDR

C. 50—> R1　　　　　　　　　　　　D. (PC) —> IR

3. CPU 内部的公共数据总线上不会传输的信息是( )。

A. 数据信息　　　B. 地址信息　　　C. 各种控制信息　　　D. 指令

4. 在 CPU 内部,控制 2 个器件与内部公共数据总线的连接,构成 1 个数据通路的信号是由( )生成。

A. IR　　　　　　B. ALU　　　　　　C. PC　　　　　　D. 控制器

5. 某 CPU 的取指令需要 4 个步骤完成,每个步骤占用 1 个 CPU 时钟周期,则该取指令不可以使用( )个 CPU 时钟周期。

A. 3　　　　　　B. 4　　　　　　C. 5　　　　　　D. 6

6. CPU 内部器件连接到公共数据总线,下面关于内部公共总线的描述中,不属于公共总线的特点是( )。

A. 分时使用总线,简化控制　　　　　　B. 方便增加器件

C. 方便去掉器件　　　　　　　　　　　D. 多器件可以同时发送

7. 某 CPU 指令系统有 4 条不同指令,执行的步骤个数分别是 4、5、6、7。取指令需要 4 个步骤。现在使所有指令的处理时间相等,则指令处理周期应该是( )个 CPU 时钟周期。

A. 8　　　　　　B. 9　　　　　　C. 10　　　　　　D. 11

8. 某条指令长度为 32 位,指令中的源操作数是 16 位数据,采用立即数寻址。该指令的功能是向 1 个内存单元写 1 个 16 位的数据。IR 是 32 位,MDR 是 8 位,则 CPU 处理该指令需要使用外部数据总线( )次。

A. 4　　　　　　B. 5　　　　　　C. 6　　　　　　D. 7

9. 寄存器是常用存放数据的器件,类似可以存放数据的盒子。1 个 8 位寄存器有 8 个输入端、8 个输出端。则控制 1 个该寄存器至少需要( )个控制信号。

A. 1　　　　　　B. 2　　　　　　C. 3　　　　　　D. 4

10. CPU 内部,为方便输出到总线,需要在每个器件的输出端与总线之间设置的器件是( )。

A. 多路复用器　　　B. 译码器　　　C. 三态门　　　D. 模拟开关

11. 指令 Jmp X(功能是:跳转到目的地址,X 为偏移量)的内存地址是 1000,指令长度是 2 字节。存储器以字节编址。目的地址是 100,则偏移量 X 的值是( )。

A. 1000　　　　　B. 100　　　　　C. -900　　　　　D. -902

12. CPU 内部的数据总线上,信息流动的需要遵循一个原则,以下错误的是(   )。

A. 1 个时间段只能有 1 个器件发出信息

B. 1 个时间段可以有多个器件发出信息

C. 严格来说,只能有 1 个器件接收信息

D. 不严格的情况下,可以有多个器件接收信息

● 综合应用题

1. 某 CPU 的内部如下图所示。

回答下面的问题：

（1）指令 MOV R1,[R2]的功能是读取内存数据送到 R1,该数据的内存地址存储在 R2,即 [R2]是间接寻址。写出该指令的操作步骤。

（2）CPU 中寄存器 C 是否为必需的？并叙述原因。

2. 某 CPU 的内部下图所示。

回答下面问题：

（1）该内部结构是否存有问题？如果有问题，指出该问题。

（2）如果有问题，应该怎样修改？

3. 某计算机字长 16 位,采用 16 位定长指令字结构,部分数据通路结构如下图所示,图中所有控制信号为 1 时表示有效、为 0 时表示无效。例如控制信号 MDRinE 为 1 表示允许数据从 DB 打入 MDR,MDRin 为 1 表示允许数据从内总线打入 MDR。假设 MAR 的输出一直处于使能状态。加法指令"ADD (R1),R0"的功能为(R0)+((R1)) —>(R1),即将 R0 中的数据与 R1 的内容所指主存单元的数据相加,并将结果送入 R1 的内容所指主存单元中保存。

下表给出了上述指令取指和译码阶段每个节拍(时钟周期)的功能和有效控制信号,请按表中描述方式用表格列出指令执行阶段每个节拍的功能和有效控制信号。

时钟	功能	有效控制信号
C1	MAR←(PC)	PCout,MARin
C2	MDR←M(MDR) PC←(PC)+1	MemR,MDRinE,PC+1
C3	IR←(MDR)	MDRout,IRin
C4	指令译码	无

4. 某 CPU 结构如下图所示。图中的叉号代表控制信号。

写出下面操作的微操作步骤,及控制信号。

(1)取指令。

(2)指令中的源操作数采用直接寻址。把该源操作数读入 AC。

(3)发生中断请求后 CPU 的处理。假定寄存器 R9 存储数值 N,寄存器 R10 存储数值 M。当中断请求发生,CPU 把 PC 值保存到内存地址为 N 的单元。中断服务程序的地址是 M。

5.4 控制器的功能和工作原理

● 单项选择题

1. 相对于微程序控制器,硬布线控制器的特点是( )。

A. 指令执行速度慢,指令功能的修改和扩展容易

B. 指令执行速度慢,指令功能的修改和扩展难

C. 指令执行速度快,指令功能的修改和扩展容易

D. 指令执行速度快,指令功能的修改和扩展难

2. 下列选项中,能缩短程序执行时间的措施是( )。

Ⅰ. 提高 CPU 时钟频率   Ⅱ. 优化数据通路结构   Ⅲ. 对程序进行编译优化

A. 仅Ⅰ和Ⅱ   B. 仅Ⅰ和Ⅲ

C. 仅Ⅱ和Ⅲ   D. Ⅰ、Ⅱ和Ⅲ

3. 某计算机的控制器采用微程序控制方式,微指令中的操作控制字段采用字段直接编码法,共有 33 个微命令,构成 5 个互斥类,分别包含 7、3、12、5 和 6 个微命令,则操作控制字段至少有( )。

A. 5 位   B. 6 位   C. 15 位   D. 33 位

4. 某计算机采用微程序控制器,共有 32 条指令,公共的取指令微程序包含 2 条微指令,各指令对应的微程序平均由 4 条微指令组成,采用断定法(下地址字段法)确定下条微指令地址,则微指令中下址字段的位数至少是( )。   【全国统考 2014 年】

A. 5   B. 6   C. 8   D. 9

5. 下列关于主存储器(MM)和控制存储器(CS)的叙述中,错误的是( )。

【全国统考 2017 年】

A. MM 在 CPU 外,CS 在 CPU 内

B. MM 按地址访问,CS 按内容访问

C. MM 存储指令和数据,CS 存储微指令

D. MM 用 RAM 和 ROM 实现,CS 用 ROM 实现

6. 在微程序方式中,指令和微指令的关系是( )。

A. 每一条指令对应一条微指令   B. 每一条指令对应一段(或一个)微程序

C. 指令组成微程序   D. 一条微指令由若干条指令组成

7. 完成指令的 1 个步骤对应( )。

A. 1 条微指令   B. 1 个微程序

C. 1 个控制位   D. 1 段代码

8. 微指令存储在( )。

A. 主存   B. 磁盘

C. Cache   D. ROM

9. 微程序运行时,关于如何确定下一条微指令的地址,有几种方法。最通常的方法是( )。

A. 用程序计数器 PC 来产生后继微指令地址

B. 用微程序计数器 μPC 来产生后继微指令地址

C. 在每条微指令中明确指出

D. 由控制电路决定

10. 找到 1 条微程序的入口地址(第 1 条微指令的地址),是通过(   )决定。

A. 指令的地址码
B. 指令的操作码
C. 微指令的微地址码
D. 微指令的微操作码

11. CPU 指令系统有 3 条指令 Z1～Z3,总的控制信号有 30 个。Z1 的执行总共需要 20 个控制信号;Z2 的执行总共需要 28 个控制信号;Z3 的执行总共需要 10 个控制信号。若微指令的控制信号采用水平编码方式,则每条微指令的控制位需要(   )位。

A. 10
B. 20
C. 28
D. 30

12. 采用微程序方法设计控制器,总的控制信号有 30 个,微指令的控制信号采用水平编码方式。全部微指令是 120 条,则每条微指令至少需要(   )位。

A. 30
B. 37
C. 120
D. 150

13. 关于微指令的编码方式的叙述,正确的是(   )。

A. 水平编码法和垂直编码法不影响微指令的长度
B. 一般情况下,水平编码微指令的位数多
C. 一般情况下,垂直编码微指令的位数多
D. 一般情况下,水平编码需要译码器

14. 实现控制器的方式中,微程序控制方式比硬布线方式慢的原因是(   )。

A. 微程序使用逻辑组合电路产生信号
B. 硬布线使用逻辑组合电路产生信号
C. 微程序方式下,处理 1 条指令需要运行 1 个微程序
D. 时钟信号慢

15. 采用微程序来设计的控制器的特点是(   )。

A. 速度快,修改指令的功能或增删指令困难
B. 速度快,修改指令的功能或增删指令较容易
C. 速度慢,修改指令的功能或增删指令困难
D. 速度慢,修改指令的功能或增删指令较容易

16. 某 CPU 指令系统中共有 20 条不同的指令,采用微程序控制方式时,控制存储器中应该有(   )个微程序。

A. 19
B. 20
C. 21
D. 22

17. 微指令中的地址部分的作用是作为(   )。

A. 操作数的地址
B. 操作结果的地址
C. 下一条指令的地址
D. 下一条微指令的地址

● 综合应用题

1. 某计算机采用 16 位定长指令字格式,其 CPU 中有一个标志寄存器,其中包含进位/借位标志 CF、零标志 ZF 和符号标志 NF。假定为该机设计了条件转移指令,其格式如下:

15 11	10	9	8	7 0
0000	C	Z	N	OFFSET

其中,00000 为操作码 OP;C、Z 和 N 分别为 CF、ZF 和 NF 的对应检测位,某检测位为 1 时表示需检测对应标志,需检测的标志位中只要有一个为 1 就转移,否则不转移,例如,若 $C=1,Z=0,N=$

1,则需检测 CF 和 NF 的值,当 CF = 1 或 NF = 1 时发生转移;OFFSET 是相对偏移量,用补码表示。转移执行时,转移目标地址为(PC)+2+2×OFFSET;顺序执行时,下条指令地址为(PC)+2。

以下是该指令对应的数据通路示意图,要求给出图中部件①~③的名称或功能说明。

2. 某 16 位计算机的主存按字节编址,存取单位为 16 位;采用 16 位定长指令字格式;CPU 采用单总线结构,主要部分如下图所示。图中 R0~R3 为通用寄存器;T 为暂存器;SR 为移位寄存器,可实现直送(mov)、左移一位(left)和右移一位(right)3 种操作,控制信号为 SRop,SR 的输出由信号 SRout 控制;ALU 可实现直送 A(mova)、A 加 B(add)、A 减 B(sub)、A 与 B(and)、A 或 B(or)、非 A(not)、A 加 l(ine)7 种操作,控制信号为 ALUop。

请回答下列问题。

【全国统考 2015 年】

(1)图中哪些寄存器是程序员可见的,为何要设置暂存器 T?

(2)控制信号 ALUop 和 SRop 的位数至少各是多少?

(3)控制信号 SRout 所控制部件的名称或作用是什么?

(4)端点①~⑨中,哪些端点须连接到控制部件的输出端?

(5)为完善单总线数据通路,需要在端点①~⑨中相应的端点之间添加必要的连线。写出连线的起点和终点,以正确表示数据的流动方向。

(6)为什么二路选择器 MUX 的一个输入端是 2?

3. 题 43 中描述的计算机,其部分指令执行过程的控制信号如题 44a 图所示。

题 44a 图　部分指令的控制信号

该机指令格式如题 44b 图所示,支持寄存器直接和寄存器间接两种寻址方式,寻址方式位分别为 0 和 1,通用寄存器 R0 ~ R3 的编号分别为 0、1、2 和 3。

指令操作码	目的操作数		源操作数 1		源操作数 2	
OP	Md	Rd	Ms1	Rs1	Ms2	Rs2

其中:Md、Msl、Ms 为寻址方式位,Rd、Rs1、Rs2 为寄存器编号。

三地址指令:源操作 1 OP 源操作数 2→目的操作数地址

二地址指令(末 3 位均为 0):OP 源操作数 1→目的操作数地址

单地址指令(末 6 位均为 0):OP 目的操作数 1→目的操作数地址

题 44b 图　指令格式

请回答下列问题。　　　　　　　　　　　　　　【全国统考 2015 年】

(1)该机的指令系统最多可定义多少条指令?

(2)假定 inc、shl 和 sub 指令的操作码分别为 01H、02H 和 03H,则以下指令对应的机器代码各是什么?

① inc R1　　　　　　　// (R1)+1→R1

② sh1 R2,R1　　　　　// (R1)<<1→R2

③ sub R3,(R1),R2　　　// ((R1))-(R2)→R3

(3)假设寄存器 x 的输入和输出控制信号分别记为 Xin 和 Xout,其值为 1 表示有效,为 0 表示无效(例如,PCout = 1 表示 PC 内容送总线);存储器控制信号为 MEMop,用于控制存储器的读(read)和写(write)操作。写出题 44a 图中标号①~⑧处的控制信号或控制信号取值。

(4)指令"sub R1,R3,(R2)"和"inc R1"的执行阶段至少各需要多少个时钟周期?

5.5 异常和中断机制

1. 内部异常(内中断)可分为故障(fault)、陷阱(trap)和终止(abort)三类。下列有关内部异常的叙述中,错误的是( )。　【全国统考 2015 年】

A. 内部异常的产生与当前执行指令相关

B. 内部异常的检测由 CPU 内部逻辑实现

C. 内部异常的响应发生在指令执行过程中

D. 内部异常处理后返回到发生异常的指令继续执行

2. 异常是指令执行过程中在处理器内部发生的特殊事件,中断是来自处理器外部的请求事件。下列关于中断或异常情况的叙述中,错误的是( )。　【全国统考 2016 年】

A. "访存时缺页"属于中断　　　　　　B. "整数除以 0"属于异常

C. "DMA 传送结束"属于中断　　　　　D. "存储保护错"属于异常

3. 下列选项中,能引起外部中断的事件是( )。

A. 键盘输入　　　　　　　　　　　　B. 除数为 0

C. 浮点运算下溢　　　　　　　　　　D. 访存缺页

4. 下列事件中,属于外部中断事件的是( )。　【全国统考 2020 年】

Ⅰ. 访存时缺页　Ⅱ. 定时器到时　Ⅲ. 网络数据包到达

A. 仅Ⅰ、Ⅱ　　　　　B. 仅Ⅰ、Ⅲ　　　　　C. 仅Ⅱ、Ⅲ　　　　　D. Ⅰ、Ⅱ和Ⅲ

5.6 指令流水线

● 单项选择题

1. 某计算机的指令流水线由四个功能段组成,指令流经各功能段的时间(忽略各功能段之间的缓存时间)分别为 90ns、80ns、70ns 和 60ns,则该计算机的 CPU 时钟周期至少是( )。

A. 90ns　　　　　　　B. 80ns　　　　　　　C. 70ns　　　　　　　D. 60ns

2. 下列选项中,不会引起指令流水线阻塞的是( )。

A. 数据旁路(转发)　　　　　　　　　B. 数据相关

C. 条件转移　　　　　　　　　　　　D. 资源冲突

3. 下列给出的指令系统特点中,有利于实现指令流水线的是( )。

Ⅰ. 指令格式规整且长度一致

Ⅱ. 指令和数据按边界对齐存放

Ⅲ. 只有 Load/Store 指令才能对操作数进行存储访问

A. 仅Ⅰ、Ⅱ　　　　　B. 仅Ⅱ、Ⅲ　　　　　C. 仅Ⅰ、Ⅲ　　　　　D. Ⅰ、Ⅱ、Ⅲ

4. 某 CPU 主频为 1.03GHz,采用 4 级指令流水线,每个流水段的执行需要 1 个时钟周期。假定 CPU 执行了 100 条指令,在其执行过程中,没有发生任何流水线阻塞,此时流水线的吞吐率为( )。

A. $0.25×10^9$ 条指令/秒　　　　　　　B. $0.97×10^9$ 条指令/秒

C. $1.0×10^9$ 条指令/秒　　　　　　　D. $1.03×10^9$ 条指令/秒

5. 在无转发机制的五段基本流水线(取指、译码/读寄存器、运算、访存、写回寄存器)中,下列指令序列存在数据冒险的指令对是( )。　【全国统考 2016 年】

I1:add   R1,R2,R3　　　　　　　　//(R2)+(R3)→R1

I2:add   R5,R2,R4　　　　　　　　//(R2)+(R4)→R5

| I3: add R4,R5,R3 | //（R5）+（R3）→R4 |
| I4: add R5,R2,R6 | //（R2）+（R6）→R5 |

A. I1 和 I2　　　　B. I2 和 I3　　　　C. I2 和 I4　　　　D. I3 和 I4

6. 下列关于超标量流水线特性的叙述中,正确的是（　　）。　【全国统考 2017 年】

Ⅰ. 能缩短流水线功能段的处理时间

Ⅱ. 能在 1 个时钟周期内同时发射多条指令

Ⅲ. 能结合动态调度技术提高指令执行并行性

A. 仅Ⅱ　　　　B. 仅Ⅰ、Ⅲ　　　　C. 仅Ⅱ、Ⅲ　　　　D. Ⅰ、Ⅱ和Ⅲ

7. 下列关于指令流水线数据通路的叙述中,错误的是（　　）。　【全国统考 2017 年】

A. 包含生成控制信号的控制部件

B. 包含算术逻辑运算部件（ALU）

C. 包含通用寄存器组和取指部件

D. 由组合逻辑电路和时序逻辑电路组合而成

8. 若某计算机最复杂指令的执行需要完成 5 个子功能,分别由功能部件 A~E 实现,各功能部件所需时间分别为 80ps、50ps、50ps、70ps 和 50ps,采用流水线方式执行指令,流水段寄存器延时为 20ps,则 CPU 时钟周期至少为（　　）。　【全国统考 2018 年】

A. 60ps　　　　B. 70ps　　　　C. 80ps　　　　D. 100ps

9. 在采用"取指、译码/取数、执行、访存、写回"5 段流水线的处理器中,执行如下指令序列,其中 s0、s1、s2、s3 和 t2 表示寄存器编号。　【全国统考 2019 年】

I1: add s2,s1,s0	//R[s2]←R[s1]+R[s0]
I2: load s3,0(t2)	//R[s3]←M[R[t2]+0]
I3: add s2,s2,s3	//R[s2]←R[s2]+R[s3]
I4: store s2,0(t2)	//M[R[t2]+0]←R[s2]

下列指令对中,不存在数据冒险的是（　　）。

A. I1 和 I3　　　　B. I2 和 I3　　　　C. I2 和 I4　　　　D. I3 和 I4

10. 在理想情况下,某 CPU 采用 4 级流水线,顺序执行 13 条指令,则在前 10 个时间段,执行完的指令条数为（　　）。

A. 4　　　　B. 7　　　　C. 10　　　　D. 13

11. 关于指令的特点,不利于实现指令流水线的是（　　）。

A. 指令系统采用等长指令字　　　　B. 访问内存只有 Load/Store 指令

C. 操作数寻址方式灵活多变　　　　D. 指令格式统一

12. 理想状况下,流水线的不同步骤（阶段）的运行时间应该（　　）。

A. 相等　　　　B. 不等　　　　C. 为零　　　　D. 任意

13. 某 CPU 采用 5 级流水线顺序执行 100 条指令,在理想情况下,需要（　　）个流水线时间段。

A. 103　　　　B. 104　　　　C. 105　　　　D. 500

14. 下列给出的处理器类型中,理想情况下,CPI 为 1 的是（　　）。　【全国统考 2020 年】

Ⅰ. 单周期 CPU　Ⅱ. 多周期 CPU　Ⅲ. 基本流水线 CPU　Ⅳ. 超标量流水线 CPU

A. 仅Ⅰ、Ⅱ　　　　B. 仅Ⅰ、Ⅲ　　　　C. 仅Ⅱ、Ⅳ　　　　D. 仅Ⅲ、Ⅳ

15. 某 CPU 采用 3 路超标量技术,流水线采用 4 级流水线,执行 60 条指令,在理想情况下,需要(　)个流水线时间段。

A. 23　　　　　　B. 24　　　　　　C. 63　　　　　　D. 64

● 综合应用题

1. 某 16 位计算机中,带符号整数用补码表示,数据 Cache 和指令 Cache 分离。题 44 表给出了指令系统中部分指令格式,其中 Rs 和 Rd 表示寄存器,mem 表示存储单元地址,(x) 表示寄存器 x 或存储单元 x 的内容。

名称	指令的汇编格式	指令功能
加法指令	ADD Rs,Rd	(Rs)+(Rd)—> Rd
算术/逻辑左移	SHL Rd	2 * (Rd)—> Rd
算术右移	SHR Rd	(Rd)/2—> Rd
取数指令	LOAD Rd,mem	(mem)—> Rd
存数指令	STORE Rs,mem	(Rs)—> mem

该计算机采用 5 段流水方式执行指令,各流水段分别是取指(IF)、译码/读寄存器(ID)、执行/计算有效地址(EX)、访问存储器(M)和结果写回寄存器(WB),流水线采用"按序发射,按序完成"方式,没有采用转发技术处理数据相关,并且同一个寄存器的读和写操作不能在同一个时钟周期内进行。请回答下列问题:

(1)若 int 型变量 x 的值为 -513,存放在寄存器 R1 中,则执行指令 SHR　R1 后,R1 的内容是多少(用十六进制表示)?

(2)若某个时间段中,有连续的 4 条指令进入流水线,在其执行过程中没有发生任何阻塞,则执行这 4 条指令所需的时钟周期数为多少?

(3)若高级语言程序中某赋值语句为 x=a+b,x、a 和 b 均为 int 型变量,它们的存储单元地址分别表示为[x]、[a]和[b]。该语句对应的指令序列及其在指令流水线中的执行过程如下图所示。

I1　LOAD　　R1,[a]

I2　LOAD　　R2,[b]

I3　ADD　　R1,R2

I4　STORE　　R2,[x]

则这 4 条指令执行过程中,I3 的 ID 段和 I4 的 IF 段被阻塞的原因各是什么?

(4)若高级语言程序中某赋值语句为 x=x×2+a,x 和 a 均为 unsigned int 类型变量,它们的存储单元地址分别表示为[x]、[a],则执行这条语句至少需要多少个时钟周期?要求模仿题 44 图画出这条语句对应的指令序列及其在流水线中的执行过程示意图。

2. 某程序中有如下循环代码段：

> p：for（int i=0；i<N；i++）
>   sum+=A[i]；

假设编译时变量 sum 和 i 分别分配在寄存器 R1 和 R2 中。常量 N 在寄存器 R6 中，数组 A 的首地址在寄存器 R3 中。程序段 P 起始地址为 0804 8100H，对应的汇编代码和机器代码如下表所示。

编号	地址	机器代码	汇编代码	注释
1	08048100H	00022080H	loop：sll R4,R2,2	(R2) << 2→R4
2	08048104H	00083020H	add R4,R4,R3	(R4)+(R3)→R4
3	08048108H	8C850000H	load R5,0(R4)	((R4)+0)→R5
4	0804810CH	00250820H	add R1,R1,R5	(R1)+(R5)→R1
5	08048110H	20420001H	add R2,R2,1	(R2)+1→R2
6	08048114H	1446FFFAH	bne R2,R6,loop	if (R2)！=(R6) goto loop

若 M 采用如下"按序发射、按序完成"的 5 级指令流水线：IF（取值）、ID（译码及取数）、EXE（执行）、MEM（访存）、WB（写回寄存器），且硬件不采取任何转发措施，分支指令的执行均引起 3 个时钟周期的阻塞，则 P 中哪些指令的执行会由于数据相关而发生流水线阻塞？哪条指令的执行会发生控制冒险？为什么指令 1 的执行不会因为与指令 5 的数据相关而发生阻塞？

【全国统考 2014 年】

3. 某计算机采用4段流水线:取指令(FI)、译码指令与地址计算(DA)、取操作数(FO)、执行(EX)。现在有8条指令顺序进入流水线,其中第3条指令是无条件转移(分支)指令,执行该指令将转移到第20条指令。写出指令的运行过程。

4. 某CPU采用5段流水线,时钟频率是2MHz。现在计算机开始运行一个由100万条指令组成的程序,假定流水线运行在理想状况下,并且每个时钟周期,有1条指令进入流水线。计算:

(1)流水方式运行该程序需要的时间是多少,加速比是多少?

(2)流水线的吞吐率是多少?

5. A 型 CPU 采用非流水线执行,时钟频率是 10MHz,CPI 为 4。B 型 CPU 采用 5 级流水线执行,流水线时钟频率是 5MHz。计算:

(1)运行同一个程序,A 型 CPU 对于 B 型 CPU 的加速比是多少?

(2)两种 CPU 的吞吐率各是多少?

5.7 多处理器基本概念

● 单项选择题

1. 下列关于多处理器的叙述中,不正确的是(   )。

A. 传统的串行计算机结构属于 SISD 结构

B. SIMD 结构实现了数据级并行技术

C. 多核处理器一般都有各自独立的主存储器

D. 共享地址多处理器(SMP)共享同一主存储器

2. 若要最大限度地提高计算机并行处理能力,计算机可采用(   )结构。

A. SISD   B. SIMD   C. MISD   D. MIMD

第6章 总 线

6.1 总线概述

● 单项选择题

1. QPI 总线是一种点对点全双工同步串行总线,总线上的设备可同时接收和发送信息,每个方向可同时传输 20 位信息(16 位数据+4 位校验位),每个 QPI 数据包有 80 位信息,分 2 个时钟周期传送,每个时钟周期传递 2 次。因此,QPI 总线带宽为:每秒传送次数×2B×2。若 QPI 时钟频率为 2.4GHz,则总线带宽为( )。 **【全国统考 2020 年】**

    A. 4.8GB/s   B. 9.6GB/s   C. 19.2GB/s   D. 38.4GB/s

2. 某同步总线的时钟频率为 100MHz,宽度为 32 位,地址/数据线复用,每传输一个地址或数据占用一个时钟周期。若该总线支持突发(猝发)传输方式,则一次"主存写"总线事务传输 128 位数据所需要的时间至少是( )。

    A. 20ns   B. 40ns   C. 50ns   D. 80ns

3. 某同步总线采用数据线和地址线复用方式,其中地址/数据线有 32 根,总线时钟频率为 66MHz,每个时钟周期传送两次数据(上升沿和下降沿各传送一次数据),该总线的最大数据传输率(总线带宽)是( )。 **【全国统考 2014 年】**

    A. 132 MB/s   B. 264 MB/s   C. 528 MB/s   D. 1056 MB/s

4. 一次总线事务中,主设备只需给出一个首地址,从设备就能从首地址开始的若干连续单元读出或写入多个数据。这种总线事务方式称为( )。 **【全国统考 2014 年】**

    A. 并行传输   B. 串行传输   C. 突发传输   D. 同步传输

5. 下列关于总线设计的叙述中,错误的是( )。 **【全国统考 2016 年】**

    A. 并行总线传输比串行总线传输速度快

    B. 采用信号线复用技术可减少信号线数量

    C. 采用突发传输方式可提高总线数据传输率

    D. 采用分离事务通信方式可提高总线利用率

6. 假定一台计算机采用 3 通道存储器总线,配套的内存条型号为 DDR3-1333,即内存条所接插的存储器总线的工作频率为 1333MHz、总线宽度为 64 位,则存储器总线的总带宽大约是( )。

【全国统考 2019 年】

    A. 10.66GB/s   B. 32GB/s   C. 64GB/s   D. 96GB/s

7. 在串行通信中,根据数据传输方向不同可以分成三种方式,不包括的方式是( )。

    A. 单工   B. 半双工   C. 全双工   D. 互联

8. 在系统总线中,地址总线的位数决定了( )。

    A. 可访问存储器单元的最大数目   B. 存储器单元的位数

    C. I/O 端口的位数   D. 总线速率

9. 决定地址总线的位数的 CPU 内部的器件是(   )。

A. MDR   B. MAR   C. PC   D. IR

10. 有些总线会采用地址总线与数据总线复用,其主要目的是(   )。

A. 节约时间   B. 提高速度   C. 减少线数   D. 加快传输

11. 某总线采用同步传输,总线时钟频率是 10MHz,数据线是 16 位,发送方在每个上升沿发出数据,接收方利用下降沿接收数据。该总线最大数据传输速率是每秒钟传输(   )。

A. 10M 字节   B. 20M 字节   C. 80M 字节   D. 160M 字节

12. 某总线采用同步传输。数据线是 16 位,每传输 1 个字,需要 4 个总线时钟周期。总线时钟频率是 5MHz。则每秒钟总线最多传输(   )字节。

A. 2.5M 字节   B. 10M 字节   C. 20M 字节   D. 40M 字节

13. 采用串行异步通信,要求双方(   )。

A. 波特率相同,通信格式可以不同   B. 波特率相同,通信格式相同

C. 波特率可以不相同,通信格式可以不同   D. 波特率可以不相同,通信格式相同

14. 关于总线的叙述,有误的是(   )。

A. 连接总线的设备共享总线   B. 连接总线的设备分时使用总线

C. 方便往总线添加设备,删除设备   D. 不如设备互联方便

15. 某计算机系统,内存共有 1024 个单元,I/O 端口有 512 个,两部分地址采用统一编址,则系统总线的地址线应该有(   )根。

A. 9   B. 10   C. 11   D. 19

● 综合应用题

某 32 位计算机,CPU 主频为 800MHz,Cache 命中时的 CPI 为 4,Cache 块大小为 32 字节;主存采用 8 体交叉存储方式,每个体的存储字长为 32 位、存储周期为 40ns;存储器总线宽度为 32 位,总线时钟频率为 200MHz,支持突发传送总线事务。每次读突发传送总线事务的过程包括:送首地址和命令、存储器准备数据、传送数据。每次突发传送 32 字节,传送地址或 32 位数据均需要一个总线时钟周期。请回答下列问题,要求给出理由或计算过程。

(1)CPU 和总线的时钟周期各为多少,总线的带宽(即最大数据传输率)为多少?

(2)Cache 缺失时,需要用几个读突发传送总线事务来完成一个主存块的读取?

(3)存储器总线完成一次读突发传送总线事务所需的时间是多少?

(4)若程序 BP 执行过程中,共执行了 100 条指令,平均每条指令需进行 1.2 次访存,Cache 缺失率为 5%,不考虑替换等开销,则 BP 的 CPU 执行时间是多少?

6.2 总线事务和定时

● 单项选择题

1. 下列选项中,可提高同步总线数据传输率的是( )。 【全国统考 2018 年】

Ⅰ.增加总线宽度　　　　　　　　　　　　Ⅱ.提高总线工作频率

Ⅲ.支持突发传输　　　　　　　　　　　　Ⅳ.采用地址/数据复用

A. 仅Ⅰ、Ⅱ　　　　　B. 仅Ⅰ、Ⅱ、Ⅲ　　　　C. 仅Ⅲ、Ⅳ　　　　D. Ⅰ、Ⅱ、Ⅲ、Ⅳ

2. 下列有关总线定时的叙述中,错误的是( )。 【全国统考 2015 年】

A. 异步通信方式中,全互锁协议的速度最慢

B. 异步通信方式中,非互锁协议的可靠性最差

C. 同步通信方式中,同步时钟信号可由各设备提供

D. 半同步通信方式中,握手信号的采样由同步时钟控制

3. 下面的操作中,不属于系统总线操作的是( )。

A. 读写内存　　　　B. 读写 I/O 接口　　　　C. 中断　　　　D. 指令译码

4. 每当上课铃响起,教师开始授课,学生开始听课。每当下课铃响起,教师停止授课,学生带好物品,离开教室。这个过程与( )总线操作很相似。

A. 同步　　　　　　B. 异步　　　　　　C. 半同步　　　　　　D. 半互锁异步

5. 第 1 节上课铃响起,教师开始布置作业,学生开始做作业。下课铃响起,教师询问学生是否完成作业。如果学生已经完成,则学生上交作业;如果学生没有完成,则让学生在第 2 节课继续做作业,在第 2 节下课时再次询问学生是否完成作业。这个过程与( )总线操作很相似。

A. 同步　　　　　　B. 异步　　　　　　C. 半同步　　　　　　D. 半互锁异步

6. 总线上的 2 个部件开始 1 次总线操作,主设备最先发送的信号是( )。

A. 数据信号　　　　B. 地址信号　　　　C. 控制信号　　　　D. 握手信号

● 综合应用题

1. 某同步总线的数据位数是 64 位,总线时钟频率为 10MHz,计算其总线带宽。

2. 某总线时钟频率为 4MHz,数据宽度为 8 位,每传送一个 32 位的字,需要 8 个总线时钟周期,计算该总线的最大传输速率。

第7章 输入/输出系统

7.1 I/O 系统概念

● 单项选择题

1. 通常情况下,接口的主要功能不包含(　)。

A. 数据缓冲　　　　　B. 地址选择　　　　　C. 信号转换　　　　　D. 算术运算

2. 关于 I/O 接口的叙述,错误的是(　)。

A. I/O 接口只是个概念

B. 1 个 I/O 接口具体表现是电路板,包含软件

C. 复杂的 I/O 接口也可能包含自己的 CPU

D. 对于 CPU 来说,I/O 接口就是若干端口

7.2 I/O 接口

● 单项选择题

1. I/O 指令实现的数据传送通常发生在(　)。　　　　　　　　　　【全国统考 2017 年】

A. I/O 设备和 I/O 端口之间　　　　　　　　B. 通用寄存器和 I/O 设备之间

C. I/O 端口和 I/O 端口之间　　　　　　　　D. 通用寄存器和 I/O 端口之间

2. 下列选项中,在 I/O 总线的数据线上传输的信息包括(　)。

Ⅰ. I/O 接口中的命令字　　Ⅱ. I/O 接口中的状态字　　Ⅲ. 中断类型号

A. 仅Ⅰ、Ⅱ　　　　　B. 仅Ⅰ、Ⅲ　　　　　C. 仅Ⅱ、Ⅲ　　　　　D. Ⅰ、Ⅱ、Ⅲ

3. 下列有关 I/O 接口的叙述中,错误的是(　)。　　　　　　　　【全国统考 2014 年】

A. 状态端口和控制端口可以合用同一个寄存器

B. I/O 接口中 CPU 可访问的寄存器称为 I/O 端口

C. 采用独立编址方式时,I/O 端口地址和主存地址可能相同

D. 采用统一编址方式时,CPU 不能用访存指令访问 I/O 端口

4. 在采用中断 I/O 方式控制打印输出的情况下,CPU 和打印控制接口中的 I/O 端口之间交换的信息不可能是(　)。　　　　　　　　　　　　　　　　　　　　【全国统考 2015 年】

A. 打印字符　　　　　B. 主存地址　　　　　C. 设备状态　　　　　D. 控制命令

5. 某计算机系统内存地址范围是 0～0FFFFFH,端口地址是 0～0FFFFH,可以推测,端口地址编码采用的是(　)。

A. 统一编址　　　　　B. 独立编址　　　　　C. 随机编址　　　　　D. 以上都不是

6. 某计算机系统内存地址范围是 0～0FFFFFH,端口地址是 100000H～10FFFFH,可以推测,端口地址编码采用的是(　)。

A. 统一编址　　　　　B. 独立编址　　　　　C. 随机编址　　　　　D. 以上都不是

7. 某计算机系统内存地址范围是0~0FFFFFH。CPU只有存储器读信号、存储器写信号。可以推测,如果在系统增加I/O接口,端口地址的编码应该采用(　　)。

  A. 统一编码   B. 独立编码   C. 两种方式均可   D. 两种方式均不行

7.3 I/O 控制方式

  ● 单项选择题

1. 下列关于"自陷"(Trap,也称陷阱)的叙述中,错误的是(　　)。 **【全国统考2020年】**

  A. 自陷是通过陷阱指令预先设定的一类外部中断事件

  B. 自陷可用于实现程序调试时的断点设置和单步跟踪

  C. 自陷发生后,CPU将转去执行操作系统内核相应程序

  D. 自陷处理完成后返回到陷阱指令的下一条指令执行

2. 单级中断系统中,中断服务程序内的执行顺序是(　　)。

  Ⅰ. 保护现场   Ⅱ. 开中断   Ⅲ. 关中断   Ⅳ. 保存断点

  Ⅴ. 中断事件处理   Ⅵ. 恢复现场   Ⅶ. 中断返回

  A. Ⅰ→Ⅴ→Ⅵ→Ⅱ→Ⅶ   B. Ⅲ→Ⅰ→Ⅴ→Ⅶ

  C. Ⅲ→Ⅳ→Ⅴ→Ⅵ→Ⅶ   D. Ⅳ→Ⅰ→Ⅴ→Ⅵ→Ⅶ

3. 外部中断包括不可屏蔽中断(NMI)和可屏蔽中断。下列关于外部中断的叙述中,错误的是(　　)。 **【全国统考2020年】**

  A. CPU处于关中断状态时,也能响应NMI请求

  B. 一旦可屏蔽中断请求信号有效,CPU将立即响应

  C. 不可屏蔽中断的优先级比可屏蔽中断的优先级高

  D. 可通过中断屏蔽字改变可屏蔽中断的处理优先级

4. 响应外部中断的过程中,中断隐指令完成的操作,除保护断点外,还包括(　　)。

  Ⅰ. 关中断

  Ⅱ. 保存通用寄存器的内容

  Ⅲ. 形成中断服务程序入口地址并送PC

  A. 仅Ⅰ、Ⅱ   B. 仅Ⅰ、Ⅲ

  C. 仅Ⅱ、Ⅲ   D. Ⅰ、Ⅱ、Ⅲ

5. 下列关于多重中断系统的叙述中,错误的是(　　)。 **【全国统考2017年】**

  A. 在一条指令执行结束时响应中断

  B. 中断处理期间CPU处于关中断状态

  C. 中断请求的产生与当前指令的执行无关

  D. CPU通过采样中断请求信号检测中断请求

6. 某计算机处理器主频为50MHz,采用定时查询方式控制设备A的I/O,查询程序运行一次所用的时钟周期数至少为500。在设备A工作期间,为保证数据不丢失,每秒需对其查询至少200次,则CPU用于设备A的I/O的时间占整个CPU时间的百分比至少是(　　)。

  A. 0.02%   B. 0.05%   C. 0.20%   D. 0.50%

7. 处理外部中断时,应该由操作系统保存的是(　　)。 **【全国统考2015年】**

  A. 程序计数器(PC)的内容   B. 通用寄存器的内容

C. 快表(TLB)中的内容　　　　　　　　D. Cache 中的内容

8. 下列关于外部 I/O 中断的叙述中,正确的是(　　)。　　　　　　【全国统考 2018 年】

A. 中断控制器按所接收中断请求的先后次序进行中断优先级排队

B. CPU 响应中断时,通过执行中断隐指令完成通用寄存器的保护

C. CPU 只有处于中断允许状态时,才能响应外部设备的中断请求

D. 有中断请求时,CPU 立即暂停当前指令执行,转去执行中断服务程序

9. 假定不采用 Cache 和指令预取技术,且机器处于"开中断"状态,则在下列有指令执行的叙述中,错误的是(　　)。

A. 每个指令周期中 CPU 都至少访问内存一次

B. 每个指令周期一定大于或等于一个 CPU 时钟周期

C. 空操作指令的指令周期中任何寄存器的内容都不会被改变

D. 当前程序在每条指令执行结束时都可能被外部中断打断

10. 某计算机有五级中断 L4~L0,中断屏蔽字为 M4M3M2M1M0,$M_i = 1(0 \leq i \leq 4)$ 表示对 Li 级中断进行屏蔽。若中断响应优先级从高到低的顺序是 L4→L0→L2→L1→L3,则 L1 中断处理程序中设置的中断屏蔽字是(　　)。

A. 11110　　　　　　B. 01101　　　　　　C. 00011　　　　　　D. 01010

11. 下列关于 DMA 方式的叙述中,正确的是(　　)。　　　　　　【全国统考 2019 年】

Ⅰ. DMA 传送前由设备驱动程序设置传送参数

Ⅱ. 数据传送前由 DMA 控制器请求总线使用权

Ⅲ. 数据传送由 DMA 控制器直接控制总线完成

Ⅳ. DMA 传送结束后的处理由中断服务程序完成

A. 仅Ⅰ、Ⅱ　　　　　B. 仅Ⅰ、Ⅲ、Ⅳ　　　　C. 仅Ⅱ、Ⅲ、Ⅳ　　　　D. Ⅰ、Ⅱ、Ⅲ、Ⅳ

12. 异常是指令执行过程中在处理器内部发生的特殊事件,中断是来自处理器外部的请求事件。下列关于中断或异常情况的叙述中,错误的是(　　)。　　　　　　【全国统考 2016 年】

A. "访存时缺页"属于中断　　　　　　　　B. "整数除以 0"属于异常

C. "DMA 传送结束"属于中断　　　　　　　D. "存储保护错"属于异常

13. 下列关于中断 I/O 方式和 DMA 方式比较的叙述中,错误的是(　　)。

A. 中断 I/O 方式请求的是 CPU 处理时间,DMA 方式请求的是总线使用权

B. 中断响应发生在一条指令执行结束后,DMA 响应发生在一个总线事务完成后

C. 中断 I/O 方式下数据传送通过软件完成,DMA 方式下数据传送由硬件完成

D. 中断 I/O 方式适用于所有外部设备,DMA 方式仅适用于快速外部设备

14. 内部异常(内中断)可分为故障(fault)、陷阱(trap)和终止(abort)三类。下列有关内部异常的叙述中,错误的是(　　)。　　　　　　【全国统考 2015 年】

A. 内部异常的产生与当前执行指令相关

B. 内部异常的检测由 CPU 内部逻辑实现

C. 内部异常的响应发生在指令执行过程中

D. 内部异常处理后返回到发生异常的指令继续执行

15. 若某设备中断请求的响应和处理时间为 100ns,每 400ns 发出一次中断请求,中断响应所允许的最长延迟时间为 50ns,则在该设备持续工作过程中,CPU 用于该设备的 I/O 时间占整个 CPU

时间的百分比至少是(　　)。 【全国统考 2014 年】

    A. 12.5%　　　　　　B. 25%　　　　　　C. 37.5%　　　　　　D. 50%

16. 某设备以中断方式与 CPU 进行数据交换,CPU 主频为 1GHz,设备接口中的数据缓冲寄存器为 32 位,设备的数据传输率为 50kB/s。若每次中断开销(包括中断响应和中断处理)为 1000 个时钟周期,则 CPU 用于该设备输入/输出的时间占整个 CPU 时间的百分比最多是(　　)。

【全国统考 2019 年】

    A. 1.25%　　　　　　B. 2.5%　　　　　　C. 5%　　　　　　D. 12.5%

17. 在 DMA 操作期间,CPU 只能完成的工作是(　　)。

    A. 访问内存　　　　B. 访问 I/O　　　　C. 响应中断　　　　D. 两个寄存器的加法

18. 以下关于外设中断服务程序与一般子程序的叙述有误的是(　　)。

    A. 外设中断服务程序由中断事件引起,子程序由调用引起

    B. 外设中断服务程序随机运行,子程序运行由指令确定

    C. 外设中断服务程序返回操作与子程序返回操作不同

    D. 两者没有区别

19. 若设备采用周期挪用 DMA 方式进行输入输出,每次 DMA 传送的数据块大小为 512 字节,相应的 I/O 接口中有一个 32 位数据缓冲寄存器。对于数据输入过程,下列叙述中,错误的是(　　)。 【全国统考 2020 年】

    A. 每准备好 32 位数据,DMA 控制器就发出一次总线请求

    B. 相对于 CPU,DMA 控制器的总线使用权的优先级更高

    C. 在整个数据块的传送过程中,CPU 不可以访问主存储器

    D. 数据块传送结束时,会产生"DMA 传送结束"中断请求

20. DMA 的输出操作是(　　)。

    A. 读取设备的数据,送到内存　　　　　　B. 读取内存的数据,送到设备

    C. 读取设备的数据,送到设备　　　　　　D. 读取内存的数据,送到内存

21. 在 DMA 方式下,数据从内存传送到外设的步骤是(　　)。

    A. 从内存读到 DMA 内部寄存器,再写到外设

    B. 从内存读到数据总线,再写到外设

    C. 从内存读到 CPU,再写到外设

    D. 从外设读到内存

22. 周期挪用方式常被用于的输入/输出方式是(　　)。

    A. DMA　　　　　　B. 中断　　　　　　C. 程序传送　　　　　　D. 通道

23. 从磁盘读取 1 个 2M 的文件到内存,适合的输入/输出方式是(　　)。

    A. 中断　　　　　　B. DMA　　　　　　C. 查询程序传送　　　　D. 以上均合适

24. 键盘或鼠标这类设备与主机适合采用的输入控制方式是(　　)。

    A. 中断　　　　　　　　　　　　　　B. DMA

    C. 查询程序传送　　　　　　　　　　D. 以上均合适

25. 多个外设同时中断时,需要进行优先级判定。这个工作由(　　)完成。

    A. CPU　　　　　　　　　　　　　　B. 专门的优先级判定电路

    C. 中断服务程序　　　　　　　　　　D. 以上均可以

26. 下面的描述中,( )不是中断方式的缺点。

A. 每次读写字节数较少   B. 需要保存 PC、FR、其他寄存器

C. 需要恢复 PC、FR、其他寄存器   D. 提高 CPU 与外设利用率

27. 某计算机系统采用查询方式与输入设备 D 打交道。设备 D 每 20ms 准备好 1 字节数据。采用定时运行 1 个查询程序的方法,该查询程序的最长运行时间是 100μs。则该查询程序相邻 2 次运行的时间间隔不能是( )。

A. 10ms   B. 15ms   C. 18ms   D. 20ms

28. 有些 CPU 采用向量中断方法,则中断向量表中存储的是( )。

A. 被中断程序的返回地址   B. 中断服务程序入口地址

C. 中断类型号   D. 中断服务程序的代码

● 综合应用题

1. 假定计算机的主频为 500MHz,CPI 为 4。现有设备 A 和 B,其数据传输率分别为 2MB/s 和 40MB/s,对应 I/O 接口各有 1 个 32 位的数据缓冲寄存器。请回答下列问题,要求给出计算过程。

【全国统考 2018 年】

(1)若设备 A 采用定时查询 I/O 方式,每次输入输出都至少执行 10 条指令。设备 A 最多间隔多少时间查询 1 次才能不丢失数据? CPU 用于设备 A 输入输出的时间占 CPU 总时间的百分比是多少?

(2)在中断 I/O 方式下,若每次中断响应和中断处理的总时钟周期数至少为 400,则设备 B 能否采用中断 I/O 方式,为什么?

(3)若设备 B 采用 DMA 方式,每次 DMA 传送的数据块大小为 1000B,CPU 用于 DMA 预处理和后处理的总时钟周期数为 500,则 CPU 用于设备 B 输入输出的时间占 CPU 总时间的百分比最多是多少?

2. 假定 CPU 主频为 50MHz,CPI 为 4。设备 D 采用异步串行通信方式向主机传送 7 位 ASCII 字符,通信规程中有 1 位奇校验位和 1 位停止位,从 D 接收启动命令到字符送入 I/O 端口需要 0.5ms。请回答下列问题,要求说明理由。 【全国统考 2016 年】

(1)每传送一个字符,在异步串行通信线上共需传输多少位？在设备 D 持续工作过程中,每秒钟最多可向 I/O 端口送入多少个字符？

(2)设备 D 采用中断方式进行输入/输出,示意图如下：

I/O 端口每收到一个字符申请一次中断,中断响应需 10 个时钟周期,中断服务程序共有 20 条指令,其中第 15 条指令启动 D 工作。若 CPU 需从 D 读取 1000 个字符,则完成这一任务所需时间大约是多少个时钟周期,CPU 用于完成这一任务的时间大约是多少个时钟周期,在中断响应阶段 CPU 进行了哪些操作？

3. 某计算机的 CPU 主频为 500MHz,CPI 为 5(即执行每条指令平均需 5 个时钟周期)。假定某外设的数据传输率为 0.5MB/s,采用中断方式与主机进行数据传送,以 32 位为传输单位,对应的中断服务程序包含 18 条指令,中断服务的其他开销相当于 2 条指令的执行时间。请回答下列问题,要求给出计算过程。

(1)在中断方式下,CPU 用于该外设 I/O 的时间占整个 CPU 时间的百分比是多少?

(2)当该外设的数据传输率达到 5MB/s 时,改用 DMA 方式传送数据。假定每次 DMA 传送块大小为 5000B,且 DMA 预处理和后处理的总开销为 500 个时钟周期,则 CPU 用于该外设 I/O 的时间占整个 CPU 时间的百分比是多少(假设 DMA 与 CPU 之间没有访存冲突)?

4. 某 CPU 具有类似 DMA 操作的数据块传输功能。使用该功能时,需要使用 1 个端口地址寄存器、1 个内存地址寄存器、1 个数据计数器。假定该 CPU 是 16 位 CPU,内部寄存器均为 16 位。计算它每次能传输的最大数据块的大小。

5. 某 8 位 CPU 用来控制 2 个输出设备 D1、D2。需要为 CPU 设计 1 个 I/O 接口连接 D1、D2。2 个设备与 CPU 输出数据以字节为单位。设备 D1 有 4 个控制线，2 个状态线。设备 D2 有 5 个控制线，4 个状态线。

(1)接口中需要哪些寄存器？

(2)接口需要几个地址？

6. 某 8 位 CPU 连接 1 个键盘。操作人员按键的速率最快是 10 次/秒，请问：

(1)假定采用定时方式进行读键，读键盘程序运行时间为 100μs，则 2 次执行程序的时间间隔至少是多少？

(2)假定键盘采用中断方式，读键盘程序运行时间为 100μs，整个系统工作了 1 小时，键盘被按下 20 次。计算 CPU 用于处理键盘花费的时间(中断时 CPU 切换花费时间忽略不计)。

7. 通常,DMA 控制器申请使用总线的优先级高于 CPU 使用总线的优先级。解释这样设计的原因。

8. 某 8 位计算机系统配置有 DMA 控制器。每次 DMA 操作传输 1 个字节,需要 3 个总线周期。总线时钟信号频率为 4MHz。计算:

(1)采用 DMA 方式,传输 1 个字节需要的时间。

(2)采用 DMA 方式,最快的传输速度是多少?

(3)由于内存速度慢,在每个 DMA 操作中增加 2 个时钟周期,这时的传输速率是多少?

自测练习题答案精解

第1章　计算机系统概述

1.1 计算机系统层次结构

● 单项选择题

1.【答案】C

【精解】考点为计算机的工作过程。

处理一条指令需要两个阶段:取指令,执行指令。取指令一定是读取存储器的操作,CPU 发出存储器的地址信息,从存储器接收过来的信息一定最终进入 IR。也就是这一阶段 CPU 从存储器获得的一定是指令。在执行指令阶段,当需要访问在存储器的数据时,CPU 会访问存储器。这是控制器设计好的流程。取指令的阶段是取指令周期,执行指令的阶段是指令执行周期。也就是说,CPU 区分从内存获得的是数据或是指令,依据指令周期的不同阶段。所以,答案为 C。

2.【答案】D

【精解】考点为计算机的基本组成。

char 型为 1 字节,占用 1 个单元。不要求对齐的话,存储情况如下图所示。

现在要求边界对齐。

由于 a 占用 4 个字节,则需要 a 的地址是 4 的倍数。现在 a 的地址是 0XC008H,0XC008H 是 4 的倍数,则 a 占用的地址不变,为 0XC008~0XC00B。

由于 b 占用 1 个字节,需要 b 的地址是 1 的倍数,即 b 的地址是任意地址,这里按照顺序存储,即 b 占用地址是 0XC00C。

由于 c 占用 2 个字节,则需要 c 的地址是 2 的倍数。地址 0XC00D 不是 2 的倍数,而地址 0XC00E 是 2 的倍数,因此,c 占用地址从 0XC00E 开始,占用地址是 0XC00E、0XC00F。

把 273 化为十六进制数,得到 111H。占用 4 个字节,得到 00 00 01 11H。采用小端存储,就是从存储地址小的单元开始按照数据位由低到高的次序依次存储。因此,存储情况如下图所示。

所以,答案为 D。

3.【答案】A

【精解】考点为计算机软件的本质。

CPU 只能识别并执行机器语言,就是 0、1 组成的代码或指令。所以,答案为 A。

4.【答案】C

【精解】考点为计算机软件的基本知识。

笔者个人认为,这道题不算很严谨。唐朔飞编著的《计算机组成原理》第 5 页指出,编译程序与解释程序都可以翻译为机器语言。统考给的标准答案是 C。

5.【答案】D

【精解】考点为计算机发展历史。

这三个原因就是选择二进制的依据。所以,答案为 D。

6.【答案】A

【精解】考点为计算机存储器的存储情况。

存储情况如下图所示,存储单元 00008046H 中存放的是 22H,所以,答案为 A。

88H	8040H
77H	8041H
66H	8042H
55H	8043H
44H	8044H
33H	8045H
22H	8046H
11H	8047H

7.【答案】A

【精解】考点为计算机的基本组成。

存储器的地址空间就是地址的范围。MAR 存放要访问的存储单元的地址,现在有 10 位,则可以代表 2^{10},即 1024 个不同地址。它与数据线没有关系。无论按照字节编址,还是按照字(此处为 16)编址,存储器最多 1024 个地址。所以,答案为 A。

8.【答案】C

【精解】考点为冯·诺依曼结构计算机基本思想。

C 与 D 的叙述矛盾,D 的叙述正确,所以 C 叙述有误。所以,答案为 C。

1.2 计算机性能指标

● 单项选择题

1.【答案】D

【精解】考点为计算机性能指标。

不同指令的指令周期不同,可以认为每条指令具有平均的指令周期。

CPU 运行 1 个程序的时间=平均的指令周期×指令总数=(时钟周期×平均 CPI)×指令总数

现在程序 A 不变,则平均 CPI、指令总数不变。CPU 速度提高 50%,理解为:新的时钟频率为原来时钟频率的 1.5 倍,则新的时钟周期为原来时钟周期的 2/3,代入上式,则新的运行时间是原来运行时间的 2/3。

原来运行时间是 90s,新的运行时间应该是 60s。I/O 时间不变,为 10s,则总时间为 70s。所以,答案为 D。

2.【答案】C

【精解】考点为计算机性能指标。

平均 $CPI = 0.5 \times 2 + 0.2 \times 3 + 0.1 \times 4 + 0.2 \times 5 = 3$

平均 1 条指令花费时间 $= 3 / (1.2 \times 10^9) \, s$

1 秒平均执行指令条数 $= (1.2 \times 10^9)/3 = 400 \times 10^6 = 400 MIPS$

所以,答案为 C。

3.【答案】D

【精解】考点为计算机性能指标。

不同指令的指令周期不同,可以认为指令具有一个平均的指令周期。

CPU 运行程序的时间 = 平均的指令周期 × 指令总数 = (时钟周期 × 平均 CPI) × 指令总数

现在的指令总数为原来指令总数的 0.7 倍,新的平均 CPI 为原来 CPI 的 1.2 倍,则新的 CPU 运行时间为原来 CPU 运行时间的 0.84 倍。原来的运行时间是 20s,则新的运行时间应该是 16.8s。所以,答案为 D。

4.【答案】C

【精解】考点为计算机性能指标。

CPU 运行程序的时间 = 平均的指令周期 × 指令总数 = (时钟周期 × 平均 CPI) × 指令总数

在 M1 运行,程序的运行时间 = (1/1.5G) × 2 × 指令总数。

在 M2 运行,程序的运行时间 = (1/1.2G) × 1 × 指令总数。

所以,比值为 1.6。所以,答案为 C。

5.【答案】D

【精解】本题考查计算机的运行速度。93.0146PFLOPS,1 PFLOPS 表示每秒进行 1 千万亿次浮点运算,即 10^{15}。$93.0146 \times 10^{15} = 9.30146 \times 10^{16}$,是 9.3 亿亿次。故本题答案为 D。

 ● 综合应用题

【答案精解】

CPU 运行时间 = 平均的指令周期 × 指令总数 = (时钟周期 × 平均 CPI) × 指令总数 = (平均 CPI × 指令总数)/时钟频率。

在 A 上运行,

50s = (平均 CPI × 指令总数)/100M;

在 B 上运行,

20s = (2.5 × 平均 CPI × 指令总数)/fb。

因此,fb = 625MHz。

第 2 章　数据的表示和运算

2.1 数制与编码

 ● 单项选择题

1.【答案】C

【精解】考点为进制数之间的相互转换。

O——8进制,H——16进制,B——2进制,D——10进制。

选项A:1111(B) = $1*2^0+1*2^1+1*2^2+1*2^3 = 1*1+1*2+1*4+1*8 = 15$。

选项B:10(H) = $0*16^0+1*16^1 = 16$。

选项C:(11)O = $1*8^1+1*8^0 = 9$。

最小数是选项C。

2.【答案】B

【精解】考点为压缩BCD码。

采用压缩BCD码就是用4位二进制数表示一个数字0~9。3的压缩BCD码是0011,4的压缩BCD码是0100。所以寄存器里面为0011 0100。所以答案为B。

3.【答案】B

【精解】考点为进制数之间的相互转换。

十进制转任意进制都可以使用求余法,过程如下:

766/16 = 47 余 14

47/16 = 2 余 15

2/16 = 0 余 2

转化后从下到上的余数,即(2)(15)(14),对应16进制数为2FE。

4.【答案】D

【精解】考点为汉字编码。

汉字存储时,采用汉字内码。就是把区位码的2字节分别加上A0H,就是汉字的内码,也是汉字的存储形式。所以答案为D。

5.【答案】D

【精解】考点为BCD码。

不带符号的BCD码,每四位表示一个十进制数字,故第一个四位表示十进制的8,第二个四位表示十进制的0,故选择D。

2.2 定点整数

● 单项选择题

1.【答案】B

【精解】32位补码所表示的正数范围是00000000H-0FFFFFFFH,负数范围是10000000H-FFFFFFFFH。最大的正数是0FFFFFFFH,其对应的十进制真值为$2^{31}-1$;最小的负数为10000000H,其对应的十进制真值为-2^{31}。

2.【答案】C

【精解】考点为补码。

y是正数,真值为65。x是负数,为32位,由于高16位全为1,真值与16位补码FFDFH的真值相等。由于高8位全为1,16位补码FFDFH的真值与8位补码DFH的真值相等。8位补码DFH的真值为-33。排除A'与D。$x-y$的实际值为-98,化为8位补码9EH,扩展为32位,应该是FFFFFF9EH。所以答案为C。

3.【答案】B

【精解】逻辑移位:左移和右移空位都补0,并且所有数字参与移动。算术移位:符号位不参与移动,右移空位补符号位,左移空位补0。根据该规则,B选项正确。

4.【答案】D

【精解】考点为补码的存储、有符号数、无符号数基本知识。

这里没有指出 short 的位数。由于 si＝-32767,可以认为是 16 位,原因在于 16 位补码表示的真值包含-32767。16 位补码表示的真值范围为-32768～+32767。-32768 的 16 位补码表示为 1000 0000 0000 0000,因此,-32767 的 16 位补码表示为 1000 0000 0000 0001。现在 usi 的二进制形式也是 1000 0000 0000 0001(8001H),但它是无符号数,则真值为 $8 \times 16^3 + 1 = 32769$。所以答案为 D。

5.【答案】B

【精解】考点为补码的基本知识。

负数的补码的最高位应该为 1。8 位最大的负数的补码形式为 1111 1111(代表-1),8 位最小的负数的补码形式为 1000 0000(代表-128)。可以看出,当负数用补码表示时,后 7 位的编码越大,真值越大;后 7 位的编码越小,真值越小。因此,本题中后 7 位的编码应该最小,为 000 0011。这时的补码为 1000 0011,真值为-125。所以答案为 B。

6.【答案】C

【精解】考点为补码的溢出。

$x+y$ 的实际值为 78。$-x+y$ 的实际值为-128。$x-y$ 的实际值为 128。不在 8 位补码表示范围,会溢出。$-x-y$ 的实际值为-78。

所以答案为 C。

7.【答案】A

【精解】考点为补码的基本知识。

可以直接算出 x 与 y 的真值。x 的真值为-12,y 的真值为-80。z 的真值应该为-64,编码为 1100 0000。所以答案为 A。

也可以利用算术左移与右移的知识,但二进制计算容易出错,不如直接算出真值。

8.【答案】B

【精解】考点为补码的符号扩充。

65535 用 16 位表示为 1111 1111 1111 1111。则 65530 用 16 位表示,应该为 1111 1111 1111 1010。x 的存储情况为:1111 1111 1111 1010。y 为无符号数,占用 32 位,第 16 位与 x 相同,高 16 位为 0。存储为 <u>0000 0000 0000 0000</u> 1111 1111 1111 1010。

所以答案为 B。

9.【答案】D

【精解】考点为补码的基本知识。

现代计算机存储数据用补码。

x 值为 127,化为 2 位十六进制数,为 7FH。

y 值为-9,化为 2 位十六进制数,为 F7H。可以排除 A、B。

z 值为 118,化为 2 位十六进制数,为 76H。z 占用 4 个字节,需要把 76H 扩展为 4 字节。最高位是符号位,为 0。排除 C。所以答案为 D。

本题出题者的目的似乎要考查补码、补码的符号扩展。题目没有给出 $z=x+y$ 的执行过程。由于 x、y 的值不变,可以算出它们的存储形式,这样排除 A 与 B。计算出 z 的真值,用 4 字节补码表示。这样,得出答案为 D。

10.【答案】B

【精解】考点为补码的溢出知识。

本题不是考查补码乘法的知识,而是考查补码溢出的知识。

求出 4 个整数的真值,分别为:-2、-14、-112、-8。

r1×r2 的真值应该为 28。

r2×r3 的真值应该为 1568。

r1×r4 的真值应该为 16。

r2×r4 的真值应该为 112。

除了 1568,其余的真值可以在 8 位寄存器中存放。得出答案为 B。

11.【答案】A

【精解】考点为补码的逻辑移位操作。

89H 的二进制序列是 1000 1001,补码进行逻辑左移,所有位向左移动。逻辑左移 1 位,得到 0001 0010。所以答案为 A。

12.【答案】B

【精解】考点为补码的逻辑移位操作。

89H 的二进制序列是 1000 1001,补码进行逻辑右移,所有位向右移动。逻辑右移 1 位,得到 0100 0100。所以答案为 B。

13.【答案】A

【精解】考点为补码的算术移位操作。

89H 的二进制序列是 1000 1001,补码进行算术左移,所有位向左移动。算术左移 1 位,得到 0001 0010。所以答案为 A。

14.【答案】B

【精解】考点为补码的算术移位操作。

89H 的二进制序列是 1000 1001,补码进行算术右移,最高位不变,所有位向右移动。算术右移 1 位,得到 1100 0100。所以答案为 B。

15.【答案】C

【精解】考点为补码的加法运算操作。

做法 1 是:两个数是补码形式,直接按位相加。得到 C 为 0,OF 就是次高位向最高位进位(这里为 1)与 C(这里是 0)异或的值,得到 1。所以答案为 C。

做法 2 是:把两个补码化为十六进制数,得到 5FH、77H。相加得到 D6H。C 为 0,D6H 对应的真值为负数,而两个加数为正数,说明溢出,即 OF 应该为 1。所以答案为 C。

16.【答案】B

【精解】考点为补码的符号扩展操作。

扩展补码数时,原符号位不变,在原补码前面添加符号位。94H 的符号位是 1,所以添加 1,得到 FF94H。所以答案为 B。

17.【答案】A

【精解】考点为无符号数的符号扩展操作。

无符号数在扩展时,在原数前面添加若干个 0,得到 0094H。所以答案为 A。

18.【答案】D

【精解】考点为补码的符号扩展操作。

扩展补码数时,原符号位不变,在原补码前面添加符号位。9094H 的符号位是 1,所以添加 1,得到 FFFF9094H。所以答案为 D。

19.【答案】A

【精解】考点为逻辑移位。

对无符号数进行逻辑左移 n 位,相当于乘以 2^n。所以答案为 A。

20.【答案】A

【精解】考点为补码的概念。

$(-X)_{补}+X_{补}=2^n$,两者所有位互为取反,加 1。所以答案为 A。

21.【答案】A

【精解】考点为加法器的运算。

加法器在运算时,把数据看作无符号数,进行加法。现在已知数据就是无符号数,则真实结果的最高位在进位 CF,也就是和为 10111,即 23。所以答案为 A。

22.【答案】B

【精解】考点为补码加法运算。

加法器在运算时,把数据看作无符号数,进行加法。现在已知真实数据就是有符号数,则需要检查 OF。OF 为 0,说明加法器的结果是真值的和的补码。现在和的补码为 1011,真值为 -5。所以答案为 B。

23.【答案】D

【精解】考点为补码加法运算。

加法器在运算时,把数据看作无符号数,进行加法。现在已知真实数据就是有符号数,则需要检查 OF。OF 为 1,说明溢出。不能使用结果。所以答案为 D。

24.【答案】A

【精解】考点为数的补码。

usi 的存储形式是 16 个 1,第二条指令是 si 的存储也是 16 个 1,因为是补码,且 si 是有符号数。所以,si 的值是 -1。所有位均为 1 的补码,其真值为 -1。所以答案为 A。

● 综合应用题

1.【答案精解】

本题考查补码、数的转换。

(1)R1 存放 x 的值 134,用十六进制表示就是 86H。

R5 存放 z1 的值,$z1=x-y$。CPU 进行减法时,转换为加法运算。z1 为无符号数,$x-y=x+(256-y)=134+(256-246)=144$,用十六进制表示就是 90H。

R6 存放 z2 的值,$z2=x+y=134+246=380$,保存 8 位,就是 $380-256=124$,用十六进制表示就是 7CH。

(2)变量 m 的存储与 x 的存储相同,但 m 是有符号数,x 是无符号数,所以 m 的值为 $-(256-134)=-122$。

变量 $k1=m-n=-122+10=-112$。

(3)可以。加减电路的核心是加法器。加法器在运算时不涉及符号位。

(4)有两种判断溢出方法。第一种是利用次高位向最高位的进位值与进位 C 做异或运算,结果就是溢出标志。第二种是参与运算的数据采用双符号位,运算后结果的两个符号异或运算,结果为溢出值。语句 int k2＝m+n;会导致溢出。

2.【答案精解】

该补码的二进制序列为 1111 1111 1111 1111 1110 0100……,前 19 位均为 1,则该补码前 18 个 1 去掉,得到一个 14 位补码 10 0100……。这个 14 位补码的真值与 32 位补码的真值相等。由于这个 14 位补码的最高位是 1,则说明该真值是负数,真值的数值部分是:$2^{14}-2410H=16384-9232=7152$。所以,32 位补码的真值是$-7152$。

原 32 位补码的前 19 位均为 1,说明真值补码的符号位是 1,后面 13(32-19)位是数值部分,所以用补码表示该真值,补码至少需要 14 位。

3.【答案精解】

运算器运算的过程是:把 $Y_补$ 的所有位取反后,再加上 1,再与 $X_补$ 相加。

$X_补-Y_补=0110\ 1010+1000\ 1001+1=1111\ 0100$。

加法器产生的进位值是 0,由于进行的是补码减法运算,需要把进位值取反后,再存储到 CF,因此 CF 的值是 1。

加法器在运算时,次高位向最高位的进位值是 0,最高位产生的进位值是 0,0 与 0 异或的结果是 0。则 OF 就是 0。OF 为 0,说明运算的结果等于 $X-Y$ 的补码。补码 1111 0100 对应的真值是 -12,即 $X-Y$ 的值是 -12。

另外的解题方法是:把补码转换为真值,再进行计算。X 为 6AH,即$+106$。Y 为 76H,即$+118$。$X-Y=106-118=-12$。减法过程需要借位,所以 CF 为 1。-12 可以用 8 位补码来表示,或者说 8 位补码的真值范围包括-12,也就是不会溢出,所以 OF 为 0。

2.3 浮点数

● 单项选择题

1.【答案】A

【精解】考点为 IEEE 754 单精度格式。

这两个数的后面 16 位均为 0,暂且不管。前 16 位分别为:

f1: 1 1001 1001 001 0000 与

f2: 1 0110 0001 100 0000。

最高位为符号位,所以都为负数。

后面的 8 位为阶码位,采用移码表示,等于真实阶码加上 127。1001 1001 大于 0110 0001,也就是 x 的绝对值的阶码最大,因为 x 与 y 是负数,所以 y 最大。所以答案为 A。

2.【答案】A

【精解】考点为 IEEE 754 单精度格式。

化为 32 位二进制数为:1100 0110 0100 0000 0000 0000 0000 0000。最高位为 1,代表负号。

后面 8 位为阶码位,1000 1100 的值为 140,140-127=13,为真正阶码。后面 23 位代表小数点后面的值,为 0.1,加上隐含小数点前面的 1,真实的尾数是 1.1,就是十进制的 1.5。所以真实值为-1.5×2^{13},所以答案为 A。

3.【答案】D

【精解】考点为 IEEE 754 单精度格式。

一个规范化的浮点数的阶码域的范围处于 $1\sim254$,则尾数域可以为任意值。

IEEE 754 单精度浮点数格式能表示的最大正整数的编码的各个部分应该为:

0（1 个符号位）、254（8 位）、全为 1（23 位）。

真实阶码为 254−127＝127。

该值为 $1.1111\cdots11\times2^{127}=(2-0.0000\cdots1)\times2^{127}=2^{128}-2^{(127-23)}$。

所以答案为 D。

4.【答案】D

【精解】考点为浮点数加法运算。

29/32 化为二进制的方法：把 29 用二进制表示是 11101，这是个整数，可以认为小数点在最右边。现在除以 32，就是小数点位置不动，把 11101 向右移动 5 位，则结果就是 0.11101。同理，得到 5/8 的表示为：0.101。题目要求阶码和尾数均采用补码表示，且位数分别为 5 位和 7 位（均含 2 位符号位）。则，两个数表示形式为：

X：阶码 00 111　尾数 00 11101；

Y：阶码 00 101　尾数 00 10100。

两个数都是正数，阶码也是正整数。

（1）对阶。我们很容易看出 X 的阶码大于 Y 的阶码，需要把 Y 的阶码变成和 X 阶码一样大。需要把 Y 的尾数变小，也就是 Y 的阶码增加 2，Y 的尾数向右移动 2 位。（这里涉及补码的右移，为方便理解，本书在讲解补码时，使用整数来讲解。这里的尾数是纯小数，用补码表示。可以理解为在右移过程，也保持符号位不变。这里两个尾数都是正数，也使问题简化一点。）对阶后，Y 表示为：阶码 00 111　尾数 00 00101。

（2）尾数相加，即 00 11101+00 00101＝01 00010，尾数相加结果符号位为 01，故需进行右规。

规格化，将尾数右移 1 位，阶码加 1，得 X+Y 为 01 000 00 10001，阶码符号位为 01，说明发生溢出。

这里，出题人的目的是想考查浮点数的表示、补码的溢出、浮点数的加法过程。

可以看出，浮点数表示中使用补码，这很麻烦。IEEE 754 定义的浮点数的表示中没有使用补码，也是为了使问题简化。答案为 D。

5.【答案】D

【精解】在 32 位计算机中，按字节编址，根据小端方式和按边界对齐的定义可知，变量 a 的存储方式如下：

地址	2020 FE00H	2020 FE01H	2020 FE02H	2020 FE03H
	未知	未知		
说明	x1（LSB）	x1（MSB）		
地址	2020 FE04H	2020 FE05H	2020 FE06H	2020 FE07H
	00H	00H	34H	12H
说明	x2（LSB）			x2（MSB）

所以，34H 所在存储单元的地址为 2020 FE06H，D 选项正确。

6.【答案】A

【精解】考点为浮点数运算。

解答：展开 1100 1000 0000 0000 0000 0000 0000 0000H，将其转换为对应的 float 或 int。如果是 float，尾数是隐藏了的最高位 1，数符为 1 表示负数，阶码 10010000 = 2^7+2^4＝128+16，减去偏置值 127 后等于 17，为 -2^17；如果是 int，带符号补码，为负数，数值部分取反加 1，011 1000 0000 0000

0000 0000 0000 0000H,算出值为-7×2^{27}。

● 综合应用题

1.【答案精解】

(1)由于 i 和 n 是 unsigned 型,故"$i <= n-1$"是无符号数比较,$n = 0$ 时,$n-1$ 的机器数为全 1,值是 $2^{32}-1$,为 unsigned 型可表示的最大数,条件"$i <= n-1$"永真,因此出现死循环。若 i 和 n 改为 int 类型,则不会出现死循环。因为"$i <= n-1$"是带符号整数比较,$n = 0$ 时,$n-1$ 的值是 -1,当 $i = 0$ 时条件"$i <= n-1$"不成立,此时退出 for 循环。

(2)$f1(23)$ 与 $f2(23)$ 的返回值相等。$f(23) = 2^{23+1}-1 = 2^{24}-1$,它的二进制形式是 24 个 1。int 占 32 位,没有溢出。float 有 1 个符号位,8 个指数位,23 个底数位,23 个底数位可以表示 24 位的底数。所以两者返回值相等。

$f1(23)$ 的机器数是 00FF FFFFH。

$f2(23)$ 的机器数是 4B7F FFFFH。

显而易见,前者是 24 个 1,即 0000 0000 1111 1111 1111 1111 1111 1111$_{(2)}$,后者符号位为 0,指数位为 $23+127(10) = 1001\ 0110_{(2)}$,底数位是 111 1111 1111 1111 1111 1111$_{(2)}$。

(3)当 $n = 24$ 时,$f(24) = 1\ 1111\ 1111\ 1111\ 1111\ 1111\ 1111\ B$,而 float 型数只有 24 位有效位,舍入后数值增大,所以 $f2(24)$ 比 $f1(24)$ 大 1。

(4)显然 $f(31)$ 已超出了 int 型数据的表示范围,用 $f1(31)$ 实现时得到的机器数为 32 个 1,作为 int 型数解释时其值为 -1,即 $f1(31)$ 的返回值为 -1。因为 int 型最大可表示数是 0 后面加 31 个 1,故使 $f1(n)$ 的返回值与 $f(n)$ 相等的最大 n 值是 30。

(5)IEEE 754 标准用"阶码全 1、尾数全 0"表示无穷大。$f2$ 返回值为 float 型,机器数 7F80 0000H 对应的值是 $+\infty$。当 $n = 126$ 时,$f(126) = 2^{127}-1 = 1.1 \cdots 1 \times 2^{126}$,对应阶码为 $127+126 = 253$,尾数部分舍入后阶码加 1,最终阶码为 254,是 IEEE 754 单精度格式表示的最大阶码。故使 $f2$ 结果不溢出的最大 n 值为 126。当 $n = 23$ 时,$f(23)$ 为 24 位 1,float 型数有 24 位有效位,所以无须舍入,结果精确。故使 $f2$ 获得精确结果的最大 n 值为 23。

2.【答案精解】

最高位为 1,则该值为负值。后面 8 位为 10010101(无符号值 149),说明是规范的数,且真正的阶码是 $149-127 = 22$。后面的 23 位是小数点后面的值,存储时省略了小数点前的 1,这样实际的尾数是:1.11101。该浮点数值是:-1.11101×2^{22}。

2.4 运算方法和运算电路

● 单项选择题

1.【答案】B

【精解】考点为串行加法器。

串行加法器运算时,高位的加法需要等待低位产生进位,产生延时,速度慢。所以答案为 B。

2.【答案】B

【精解】考点为并行加法器。

并行加法器运算时,高位的加法不需要等待低位产生进位,运算速度快。所以答案为 B。

第3章 存储器层次结构

3.1 存储器的分类

● 单项选择题

【答案】B

【精解】考点为考查随机存取的含义、各类存储器的特点。所以答案是 B。

3.2 存储器的层次化结构

● 综合应用题

1.【答案精解】

从低层次开始计算。

访问磁盘的平均存取时间：$1ms×0.92+0.08×(50ms+1ms)=5ms$；

访问主存的平均存取时间：$1\mu s×0.85+(5ms+1\mu s)×0.15=1\mu s+0.75ms$；

存储系统的平均存取时间：$100ns×0.8+(1\mu s+0.75ms+100ns)×0.2=150300ns$。

说明：这里假设的操作是：当数据不在较高层次设备时，需要让数据从较低层次设备读入较高层次设备后，再次从较高层次获取数据。有些资料中在计算类似题目时会有差异，需要注意一下。

3.3 半导体随机存取存储器

● 单项选择题

1.【答案】D

【精解】考点为存储器容量与地址的关系。

一般来说，CPU 内部存在 1 个寄存器，存放发出的存储单元的地址，该寄存器被称为 MAR。

有些资料把存储器内部用于接收地址信号的寄存器也叫作存储器地址寄存器 MAR。题目应当准确指出属于哪种情况。

主存地址空间大小为 64MB，这也是 CPU 的最大存储器空间，由 CPU 内部的 MAR 的位数决定，CPU 的 MAR 应该是 26 位，因为 $2^{26}=64M$。

对于每个芯片，内部的 MAR 应该是 22 位，因为 $2^{22}=4M$。

给出的标准答案是 D。

2.【答案】A

【精解】考点为 FLASH 存储器的特点。

本题考查基本知识，可以采用排除法。所以答案是 A。

3.【答案】B

【精解】考点为刷新。

本题考查刷新的知识。属于基础知识。

如果不明白 SDRAM，可以采用排除法。

SDRAM 是 Synchronous DRAM，也叫作同步 DRAM，SDRAM 使用 1 个同步时钟。

所以答案是 B。

4.【答案】C

【精解】考点为 DRAM 的内部组织、刷新知识。

行地址位数与列地址位数之和应该等于 11(因为 $\log_2 2K = 11$)。

A 选项选用 2048 行 1 列,(不考虑减少刷新开销)则,行地址需要 11 位,列地址需要 0 位。对外地址线需要 11 根。

D 选项选用 1 行 2048 列,(不考虑减少刷新开销)则,行地址需要 0 位,列地址需要 11 位。对外地址线需要 11 根。

B 选项选用 64 行 32 列,(不考虑减少刷新开销)则,行地址需要 6 位,列地址需要 5 位。对外地址线需要 6 根。

C 选项选用 32 行 64 列,(不考虑减少刷新开销)则,行地址需要 5 位,列地址需要 6 位。对外地址线需要 6 根。

题目要求地址引脚最少,并尽量减少刷新开销,则排除选项 A、D。由于刷新时,只要提供行地址信号(用于选中某行)与行地址有效信号(即保证 RAS#有效),则对应的行的各个位就连接到对应的检测放大电路。与检测放大电路连接(导通),导致对应位得到刷新(具体刷新的过程与原理,很多教材都忽略不讲,这里也不讲述。结合前面 DRAM 的讲述,把结论记住即可)。也就是 DRAM 的刷新是以行为单位进行的,1 行的位同时得到刷新。B 选项有 64 行,需要刷新 64 行。C 选项有 32 行,需要刷新 32 行。刷新 32 行花费的时间少。所以答案是 C。

5.【答案】A

【精解】考点为存储器分类、RAM 的特点、ROM 的特点。

Ⅰ 的叙述正确。Ⅱ 的叙述正确。Ⅲ 的叙述错误,ROM 不能用作 Cache。Ⅳ 的叙述错误,ROM 不需要进行刷新。所以答案是 A。

3.4 主存储器

● 单项选择题

1.【答案】D

【精解】考点为存储器芯片组成大容量存储器的方法。

ROM 的容量是 4K×8。需要 ROM 芯片数量是:

(4K×8)/(2K×8)= 2 片。

RAM 的容量是 60K×8。需要 RAM 芯片数量是:

(60K×8)/(4K×4)= 30 片。

所以答案是 D。

2.【答案】D

【精解】考点为考查存储器芯片的地址扩充,主要是在理解地址扩充的基础进行数学计算。

可以采用十进制进行计算,但把十六进制数转换为十进制数,计算量较大,所以采用二进制计算。

过程如下:首先,2K×4 位的芯片要进行位扩充为 2K×8 位的芯片组。组成一个 8K×8 位的存储器,需要 4 片 2K×8 位的芯片组。

把地址 0B1FH 化为二进制序列:0000 1011 0001 1111。每片芯片的地址有 2K 个,需要 11 位地址位。把二进制序列分为低 11 位与其他高位:(00001)(011 0001 1111)。高位的值就代表该地址所在的芯片的序号(序号从 0 开始)。现在高位的值为 1,代表地址 0B1FH 所在芯片为第 2 个 2K×8 的芯片组。题目就是关于第 2 个 2K×8 芯片组的第 1 个单元的地址。第 1 个 2K×8 的芯片组占用的地址是 0~(2K−1),那么第 2 个 2K×8 芯片组的第 1 个单元的地址是 2K。把值 2K 用十六进制表示,常规的做法是把 2K 化为二进制序列 1000 0000 0000(1K 是 2 的 10 次方,2K 就是 2 的 11 次方,就是 1 后面有 11 个 0)。再化为十六进制数,得到 800H。

所以答案是 D。

3.【答案】A

【精解】考点为存储芯片基本概念。

数据引脚有 8 个,存储单元为 4M,应该有 22 个地址位。一般 DRAM 为减少地址引脚会采用地址引脚复用,也就是把地址位分为行地址与列地址,分两次传输。这样地址线只要 11 根就可以了。总的线数就是 8+11=19。所以答案是 A。

4.【答案】C

【精解】考点为存储器容量的知识,属于简单的知识。

ROM 区大小为 2000H,即 8K。则 RAM 区大小为 56K。字节编址就是数据宽度为 8 位。

芯片的数量 = (56K×8) ÷ (8K×4) = 14。

所以答案是 C。

5.【答案】D

【精解】考点为存储器交叉编址的特性。

存储器 4 体交叉编址,就是 4 个存储体分别占用 4 个连续的地址,每个存储体的地址间隔为 4。理论上可以访问随机存储器任意单元。

假设 4 个存储体为 A、B、C、D。占用地址情况如下。

A	B	C	D
8000	8001	8002	8003
8004	8005	8006	8007
8008			

标准答案认为,应该依次访问每个存储体,8004 与 8000 在同 1 个存储体,会产生冲突。答案是 D。

6.【答案】C

【精解】考点为存储器交叉编址的特性。

假定 4 个 DRAM 芯片名字为 A、B、C、D。A 占用地址的低 2 位为 00,B 占用地址的低 2 位为 01,C 占用地址的低 2 位为 10,D 占用地址的低 2 位为 11。

x 是 double,占用 64 位,为 8 字节。x 的主存地址为 804001AH。只需要把低 8 位(1AH)化为二进制序列,得到:0001 1010。所以地址所在芯片的序列为占用 C(804001AH)、D(804001BH)、A(804001CH)、B(804001DH)、C(804001EH)、D(804001FH)、A(8040020H)、B(8040021H)。占用地址情况如下。

A	B	C	D
		...1A	...1B
...1C	...1D	...1E	...1F
...20	...21		

交叉编址时,使用 CPU 发出的地址信号的高位来寻址存储芯片内部的某个单元,使用 CPU 发出的地址信号的低位来决定某个存储器芯片的片选 CS 有效。每次,CPU 最多可以读取 4 个连续的单元。因此,访问 x:

CPU 第一次读取 C(804001AH)、D(804001BH)。

CPU 第二次读取 A(804001CH)、B(804001DH)、C(804001EH)、D(804001FH)。

CPU 第三次读取 A(8040020H)、B(8040021H)。

所以答案是 C。

3.5 外部存储器

● 单项选择题

1.【答案】B

【精解】考点为 RAID 技术。

RAID 采用镜像、奇偶校验来保证数据的完整与正确。条带化就是把要存储的数据分为不同的段,把这些段叫作条带。所以答案为 B。

2.【答案】C

【精解】考点为硬盘知识。

硬盘是以扇区为单位进行读写的,所以答案是 C。

3.【答案】B

【精解】考点为磁盘知识。

寻道时间:6ms;

平均旋转时间就是旋转半周的时间:$(60000 \div 10000) \div 2 = 3$ms;

磁盘控制器延迟:0.2ms;

磁头读取 4KB 的时间:$4K \div 20M = 0.2K \approx 0.2$ms;

总共时间:$6+3+0.2+0.2 = 9.4$ms。

所以答案为 B。

4.【答案】B

【精解】考点为磁盘知识。

平均寻道时间为 8ms;

平均旋转时间为:$(60000 \div 7200) \div 2 \approx 4.2$ms;

平均存取时间大约为:平均寻道时间+平均旋转时间,即 12.2ms。

所以答案为 B。

5.【答案】B

【精解】考点为 RAID 知识。

RAID1 采用磁盘镜像进行备份。所以答案为 B。

6.【答案】A

【精解】考点为磁盘知识。

最外面磁道是磁道 0,磁道长度最大,由于每个磁道存储的数据量相同,0 磁道的数据密度最小,存储数据的可靠性更好,在磁盘发展的早期,把文件目录存储在 0 磁道。所以,答案为 A。现在有些磁盘把文件目录存储在中间磁道。

7.【答案】B

【精解】考点为光盘知识。

光盘的存储按照螺旋线方向。在擦洗时,沿着螺旋线方向进行,对光盘的破坏最大。所以答案为 B。

8.【答案】A

【精解】考点为 RAID 知识。

RAID0 没有采用任何保证数据完整的技术。所以答案为 A。

● 综合应用题

1.【答案精解】

(1)磁盘的容量是:$(512×200×10×300/1024)KB = 3×10^5 KB$。

2.【答案精解】

从低层次开始计算。

访问磁盘的平均存取时间:$1ms×0.92+0.08×(50ms+1ms) = 5ms$;

访问主存的平均存取时间:$1μs×0.85+(5ms+1μs)×0.15 = 1μs+0.75ms$;

存储系统的平均存取时间:$100ns×0.8+(1μs+0.75ms+100ns)×0.2 = 150300ns$。

说明:这里假设的操作是:当数据不在较高层次设备时,需要让数据从较低层次设备读入较高层次设备后,再次从较高层次获取数据。有些资料中在计算类似题目时会有差异,需要注意一下。

3.6 Cache

● 单项选择题

1.【答案】A

【精解】组相联映射地址包括标记、组号和块内地址。cache 容量 32KB,每块/行大小为 64B,所以 cache 共有 32KB÷64B = 512块/行,又因采用 8 路组相联映射,所以 cache 的结构为 64 组(512/8),组号位数为 6($2^6=64$),每组 8 行。主存块大小为 64B,所以块内地址为 6 位($2^6=64$),地址线共 32 位,标记位 = 32-6-6 = 20。8 路组相联映射,所以需要 8 个比较器;标记位为 20,所以比较器位数为 20。

2.【答案】D

【精解】考点为 Cach 命中率计算。

Cache 的命中次数是 1000-50 = 950 次。

Cache 的命中率 = Cache 的命中次数÷总访问次数 = 950÷1000 = 0.95。

所以答案是 D。

3.【答案】A

【精解】考点为 Cache 的映射、替换算法。

计算机按字编址,Cache 和主存之间交换的块大小为 1 个字。说明每 1 个字就是 1 个块。采用 2 路组相联映射方式,就是把 Cache 分为 2 组(路),每块 2 块(行)。

题目中的地址(块号)均为偶数,则它们映射到 Cache 的组 0 中的 2 个块。

0,4 进入 Cache,(0,4)。

8,2 进入 Cache,(8,2)。

0,6 进入 Cache,(0,6)。

8 进入 Cache,(8,6)。

访问 6,则命中 1 次,(8,6)。

访问 4,进入 Cache,(4,6)。

访问 8,进入 Cache,(4,8)。

可见,总共命中 1 次。所以答案是 A。考研的标准答案认为是 C,请考生斟酌研究。

4.【答案】D

【精解】考点为数据 Cache、指令 Cache 的作用。

本题的重点是分离。在流水线的计算机系统中,为减少冲突,数据与指令有各自的 Cache。

所以答案是 D。

5.【答案】C

【精解】考点为考查 Cache 的知识。很多教材只是描述 Cache 块的知识,对每个 Cache 块需要的辅助信息描述不多,会导致计算错误。

每个块是 4×4＝16 字节。

4K 字的 Cache 有 4K×4÷16＝1K 个块。

4K 的 Cache 占用的位数是 4K×32＝128K。

直接映射时,每个 Cache 块有个 tag 寄存器,记录每个 Cache 块存储的内存块的块号。

主存地址是 32 位,主存地址分为:

(tag 号,18 位)(块号,10 位)(块内地址,4 位)。

1K 个 tag 号,占用位数是 18×1K＝18K。

加上每个 Cache 有 1 个 valid 位,总共有 1K 个 valid 位。

加上每个 Cache 有 1 个 modify 位,总共有 1K 个 modify 位。

这样,总共需要位数是 128K＋20K＝148K。所以选择答案 C。

6.【答案】C

【精解】考点为 Cache 映射、命中率计算。

每个块相当于 4 个数据。数据的访问是连续的。每个块的情况一样,所以分析第 1 个块的情况就可以。读 a[0] 时,没有命中,把该块放入 Cache,当加法运算得到新的 a[0] 需要写回时,命中。再随后的 3 个数据的 6 次操作(3 次读、3 次写)均命中。所以,未命中概率为:1÷8＝0.125。

所以答案是 C。

7.【答案】A

【精解】考点为对于访问数据局部性的理解。

数组 a 在内存的单元是连续存放,访问 a 的元素从第 1 个元素开始,依次访问若干个,可以理解为具有访问的空间连续性。指令执行完 1 个内循环,再次执行 1 个外循环,又重复对数组的访问,可以理解为具有访问的时间连续性。所以答案是 A。

8.【答案】A

【精解】本题考查直接映射方式。直接映射方式下,主存地址格式为:主存字块标记＋行号＋块内地址。根据题意,按字节编址,主存块大小为 32B,故块内地址需要 5 位,因为 $2^5＝32$;Cache 数据区大小为 32KB,主存块大小为 32B,相除得 Cache 数据区有 1K 行,故行号需要 10 位,因为 $2^{10}＝1024$;主存地址一共 32 位,故主存字块标记位 32−5−10＝17 位。标记项有 1 位有效位,由于采用了回写策略,还有 1 位脏位,用来表示缓存中的 Cache 行是否被修改过,再加上 17 位标记位,共 19 位。Cache 行的位数为标记项位数加上一行数据区的位数,即 19 位＋32B＝19 位＋32×8 位＝275 位。故本题答案为 A。

● 综合应用题

1.【答案精解】

(1)内存块有 4K 个,Cache 块有 256 个。每个块大小为 16 字节。

在直接映射下,CPU 发出的地址可以分为 3 个字段:

(tag 字段,4 位)(Cache 块号字段,8 位)(块内地址字段,4 位)。

在直接映射方式下,需要 1 个比较器(比较电路)。

(2)在全关联映射下,CPU 发出的地址可以分为 3 个字段:

(tag 字段或内存块号字段,12 位)(块内地址字段,4 位)。

需要把 tag 字段与 Cache 的 256 个 tag 同时进行比较。

2.【答案精解】

(1)当 R2 的值与 R6 的值相等时,结束循环。所以,P 执行结束时,R2 的内容是 1000。

(2)M 的指令 Cache 数据区的容量为:32×16＝512 字节。

指令起始地址 08048100H 是 32 的倍数,代码大小是 18H 字节,就是 24 字节。说明指令正好在 1 个块中。

当执行到该代码段第 1 条指令时,产生 1 次 Cache 未命中,需要把该程序调入 Cache 块。CPU 后面需要指令,都从 Cache 读取。

CPU 需要读取 6000 条指令,未命中 1 次,命中 5999 次。

所以指令 Cache 的命中率是:5999÷6000＝99.9%

(3)指令 4 可能发生溢出异常。因为 R1 记录所有的和,可能超出范围。

指令 3 是访问数组元素,数组元素存放在磁盘上,则可能产生缺页异常。

数组 A 有 1000 个元素,数组元素存放在磁盘同一个扇区,当对数组 A 进行访问时,需要读磁盘 1 次,放到内存 1 个页内。

访问数组 A 的第 1 个元素时,TLB 没有该页表的表目,访问没有命中,则在 TLB 添加该页表的表目。可以认为访问 TLB 的次数是 1000 次。

说明:现有资料很少提及对 TLB 的访问次数的定量计算,有些资料给出的访问 TLB 的答案是其他值,略有差异。考生知道 TLB 的作用就可以了。

3.【答案精解】

指令起始地址是 401000H,页大小为 4KB,则指令正好从 1 页开始。第 1 行 push 指令到第 30 行 ret 指令共 4B(75)字节,在同一页中。

指令 Cache 有 64 行,就是 64 个 Cache 块。采用 4 路组相联映射方式,就是 16 个组。主存块大小为 64B,则 32 位主存地址可以分为:

(tag 信息 22 位)(组号 4 位)(块内地址 6 位)。

第 16 行 call 指令地址是 00401025H,只需要把低 8 位化为二进制序列,得到 0010 0101。重新排列,得到 00 100101。即组号是 0,对应 Cache 的 0 组。

3.7 虚拟存储器

● 单项选择题

1.【答案】A

【精解】考点为虚拟地址转换、TLB 的用途。

页面大小为 4KB,说明虚拟地址的低 12 位是页内地址,其余位为页号。对于虚拟地

03FFF180H,180H 是页内地址,03FFFH 是页号。在 TLB 中检索到 03FFFH 的表目对应的物理页号为 153H,则物理(真实)地址为 153 180H。所以答案是 A。

2.【答案】D

【精解】考点为 Cache、页表、TLB 的知识。

Cache 由 SRAM 组成。TLB 通常用相联存储器组成,也可以由 SRAM 构成。DRAM 需要不断地对其刷新,性能较低。故选 D。

3.【答案】B

【精解】考点为考查虚拟地址的知识。

试题的标准答案认定是 B,解释是:认为可能从 Cache 读取 x,不需要访问内存,只需要把结果写回内存。并且从 TLB 获得物理页号,不需要访问内存的页表。

4.【答案】D

【精解】考点为页式虚拟系统知识。

叙述 D 中,当缺页后,需要把该页读入内存,然后从内存中的该页获取该指令或数据。

叙述 A 中,缺页是由 1 个存储器管理电路 MMU 检测的,现代 CPU 把这个 MMU 集成到 CPU 内部。所以这里 A 的叙述不够严谨。所以答案为 D。

● 综合应用题

1.【答案精解】

(1)数据 Cache 的容量为:64×8=512B。

地址空间是 256M,则地址需要 28 位。采用直接映射,28 位地址分为:

(tag 域,19 位)(Cache 块号,3 位)(块内地址,6 位)。

所有 tag 占用 19×8÷8=19B。

所以 Cache 占用 512+19=531B。

说明:有些资料考虑了每个 Cache 块有 1 个有效位,共占用 1B,这样是 532B。编者个人理解,这个有效位应该算作一致性维护的控制位。

(2)数组 a 按行优先方式存放,每个元素为 4B(32 位)。

a[0][31]的地址是 320+31×4=444;

a[0][31]的内存块号是:444÷64=6;

映射的 Cache 块号是:6 mod 8=6;

a[1][1]的地址是 320+257×4=1348;

a[1][1]的内存块号是:1348÷64=21;

映射的 Cache 块号是:21 mod 8=5。

(3)由于数据是 256 行,每行 256 列,每个数据是 4B,则 1 行有 1024B。块大小为 64B。1 行数据可以分为 16 块,则计算时只要算出读取 1 行数据的命中率,就是读取整个数组的命中率。

程序 A 访问数据采用行序,数组的存储也是行优先。A 每读取 16 个数据(64B,1 个块),第 1 次总是未命中,后面 15 个数据是命中。A 在第 1 行需要读取 16 个块。所以程序 A 访问数据的命中率为:

15÷16=0.9375=93.75%。

程序 B 访问数据采用列序。数组的存储是行优先。

访问 a[0][0]时,产生 1 个未命中,把块 0(a[0][0]~a[0][15])读入 Cache 块 0。

访问 a[1][0] 时,产生 1 个未命中,把块 16(a[1][0]~a[1][15])读入 Cache 块 0。

访问 a[2][0] 时,产生 1 个未命中,把块 32(a[1][0]~a[1][15])读入 Cache 块 0。

可以看出,第 1 列的数据均映射到了 Cache 块 0 中。按照列序,每访问 1 个数据,均产生未命中。所以程序 B 访问数据的命中率为 0。

程序 A 的命中率高,则执行时间更短。

2. 【答案精解】

(1)虚拟地址的位数由虚拟(逻辑)地址空间决定。虚拟(逻辑)地址空间为 16MB,则虚拟地址的位数为:$\log_2 16M = 24$。页面大小为 4KB(2^{12}),需要低 12 位用于页内寻址,则虚拟地址的高 12 位表示虚页号。

主存(物理)地址空间大小为 1MB(2^{20}),物理地址为 20 位。物理地址的低 12 位用于页内寻址,高 8 位表示物理页号。

(2)物理地址为 20 位。Cache 采用直接映射方式,共 8 行;主存与 Cache 之间交换的块大小为 32B。

20 位地址分为:

(tag 域,12 位)、(Cache 块号,3 位)、(块内地址,5 位)。

(3)对应虚拟地址 001C60H,C60H 是页内地址,001H 是页号。

在页表查找虚页号 1 的表目,有效位为 1,代表存在对应的实页。实页号为 4。则该虚拟地址对应的物理地址是:004C60H。

把 4C60H 划为二进制序列,得到 0100 1100 0110 0000。tag 域是 4CH。

映射的 Cache 块号是 3,在 Cache 中,检索到 Cache 块 3 的有效位为 1,对应的 tag 是 105H,而不是 4CH。所以,没有命中。

(4)对于虚拟地址 024BACH,虚拟页号为 024H。

TLB 共可存放 8 个页表项,4 路组关联。它的意思是:TLB 的 8 个表目每 4 个为 1 组,这样总共有 2 组。常用的页表的表目放到 TLB 中,用页号 024H 对总组数(2 组)进行取余数(mod)运算,得到的值作为在 TLB 的组号。计算结果为 0,也就是该页在 TLB 的组号是 0。

页号 024H 分为:(tag 域)、(TLB 组号,1 位)。tag 的值是 12H。在 TLB 的 0 组的标记域查找 12H,该表目的有效位为 1,则说明该页在内存。

说明:这道题难度很大。原因是很多计算机组成原理方面的教材没有详细讲解虚拟存储器的页表的映射这个知识点。

3. 【答案精解】

(1)页大小为 8KB,需要 13 位。

字段 A 代表虚拟页号,需要 19 位(32-13)。

字段 B 代表虚拟页号。需要 19 位。

字段 C 代表物理页号,需要 11 位(24-13)。

字段 D 代表物理页大小,需要 13 位。

Cache 数据区大小为 64KB,按 2 路组相联方式组织,主存块大小为 64B。说明 Cache 块有 1K 个,分为 512 组,每组 2 个块。

字段 F 代表 Cache 块所在的组号,需要 9 位。

字段 G 代表 Cache 块大小,需要 6 位。

字段 E 需要 9 位（24-9-6）。

（2）方法 1：4099 mod 512 = 3，这就是块 4099 映射的组号。

4099÷512 = 8，这就是块 4099 对应的 tag 值（H 字段内容）。

方法 2：把块号 4099 化为二进制序列：0001 000 0 0000 0011。

所映射的 Cache 组号是：3（000000011）。

字段 H 与字段 E 代表的意义相同。字段 H 的内容是 000001000。

（3）缺页处理的时间开销大。原因：① 一般页的大小比块的大小要大，缺页时传输的信息多。② 缺页时，要从外存（磁盘）向内存传输信息，外存的特性决定了传输的速度远远低于内存与 Cache 间的传输速度。③Cache 的完成由控制电路来实现，缺页时从外存读取页由操作系统管理内存的程序来完成，速度慢。

（4）一般页的大小比块的大小要大，如果采用直写（Write Through）策略，需要频繁向外存写信息，速度慢，花费时间较多。并且向外存进行写操作是由操作系统管理内存的程序来完成的，速度慢。因此，修改页总是采用回写（Write Back）策略。

4.【答案精解】

（1）虚拟地址经过页表转换为物理地址，送给 Cache 主存物理地址占 28 位。

（2）TLB 映射方式采用全相联映射，虚拟页号需要和 TLB 每个表目进行比较。TLB 用 SRAM 实现。

（3）Cache 采用组相联映射方式。

Cache 采用 LRU 替换算法和回写（Write Back）策略，则 Cache 每行中出数据（Data）、Tag 和有效位后，还应有：1 个记录 Cache 块的信息是否有改动的位，可以命名为修改位（modified 位）；还要有记录 Cache 块被访问次数的位（count 位）。由于每组有 2 个块，count 位需要 1 位即可。

每个 Cache 块的大小为 32B（2^5）。每个块有的总容量：Cache 块（32B，256 位）、Tag（20 位）、有效位（1 位）、修改位（1 位）、访问次数的位（1 位）。

输入 Cache 的地址中组号占 3 位，说明有 8 组。从图中看出，每组有 2 个块，则总共有 16 个 Cache 块。

Cache 的总容量是：（256+23）×16 = 4464 位 = 558B。

Cache 中有效位的作用是记录 Cache 块的信息是从内存传送来的，还是初始信息。

（4）对于虚拟地址 0008 C040H，040H 是页内地址，8CH 是虚拟页号。在 TLB 中，存在 tag 为 8CH 的表目，且有效位是 1，代表该表目有效，对应的实页号是 40H，所以，物理地址是 040040H。

物理地址 0040040H 化为二进制序列，得到 <u>100 0000 0000 010 0 0000</u>。Cache 组号是 2，在 Cache 表中组号为 2 的行查看是否有 tag 域的值为 <u>100 0000 0000</u>，即 400H。现在发现该组存在 tag 域的值为 400H，但有效位是 0，则说明该 Cache 块的信息无效。即物理地址 0040040H 在 Cache 中没有命中。

对于虚拟地址 0007C260H，低 8 位 60H 在虚拟地址转换过程中保持不变。地址 60H（<u>0110 0000 011</u>）的高 3 位代表对应的 Cache 组号，即组号为 3。

5.【答案精解】

（1）CPU 访问该数据时，Cache 电路需要 10ns 决定是否命中。

未命中时，需要从内存传输 1 个块到 Cache。1 个块有 8 个字。传输第 1 个字需要 100ns，传输后面的 7 个字需要 30×7 = 210ns。

1 个 Cache 块传输完成后, Cache 电路再需要 10ns, 把需要的数据送给 CPU。

所以, 未命中时, 总的时间是: 10+100+210+10 = 330ns。

（2）平均存取时间为: $10×0.9+330×0.1 = 42ns$。

6.【答案精解】

Cache 块的个数是 $2K÷64 = 32$。

Cache 组数是 $32÷4 = 8$。

块大小为 64B, 块内地址需要 6 位。

因此, 30 位地址分为:（tag, 21 位）、（组号, 3 位）、（块内地址, 6 位）。

第 4 章　指令系统

4.1 指令系统的基本概念

● 单项选择题

1.【答案】B

【精解】指令系统中采用不同寻址方式的目的缩短指令长度, 扩大寻址空间, 提高编程灵活性, 这也是指令系统中设置有多种寻址方式的出发点。

2.【答案】B

【精解】本题考查指令系统的基本概念。

寻址方式是指寻找操作数或操作数地址的方式。指令系统中采用不同寻址方式的目的是为了在效率和方便性上找一个平衡。立即数寻址和寄存器寻址在效率上是最快的, 但是寄存器数目少, 不可能将操作数都存入其中等待使用, 立即数的使用场合也非常有限, 这样就需要将数据保存在内存中, 然后使用直接寻址、寄存器间接寻址、寄存器相对寻址、基址加变址寻址、相对基址及变址寻址等寻址方式将内存中的数据移入寄存器中。

4.2 指令格式

● 单项选择题

【答案】D

【精解】指令长度为 16, 地址码为 6 位, 零地址、一地址和二地址指令对应的操作码位数分别为 16, 16-6 = 10, 16-6×2 = 4, 二地址指令编码剩余 $2^4 - 12 = 16 - 12 = 4$, 一地址指令最多 $4×2^{10-4} = 256$ 条, 剩余编码 256-254 = 2, 零地址指令最多 $2×2^{16-10} = 128$ 条。

● 综合应用题

【答案精解】

对于第 1 类指令, 操作数占用 16 位, 还余 8 位, 有 256 种组合。可以选取 0000 0000～1111 1110 作为第 1 类指令的操作码, 把 1111 1111 用于操作码扩充。

对于第 2 类指令, 操作数占用 8 位, 还余 16 位作为操作码。操作码可以选用 1111 1111 0000 0000～1111 1111 1111 1110。

对于第 3 类指令, 操作码的高 16 位全为 1, 后面还有 8 位, 可以全部用作操作码。操作码: 1111 1111 1111 1111 0000 0000～1111 1111 1111 1111 1111 1111。

4.3 寻址方式

● 单项选择题

1.【答案】D

【精解】考点为寻址方式。

首先排除直接寻址与寄存器寻址。相对寻址用于指令跳转,也可以排除相对寻址。

变址寻址就是把1个寄存器的内容与1个偏移量值的和作为真正数据的地址。访问数组时,用偏移量记录首元素的地址,变址寄存器记录当前访问元素的下标,可以对当前元素进行访问;然后修改变址寄存器的内容,可以访问其他元素。所以答案是D。

2.【答案】C

【精解】考点为寻址方式。

变址寻址就是变址寄存器 I 的内容与偏移量 D 的和作为有效地址 EA,间接寻址是把 EA 的内容当作地址,去访问存储器,以获得数据。所以答案为 C。

3.【答案】A

【精解】考点为操作码扩充方式。

由于答案 A 的数值最小,从答案 A 开始,检查该值是否满足要求。

三地址指令中,3 个操作数占用 18 位,余下的 6 位为操作码。6 位操作码有 64 种编码,可以选用 29 种编码用于三地址指令,剩余 35 种编码作指令扩充用。

二地址指令的操作数占用 12 位,操作码占用 12 位,最高 6 位剩余 35 种组合,另外的 6 位有 64 种编码,总共可以有(35×64)种不同编码,大于 107,满足要求。所以答案是 A。

4.【答案】A

【精解】考点为直接寻址方式。

48 条指令需要 6 位操作码字段,4 种寻址方式需要 2 位寻址特征位,故寻址范围为 0~255。注意,主存地址不能为负数。

5.【答案】D

【精解】考点为寻址方式。

变址寻址获取数据过程是 CPU 把变址寄存器的内容与指令中形式地址相加,把和作为真实数据的有效地址。本题中,变址寄存器 R 的内容为 1000H,指令中的形式地址为 2000H,两者之和为 3000H。以 3000H 为地址访问内存,得到 4000H。

所以答案是 D。

6.【答案】A

【精解】考点为寻址方式。

源操作数寄存器直接寻址,区分 16 个寄存器,需要 4 位。操作码占 8 位。

目的操作数采用基址寻址,区分 16 个寄存器,需要 4 位,则偏移量最多为 16 位(32-4-8-4=16)。偏移量为负值,用补码表示。所以答案是 A。

7.【答案】D

【精解】考点为基址寻址。

基址寻址是:数据在内存存储,它的地址由 1 个基址寄存器的内容与 1 个偏移量的和决定。偏移量是有符号数,用补码表示。偏移量 FF12H 最高位为 1,则化为 32 位,得到 FFFF FF12H。

真实地址是 F000 0000H+FFFF FF12H=EFFF FF12H。

由于是大端方式存储,操作数的 LSB 字节是 00H,地址在高位,即 EFFF FF15H。所以答案是 D。

● 综合应用题

1.【答案精解】

(1)指令中 OP 占用 4 位,则可以指令系统最多 16(2^4)条指令。

指令中 Rs 或 Rd 占用 3 位,则该计算机最多有 8(2^3)个通用寄存器。

计算机字长为 16 位,则存储器数据寄存器(MDR)需要 16 位。

主存地址空间大小为 128KB,按字编址,则单元数量为 64K。存储器地址寄存器(MAR)需要 16 位($\log_2 64K$)。

(2)存储单元数量为 64K,则转移指令的目标地址范围是 0~65535。

(3)汇编语言为"add(R4),(R5)+"的机器码是:0010 001 100 010 101;用十六进制表示是:2315H。

指令执行后,R5 及内存单元 1234H 的内容会改变。

该指令执行后,R5 的内容由 5678H 变为 5679H,内存单元 1234H 中的内容由 5678H 变为 68ACH。

2.【答案精解】

(1)下条指令地址为(PC)+2,说明本条指令占用 2 字节,本条指令长度为 2 字节,说明每个字节占用 1 个地址,即该计算机存储器按字节编。

指令中 OFFSET 占用 8 位,用补码表示,相对偏移量为 -128~+127,该条件转移指令向后(反向)最多可跳转 127 条指令。

说明:一般程序执行时,指令的地址是递增的,跳转到大地址是向后,是正向。这里题目中描述"该条件转移指令向后(反向)",使编者困惑,感觉"向后"与"反向"矛盾。这里的答案是按照标准答案给出的。

(2)转移指令的地址为 200CH,当转移指令执行时,PC 为下条指令的地址,即 200EH(200CH+2)。该指令执行时 CF=0,ZF=0,NF=1,则条件满足,需要转移。

(PC)= 200EH+(11100011 左移 1 位)= 200EH+FFC6H=1FD4H。

说明:11100011 为补码,真值是负值。这里直接采用补码计算的话,容易出错,最好采用十进制数来计算,可以把 11100011 先化为十进制,得到 -29,乘以 2,得到 -58。200EH 化为十进制为 32×256+14,等于 8206。8206-58=8148,化为十六进制数,即 1FD4H。

若该指令执行时 CF=1,ZF=0,NF=0,则条件不满足,不转移,执行下条相邻的指令,(PC)=200EH。

(3)假定两个 4 位无符号数分别为 3、4。3<4,3-4=-1,则 CF=1,ZF=0,NF=1。

假定两个 4 位无符号数是 0、15。0-15=-15,则 CF=1,ZF=0,NF=0。

假定两个无符号数分别为 3、3。3-3=0,则 CF=0,ZF=1,NF=0。

可以看出当"无符号数小于等于"时,有两种组合:(CF=1,且 ZF=0)或者(CF=0,且 ZF=1)。考研的标准答案认为是:CF=1,ZF=1,NF=0。

说明:题目应该给出 NF 的详细定义。编者也是查阅很多资料后才发现 NF 应该是 Negative Flag,也就是"负数位",即补码的最高位是否为 1,相当于 8086 CPU 的 SF 位。SF 位是 Sign Flag,就是补码的最高位。

3.【答案精解】

（1）每条指令长度为4字节，相邻指令的存储地址之差为4，则存储器编址单位为字节。

（2）指令 sll R4,R2,2 中，R2左移2位，相当于乘以4，得到下个元素的地址，所以每个元素占用4个字节，为32位。

（3）第6条机器指令1446 FFFAH的低2字节是OFFSET字段，也就是说，OFFSET字段为FFFA，真值为−6。

当前PC为08048114H，目标地址为08048100H。目标地址减去当前PC的值为−14H（−20）。指令中的OFFSET的值是−6。−20=−6×4+4。

bne指令的转移目标地址计算公式为：

目标地址=（PC）+OFFSET×4+4。

4.【答案精解】

（1）RISC的指令操作除了LOAD与STORE外，不再使用存储器单元。指令 cmp dword ptr［ebp-OCh］,ecx 使用存储器，所以不是RISC类型的指令。该计算机是CISC。

（2）第35条指令地址为0040107FH，第1条指令地址为00401020H，则指令的字节数是：0040107FH-00401020H+1=5FH+1=60H字节=96字节。

（3）在执行f1(0)时，n−1为255。

当i=0时，执行的指令相当于 cmp 0,255，即用0减255，进/借位标志CF的内容是1。

（4）在f2中不能用sh1指令实现power*2。因为在f2中，power为float型，存储为IEEE 754单精度格式。将power左移的结果不是它的2倍。

4.4 数据的存储和排列

● 单项选择题

1.【答案】A

【精解】考点为大端方式和小端方式存储

按字节编址，采用小端方式，低位的数据存储在低地址位、高位的数据存储在高地址位，并且按照一个字节相对不变的顺序存储。由题意知机器代码的地址是递减的，存储0的位数是32位，那么我们只需要把−64的补码按字节存储在其中即可，而−64表示成32位的十六进制数是FFFFFFC0，根据小端方式的特点，高字节存储在低地址，就是C0FFFFFF，故选A。

2.【答案】C

【精解】考点为大端方式和小端方式存储

因为机器码是2D XXXX，于是XXXX表示的是地址码字段，采用16进制，因此地址码是16位，地址码采用补码表示，因此可以表示的范围是$-2^{15} \sim 2^{15}-1$，所以7−（−3）=10，未超过表示的范围，所以不会溢出。−3的二进制补码是1111 1111 1111 1101，对应的16进制是FFFD，采用小段表示方式，形式为FDFF，因此机器指令的机器码是2DFDFFH。

3.【答案】A

【精解】考点为边界对齐方式存储

信息按整数边界对齐的存储方法可以保证无论访问8位、16位、32位或64位的信息，都能在一个存取周期内完成，从而提高了访存的速度。

4.【答案】B

【精解】考点为边界对齐方式存储

32 位的数据占 4 个字节,按整数边界对齐,地址应该是 4 的整倍数。

5.【答案】B

【精解】考点为边界对齐方式存储

程序计数器(PC)给出下一条指令字的访存地址(指令在内存中的地址),取决于存储器的字数($4GB/32bit = 2^{30}$),故程序计数器(PC)的位数至少是 30 位;指令寄存器(IR)用于接收取得的指令,取决于指令字长(32 位),故指令寄存器(IR)的位数至少为 32 位。

6.【答案】D

【精解】考点为边界对齐方式存储

考查字符串的存储方式。计算机存储器按字节编址,采用小端方式存放数据,即高位字节存放在高地址处,低位字节存放在低地址处。在存储器中,数据结构按边界对齐方式顺序存储,因此 int 型数据的地址必须是 4 的倍数,short 型数据地址必须是 2 的倍数。所以 record.c 的地址不可能为 0xC00D。而 273(二进 0001 0001 0001)的十六进制表示为 0x00000111,故地址 0xC008 中内容应为低字节 0x11,如下表所示。

地址	0xC008	0xC009	0xC00A	0xC00B
内容	record.a(0x11)	record.a(0x01)	record.a(0x00)	record.a(0x00)
地址	0xC00C	0xC00D	0xC00E	0xC00F
内容	record. b		record.c	record.c

7.【答案】D

【精解】考点为边界对齐方式存储

按边界存储是指半字、字、双字都按它们各自地址所指定的空间进行存储,而不是随意存放,这样可保证对一个字长数据的读/写只需要一次存储器访问即可完成,提高了访问效率,但有时会导致存储空间的浪费,因此,这是一种以存储空间换取存储时间的方法。

4.5 CISC 和 RISC 的基本概念

● 单项选择题

【答案】A

【精解】考点为 RISC 的特点。

RISC 多采用硬件布线设计控制器。所以答案是 A。

4.6 程序的机器级表示

● 单项选择题

1.【答案】C

【精解】C 改变程序执行的顺序。程序控制类指令包括跳转指令(如无条件跳转、条件跳转、子程序调用等)和异常处理指令(如中断、异常处理等)。这些指令通过改变程序的执行顺序,控制程序的流程和调度。

2.【答案】B

【精解】较为简单,主要改变程序计数器的值。

第5章 中央处理器

5.1 CPU 的功能和基本结构

● 单项选择题

1.【答案】B

【精解】考点为 CPU 基本结构。

机器字长通常与 CPU 的寄存器位数、加法器有关。所以答案为 B。

2.【答案】C

【精解】考点为标志位的设定。

两个无符号整数比较,如果 A>B,则 A−B>0,减法不需要借位,减法后 CF=0。另外,差不能为 0,所以 ZF=0。SF 为 0。标志位应该准确反应转移的条件。所以答案为 C。

3.【答案】B

【精解】考点为 CPU 内部寄存器的用途。

32 位定长指令,则 IR 需要 32 位。

某计算机主存空间为 4GB,字长为 32 位,按字节编址。这里需要注意的是存储器地址是 4GB,所以 PC 应该是 32 位。由于指令按照字对齐存放,就是指令的地址是 0、4、8、12、…。地址的低 2 位均为 0,则 PC 可以使用 30 位,只存放 32 位地址的高 30 位。所以答案为 B。

4.【答案】D

【精解】考点为 CPU 内部寄存器的用途。

某 CPU 为 32 位,可以推测出 A、B、C。注意是可能性,但 D 没有任何可能。所以答案为 D。

5.【答案】A

【精解】考点为标志位的用途。

通过设置中断允许 IF,来允许或禁止 CPU 响应中断。所以答案为 A。

6.【答案】D

【精解】考点为标志位的用途。

题目的备选答案中的 ∨ 代表逻辑或。它是对 2 个位进行操作,只要 2 个位有 1 个是 1,逻辑或的结果就是 1。

假定无符号数为 4 位,15−3=12,则 CF=0。但 CF=0 不能判断出 15>3,需要 ZF=0,也就是 CF=0,并且 ZF=0,才可以断定 15>3。所以答案为 D。

7.【答案】D

【精解】考点为标志位的用途。

假定无符号数为 4 位。15−3=12,则 CF=0,ZF=0。

15−15=0,则 CF=0,ZF=1。也就是 CF=0,可以断定大于等于关系成立。所以答案为 D。

8.【答案】C

【精解】考点为 CPU 内部寄存器的用途。

程序状态寄存器或标志寄存器用来记录每条指令执行后各个标志位的值。所以答案为 C。

9.【答案】D

【精解】考点为 CPU 内部寄存器的用途。

程序计数器记录下一条要执行的指令地址。所以答案为 D。

10.【答案】C

【精解】考点为 CPU 内部寄存器的用途。

控制器的功能是 A、B、D。它没有算术运算功能。所以答案为 C。

11.【答案】A

【精解】考点为 CPU 标志位的设置。

CPU 进行 A 减去 B 的运算的步骤是:把 B 的每个位进行取反(或者非运算),然后与 A 进行相加,再加上 1,就得到最终的差。由于这里是进行减法,所以在加法运算过程中,会产生进位(0 或者 1),则最终 CF 的值是该进位的非(或者取反)的值。溢出 OF 的值的设置是:次高位产生的进位值与最高位产生的进位值进行异或运算的结果。运算过程如下:

FFFF FFFFH−FFFF FFF0H

=FFFF FFFFH+0FH+1

=FFFF FFFF+10H

=1 0000 000FH

在进行加法的过程中,产生的进位为 1。由于本指令是减法,可以理解为:减法的借位与加法的进位是非的关系。所以此处减法运算后的借位是 0。OF 是次高位进位与最高位进位的异或值,得到 OF 为 0。

5.2 指令执行过程

● 单项选择题

1.【答案】A

【精解】考点为 CPU 时钟知识。

备选项 B、C、D 正确,所以答案为 A。

2.【答案】D

【精解】考点为 CPU 时钟信号。

处理器时钟脉冲信号就是通常所说的 CPU 时钟信号,它是 CPU 工作的基本信号。

指令周期由若干个时钟周期组成。指令并不是在每来一个时钟信号时就开始执行一条新指令,所以 D 错误很明显。所以答案为 D。

3.【答案】C

【精解】考点为 CPU 工作过程。

CPU 每处理完 1 条指令,检查是否有中断请求。所以答案为 C。

4.【答案】A

【精解】考点为 CPU 工作过程。

CPU 时钟是 CPU 工作的信号。时钟信号周期是 CPU 工作的基本时间单位。

指令周期是处理 1 条指令的时间。总线周期是完成 1 次总线操作的时间。

总线时钟周期是总线操作的基本时间单位。

所以答案是 A。

5.【答案】A

【精解】考点为 CPU 工作过程。

指令在内存中,取指令必定是读内存操作。所以,答案是 A。

6.【答案】D

【精解】考点为 CPU 工作过程。

该指令的处理时间包含：取指令时间、译码时间、执行时间。所以答案为 D。

7.【答案】D

【精解】考点为 CPU 工作过程。

读取的指令存放在 IR 中。有些 CPU 有存放指令的队列，可以存放多条指令。最简单的 CPU 模型可以认为没有该队列。1 条指令要被执行，需要放到 IR，即指令寄存器中。IR 就是暂时存放 1 条指令。IR 的操作码信息送入控制器。所以答案是 D。

8.【答案】A

【精解】考点为 CPU 工作过程。

取指令时，需要使用 PC 的值作为指令地址，那么更新 PC 的时机，只要取指令完成后，或者是把 PC 的值发送 MAR 之后即可。所以答案是 A。

9.【答案】C

【精解】考点为 CPU 工作过程。

指令译码就是把 IR 中的指令操作码送入控制器，更准确地说，是送入控制器中的译码器。令操作码加在译码器的输入端，可以立即产生有效输出（ns 级别）。所以译码时间可以忽略不计，也可以分配 1 个时钟周期。所以答案是 C。

10.【答案】D

【精解】考点为 CPU 工作过程。

这里的执行时间是指控制器开始完成指令任务花费的时间。每个指令执行的时间是 CPU 时钟周期的倍数，在 CPU 设计时，已经确定每条指令的执行时间。控制器识别操作码，使用规定好的时间。所以答案是 D。

11.【答案】C

【精解】考点为 CPU 工作过程。

每条指令执行完毕，检测是否有外部中断请求。也就是 2 条中断请求的间隔最小是运行 1 条指令的时间，即 $200ns×10=2000ns=2\mu s$。那么外部中断请求的最高频率是 0.5MHz。所以答案是 C。

12.【答案】D

【精解】考点为 CPU 工作过程。

这里每个微操作的时间不一致，应该把最长的操作时间作为 CPU 时钟周期。所以答案是 D。

13.【答案】B

【精解】考点为 CPU 工作过程。

这里是 CPU 里面寄存器不等长的情况。指令的地址由 PC 决定，所以指令的条数是 2^{10}，即 1024。所以答案是 B。

14.【答案】C

【精解】考点为 CPU 工作过程。

这里是 CPU 里面寄存器不等长的情况。1 条指令的长度是 16 位，CPU 每次接收 8 位数据或指令。所以读取 1 条指令需要数据总线 2 次。所以，答案是 C。

● 综合应用题

1.【答案精解】

（1）计算 $f(10)$ 需要调用函数 f1 的次数是 10。执行第 16 行的 call 指令会递归调用 f1。

（2）上述代码中，条件转移指令是：第 12 行指令 jle f1+35h。

一定会使程序跳转执行的指令是：第 16 行指令、第 20 行指令、第 30 行指令。

说明：call 指令是调用子程序的指令。ret 是子程序返回指令。jmp 是直接转移指令。

（3）第 17 行指令的虚拟地址应是：00401025H+5＝0040102AH

第 16 行 call 指令采用相对寻址方式，该指令中的偏移量应是：

偏移量＝目的地址-（PC），即 00401000H-0040102AH＝-2AH，8 位补码表示是 D6H。

用 32 位补码表示就是 FFFF FFD6H。D6H 为最低位，存储在低地址，所以 M 采用小端方式。

（4）函数的返回值是 int 型，这里是 32 位，运行过程数值超过 int 型的表示范围，导致出错。应该把函数的返回值修改为 long 型，这里应该是 64 位。

（5）eax 是 32 位，ecx 是 32 位，乘积是 64 位，现在 64 位乘积要送到 32 位的 eax，也就是这两个补码的真值需要相等。当 64 位积的高 32 位是低 32 位的符号扩充时，OF 为 1；否则，OF 为 0。编译器应该在 imul 指令后加一条溢出中断指令。该指令判断 OF 的值，如果 OF 为 1，则中断。

5.3 数据通路的功能和基本结构

● 单项选择题

1.【答案】B

【精解】考点为数据通路。

取数过程需要从寄存器 r1、r2 取数。需要访问内存。需要进行加法。所以答案为 B。

2.【答案】A

【精解】考点为数据通路。

处理指令的第一个步骤是读取指令，读取指令的第一个步骤是把 PC 的值送 MAR。所以答案为 A。

3.【答案】C

【精解】考点为数据通路。

CPU 内部公共数据总线传输的信号按照内容区分，有地址信息、数据信息、指令。所以答案为 C。

4.【答案】D

【精解】考点为数据通路。

控制 2 个器件与内部公共数据总线的连接从而构成 1 个数据通路的信号由控制器生成。所以答案为 D。

5.【答案】A

【精解】考点为数据通路。

取指令至少需要 4 步，使用的 CPU 时钟周期可以多于 4 个。在多出的时间段，CPU 可以空闲。所以答案为 A。

6.【答案】D

【精解】考点为数据通路。

A、B、C 是采用公共数据总线的原因或特点。所以答案为 D。

7.【答案】D

【精解】考点为数据通路。

指令最多需要 11 步,现在使所有指令的处理时间相等。所有指令都需要 11 步。所以答案为 D。

8.【答案】C

【精解】考点为数据通路。

读取指令,需要 $32 \div 8 = 4$ 次。执行时,输出 16 位数据,需要 2 次。总共需要使用数据总线 6 次。所以答案为 C。

9.【答案】B

【精解】考点为数据通路。

需要 1 个信号控制 8 个信号的输入,需要 1 个信号控制 8 个信号的输出。所以答案为 B。

10.【答案】C

【精解】考点为数据通路。

在每个器件的输出端与总线上设置的三态门,可以控制器件与总线的连接与断开,相当于模拟开关。所以答案为 C。

11.【答案】D

【精解】考点为数据通路。

当执行该指令时,PC 值为 1002,偏移量 $X = 100 - 1002 = -902$。所以答案为 D。

12.【答案】B

【精解】考点为数据通路。

当多个器件同时发出信息时,会导致线路的电平错误。因此,要避免 2 个器件同时发出信息。理论上,可以允许多个器件同时接收,但是,为方便控制,最好还是在每个时间段,只有 1 个器件接收信息。所以答案为 B。

● 综合应用题

1.【答案精解】

(1)操作步骤如下:

① 把 R2 的内容送到 MAR。

② 发出"存储器读命令"。

③ 把 MDR 内容送 R1。

(2)CPU 中寄存器 C 不是必需的。因为运算的 2 个初值在 A、B 中,ALU 的运算结果可以使用总线送到通用寄存器。但是设置寄存器 C,运算结果可以暂存到 C,方便控制。

2.【答案精解】

(1)CPU 内部组成存在问题。

使用 ALU 运算时,ALU 的 1 个输入端需要从内部总线获取数据,而 ALU 的输出也需要使用总线,会导致冲突。

(2)修改方法可以是:在 ALU 原来没有设置寄存器的输入端设置 1 个寄存器,用来暂存输入的数据。或者在 ALU 输出端设置 1 个寄存器,用来暂存结果。避免 ALU 的输入端与输出端同时使用总线。

3.【答案精解】

可以表示如下:

时钟	功能	有效控制信号
C1	（R1）—> MAR	R1out,MARin
C2	M(MDR)—> MDR	MemR,MDRinE
C3	（R0）—> A	R0out,Ain
C4	（MDR）—> ALU	MDRout
C5	ADD,ALU —> AC	ADD,ACin
C6	（AC）—> MDR	ACout,MDRin
C7	MDR—> M(MDR)	MDRoutE,MemW

4.【答案精解】

（1）取指令的过程如下：

t1：（PC）—> MAR　　　　　　　//有效控制信号：k1,k10

t2：CPU 发出读内存信号　　　　　//有效控制信号：Read

t3：Memory —> MBR　　　　　　//有效控制信号：k4

t4：（MBR）—> IR　　　　　　　//有效控制信号：k15

t5：PC 更新

说明：这里的读内存信号 Read、PC 更新信号没在图中画出。这里分了 5 步。第 3 步可以与第 4 步合并。

（2）指令中源操作数采用间接寻址。把该源操作数读入 AC。过程如下：

t1：（IR）—> MAR　　　　　　　//有效控制信号：k14,k10

t2：CPU 发出读内存信号　　　　　//有效控制信号：Read

t3：Memory —> MBR　　　　　　//有效控制信号：k4

t4：（MBR）—> IR　　　　　　　//有效控制信号：k7

（3）发生中断请求时，当中断请求发生，CPU 把 PC 值保存到内存地址为 N 的单元。中断服务程序的地址是 M。则过程如下：

t1：（R9）—> MAR　　　　　　　//有效控制信号：k16,k10

t2：（PC）—> MBR　　　　　　　//有效控制信号：k2,k6

t3：CPU 发出写内存信号　　　　　//有效控制信号：Write

t4：R10 —> （PC）　　　　　　　//有效控制信号：k13

说明：这个 CPU 结构里面各个器件没有采用总线连接，器件之间的连接线很多，有点杂乱，如果要增加 1 个器件或者删除 1 个器件，也需要增加或删除很多线路，比较麻烦。所以，CPU 内部一般采用各个器件连接到公共总线的方式。总线的好处就是增加或删除器件而不影响其他器件，很方便。但是需要各个器件分时共享总线。

通常情况，每个器件有 1 个输入端与 1 个输出端。在图中，MAR 接收 4 路信号，输出 1 路信号。MAR 每个时刻最多接收 1 路输入，也就是 k1、k8、k14、k16 这 4 个控制信号最多有 1 个有效。这里的叉号在实际中对应一个电子器件，叫作三态门。三态门有输入端（多路）、输出端（多路）、控制端（1 个公共）。控制端的电平决定输入端与输出端是否连接或断开。三态门的功能类似一个开关，使它连接的 2 个器件之间连接或断开。图中的 IR 与 MAR 之间就存在一个三态门，控制 IR 的信号是否可以流入 MAR，三态门的控制信号就是 k14。

5.4 控制器的功能和工作原理

● 单项选择题

1.【答案】D

【精解】考点为硬布线控制器特点。

硬布线控制器的速度取决于电路延迟,所以速度快。硬布线控制器采用专门的逻辑电路实现,修改和扩展困难。所以答案为 D。

2.【答案】D

【精解】考点为 CPU 的内部结构、数据通路、流水线技术。

Ⅰ. CPU 的时钟频率越高,时钟周期越短,程序的执行时间就越短。

Ⅱ. 数据在功能部件之间传送的路径称为数据通路,数据通路的功能是实现 CPU 内部的运算器和寄存器以及寄存器之间的数据交换。优化数据通路结构,可以有效提高计算机系统的吞吐量,从而加快程序的执行。

Ⅲ. 对程序进行编译优化可以实现流水线。

所以答案为 D。

3.【答案】C

【精解】考点为微指令的编码方式。

字段直接编码法就是将微指令中的位分成若干个字段,每个字段经过 1 个译码器,把译码器的输出作为控制信号。

微指令中的位进行段的原则:

(1)互斥性控制信号应该在同一个译码器输出,相容性控制信号应该在不同的译码器输出。

(2)一般来说,需要译码器的 1 个输出表示此时没有任何微指令有效。

5 个互斥类分别需要 3、2、4、3、3 位,共 15 位。

所以答案为 C。

4.【答案】C

【精解】考点为微程序技术。

计算机共有 32 条指令,各个指令对应的微程序平均为 4 条,则微指令为 32×4＝128 条,公共微指令还有 2 条,整个微指令为 128＋2＝130 条,$2^8 > 130$。所以答案为 C。

5.【答案】B

【精解】考点为微程序技术。

控制存储器是微程序技术中存储微指令的 ROM。可以采用排除法求解。

答案 A、C、D 的描述正确,所以,答案为 B。

6.【答案】B

【精解】考点为微程序技术。

每一条指令对应一段(或一个)微程序。所以答案为 B。

7.【答案】A

【精解】考点为微程序技术。

指令的 1 个步骤对应 1 条微指令。多条微指令对应 1 条指令。所以答案为 A。

8.【答案】D

【精解】考点为微程序技术。

微程序存储在 ROM 里面,以免丢失。该 ROM 由于存放微程序,所以被叫作控制 ROM。用户程序不能访问控制 ROM。所以答案为 D。

9.【答案】C

【精解】考点为微程序技术。

最常规的方法是把下条微指令的地址记录在本条微指令中。所以答案为 C。

10.【答案】B

【精解】考点为微程序技术。

1 条微程序的入口地址由指令的操作码决定。所以答案为 B。

11.【答案】D

【精解】考点为微指令的编码方式。

水平编码方式就是每个控制信号用 1 个控制位。总的控制信号有 30 个,则需要 30 位。所以答案为 D。

12.【答案】B

【精解】考点为微指令的编码方式。

水平编码方式就是每个控制信号用 1 个控制位。总的控制信号有 30 个,则需要 30 位。全部微指令是 120 条,即最大的微指令地址是 119,编码需要 7 位。1 条微指令包含控制位和下一条微指令的地址。这样至少需要 30+7 = 37 位。所以答案为 B。

13.【答案】B

【精解】考点为微指令的编码方式。

水平编码方式就是每个控制信号用 1 个控制位,这样控制位较多。

垂直编码方式就是由编码形成控制信号,减少了控制位位数,但需要译码器。

所以答案为 B。

14.【答案】C

【精解】考点为微程序方式。

微程序控制需要控制 ROM 逐条读取微指令,从而产生需要的控制信号,没有硬布线控制快。所以答案为 C。

15.【答案】D

【精解】考点为微程序技术。

微程序执行速度慢于硬布线,但修改指令或增减、减少指令时,只需要修改微程序即可,很是方便、灵活。所以答案为 D。

16.【答案】C

【精解】考点为微程序技术。

需要注意的是,采用微程序设计时,需要 1 个读取指令的微程序。这样总共有 21 个微程序。所以答案为 C。

17.【答案】D

【精解】考点为微程序技术。

通常,把下一条微指令的地址写在当前微指令中,作为地址字段。所以答案为 D。

● 综合应用题

1.【答案精解】

① 为 IR,存放 1 条指令。

② 为算术左移寄存器,可以把 OFFSET 进行左移,达到将 OFFSET 乘以 2。

③ 为加法器,实现 PC+2 与 2×OFFSET 的相加。

2.【答案精解】

(1)程序员可见的寄存器是:R0~R3。一般不能直接操作 PC,但可以通过转移指令来进行。设置暂存器 T 的目的是存放 1 个数据。如果没有 T,ALU 的两个输入端 A、B 需要同时从执行获取数据,会产生冲突。

(2)ALU 有 7 种操作,则控制信号 ALUop 至少需要 3 位。移位寄存器有 3 种操作,则控制信号 SRop 至少需要 2 位。

(3)信号 SRout 所控制的是一个三态门,用于控制移位器与总线之间数据通路的连接与断开。

(4)须连接到控制部件的输出端的端点为:①②③⑤⑧。

(5)连线 1,⑥→⑨;连线 2,⑦→④。

(6)相邻 2 条指令的地址差为 2。MUX 的一个输入端是 2,为的是实现(PC)+2—>PC。

3.【答案精解】

(1)寻址方式占 1 位,寄存器编码占 2 位,总共 3 位。有 3 个操作数,需要 9 位。指令总长 16 位,则操作码占 7 位,可以有 128 条指令。

(2)① 操作码占 7 位,为 0000001。

末 6 位为 000000。中间 3 位为 001。

机器码是:0000 0010 0100 0000,即 0240H。

② 操作码占 7 位,为 0000010。

末 3 位为 000。中间 6 位为 010 001。

机器码是:0000 0100 1000 1000,即 0488H。

③ 操作码占 7 位,为 0000011。

操作数为:011 101 010

机器码是:0000 0110 1110 1010,即 06EAH。

(3)① 取指令阶段,读取 1 条指令后,需要修改 PC 的值,这里是(PC)+2。需要 MUX 的输出是 2,这样需要 MUXop 为 0。

② PC 的值与 2 相加的结果在移位寄存器 SR 中,需要原值输出,这样需要 SRop 为直送 mov。

③ 执行指令 shl R2,R1,需要 R1 的输出,进入 ALU 后原样输出,输入移位寄存器 SR。在 SR 进行移位操作。所以,ALUop 为直接送 mova。

④ 执行指令 shl R2,R1,需要 R1 的输出,进入 ALU 后原样输出,输入移位寄存器 SR。在 SR 进行移位操作。所以,SRop 为左移 1 位 left。

⑤ 执行指令 sub R0,R2,(R1),需要从内存读取数据,数据的地址在 R1 中。所以,MEMop 为读 read。

⑥ 此时,需要 ALU 进行减法运算,所以 ALUop 为 sub。

⑦ ALU 的减法结果需要通过 SR 并保持原值,所以 SRop 为直送 mov。

⑧ 结果从 SR 输出,需要经过三态门,所以 SRout 为 1。

（4）指令"sub R1,R3,(R2)"的执行步骤有：

① R3 到 T；② R2 到 MAR；③ 读内存；④ MDR 到 ALU 的 B 端；⑤ ALU 进行减法操作，结果到 R1。其中步骤②③可以合并为 1 个步骤。所以，需要至少包含 4 个时钟周期。

指令"inc R1"执行阶段至少包含 2 个时钟周期。

5.5 异常和中断机制

1.【答案】D

【精解】考点为异常和中断的基本概念

内中断是指来自 CPU 和内存内部产生的中断，包括程序运算引起的各种错误，如地址非法、校验错、页面失效、非法指令、用户程序执行特权指令自行中断（INT）和除数为零等，以上都在指令的执行过程中产生的，故 A 正确。这种检测异常的工作肯定是由 CPU（包括控制器和运算器）实现的，故 B 正确。内中断不能被屏蔽，一旦出现应立即处理，C 正确。对于 D，考虑到特殊情况，如除数为零和自行中断（INT）都会自动跳过中断指令，所以不会返回到发生异常的指令继续执行，故错误。

2.【答案】D

【精解】考点为异常和中断的基本概念

中断是指来自 CPU 执行指令以外事件的发生，如设备发出的 I/O 结束中断，表示设备输入/输出处理已经完成，希望处理机能够向设备发出下一个输入输出请求，同时让完成输入/输出后程序继续运行。时钟中断，表示一个固定的时间片已到，让处理机处理计时、启动定时运行的任务等。这一类中断通常是与当前程序运行无关的事件，即它们与当前处理机运行的程序无关。异常也称内中断、例外或陷入（Trap），指源自 CPU 执行指令内部的事件，如程序的非法操作码、地址越界、算术溢出、虚存系统的缺页以及专门的陷入指令等引起的事件。A 错误。

3.【答案】A

【精解】考点为中断的分类

在这 4 个选项中，除键盘输入以外，其余 3 个选项都不是外部事件引起的中断。选项 B、C 的中断源是运算器，选项 D 的中断源是存储器。

4.【答案】C

【精解】考点为中断的分类

Ⅰ访存时缺页属于内中断；Ⅱ外部中断，描述的是时钟中断；Ⅲ外部中断，外部事件。

5.6 指令流水线

● 单项选择题

1.【答案】A

【精解】考点为流水线原理。

流水线的基本原理是以最长的执行时间作为时钟周期。所以答案为 A。

2.【答案】A

【精解】考点为流水线原理。

数据旁路技术，就是直接将执行结果送到其他指令所需要的地方，这样可以使流水线不发生延迟。所以答案为 A。

3.【答案】D

【精解】考点为流水线原理。

指令定长、对齐、仅 Load/Store 指令访存,以上三个都是 RISC 的特征,适合实现流水线。所以答案为 D。

4.【答案】C

【精解】考点为流水线性能计算。

采用 4 级流水执行 100 条指令,在执行过程中共用 103(4+100−1)个时钟周期。CPU 的主频是 1.03GHz,也就是说,每个时钟周期为 1/1.03G。也就是 100 条指令需要的时间为 103/1.03G 秒。

流水线的吞吐率为:(100×1.03G)/103 = 1G。所以答案为 C。

5.【答案】B

【精解】考点为流水线数据冲突情况。

I1 和 I2 的 R2 均为源操作数,不存在冲突。

I2 的 R5 在 T5 得到结果;I3 在 T3 需要计算 R5,无转发机制,存在冲突。

所以答案为 B。

6.【答案】C

【精解】考点为超标量流水线的基本概念。

A 与 B 互斥。II 很明显正确,I 不正确。超标量是相当于多个流水同时进行。所以答案为 C。

7.【答案】A

【精解】考点为流水线的技术。

指令流水线数据通路就是采用流水线技术时数据在 CPU 内部器件的传输。数据通路包含 ALU、寄存器、取指部件。所以答案为 A。

8.【答案】D

【精解】考点为流水线原理。

流水线技术一般选取最长的执行时间为时钟周期。最长时间是 80ps+20ps,所以答案为 D。

9.【答案】C

【精解】考点为流水线技术的数据冲突。

I1:(取 ,译码,执行,访存, 写回)

I2:(取 ,译码,执行,访存,写回)

I3:(取 ,译码,执行,访存,写回)

I4:(取 ,译码,执行,访存,写回)

I3 的执行需要在 I1 的写回后面。

I3 的执行需要在 I2 的写回后面。

I4 的执行需要在 I3 的写回后面。

所以答案为 C。

10.【答案】B

【精解】考点为流水线技术。

在第 10 个时间段,处于最后阶段的指令的开始时间是第 7 个时间段。所以完成的指令条数是 7 条。所以答案为 B。

11.【答案】C

【精解】考点为流水线技术。

A、B、D 有助于把指令运行分为等长的若干步骤,实现流水线。操作数寻址多的话,导致指令运行时间长度不一样,不容易把过程分为合适的步骤,不容易实现流水线。所以答案为 C。

12.【答案】A

【精解】考点为流水线技术。

实现流水线就需要把指令运行分为等长的若干步骤,最后采用使每个步骤的运行时间相等。所以答案为 A。

13.【答案】B

【精解】考点为流水线技术。

假定第 1 个时间段为 T1,则第 100 条指令的取值阶段就是 T100,占用 5 个时间段,就是 T100、T101、T102、T103、T104。实际上,也就是 5+100−1＝104。所以答案为 B。

14.【答案】B

【精解】考点为指令流水线。

多周期 CPU 指的是将整个 CPU 的执行过程分成几个阶段,每个阶段用 1 个时钟去完成,然后开始下一条指令的执行,而每种指令执行时所用的时钟数不尽相同,这就是所谓的多周期 CPU,Ⅱ项错误。Ⅳ项是通过增加功能部件实现的并行。在理想情况下,Ⅰ项单周期 CPU,指令周期＝时钟周期;Ⅲ项基本流水线 CPU,让每个时钟周期流出 1 条指令(执行完 1 条指令)。所以答案为 B。

15.【答案】A

【精解】考点为流水线技术。

3 路超标量技术就是 CPU 内同时进行 3 路流水线,每路流水线相当于执行 20 条指令。理想情况下,需要的时间段是 4+20−1＝23。所以答案为 A。

● 综合应用题

1.【答案精解】

(1)SHR R1 的操作是算数右移,就是将有符号数除以 2。

−513 用补码表示,至少需要 11 位,11 位补码的真值范围是:−1024～+1023。11 位补码是:$(-513)+2^{11}=1535$,即 5FF,即 101 1111 1111。扩展为 16 位,因为最高位是 1,添加 5 个 1,得到 1111 1101 1111 1111。现在算术右移 1 位,在算术移位中符号位也右移,同时符号位不变,得到 1111 1110 1111 1111。所以 R1 的内容是 FEFFH。

(2)有连续的 4 条指令 Z1～Z4 进入流水线,在其执行过程中没有发生任何阻塞,可假定:Z1 占用 T1～T5,Z2 占用 T2～T6,Z3 占用 T3～T7,Z4 占用 T4～T8。这 4 条指令执行需要 8 个时钟周期,即:指令数 4+流水线段数 5−1＝8。

(3)I3 的 ID 段是译码/读寄存,需要读取 R2,而 R2 由 I2 在 T6 写入,所以 I3 的 ID 段需要在 T7 发生。也导致 I4 的 IF 在 T7 发生。

(4)把 C 语句用汇编指令实现,实现的方法可能不止 1 种。

I1	LOAD	R1,[x]
I2	LOAD	R2,[a]
I3	SHL	R1
I4	ADD	R1,R2
I5	STORE	R2,[x]

流水线中的运行情况如下:

	T1	T2	T3	T4	T5	T6	T7	T8	T9	T10	T11	T12	T13	T14	T15	T16	T17
I1	IF	ID	EX	M	WB												
I2		IF	ID	EX	M	WB											
I3			IF			ID	EX	M	WB								
I4					IF					ID	EX	M	WB				
I5									IF					ID	EX	M	WB

执行这条语句至少需要 17 个时钟周期。

2.【答案精解】

在流水线中的执行过程如下：

	T1	T2	T3	T4	T5	T6	T7	T8	T9	T10	T11	T12	T13
I1	IF	ID	EX	M	WB								
I2		IF				ID	EX	M	WB				
I3			IF							ID	EX	M	WB
I4				IF									
I5					IF								
I6						IF							

	T14	T15	T16	T17	T18	T19	T20	T21	T22	T23	T24	T25	T26
I1													
I2													
I3													
I4	ID	EX	M	WB									
I5		ID	EX	M	WB								
I6						ID	EX	M	WB				
I1													IF

由于数据相关而发生流水线阻塞的指令是：I1 导致 I2、I2 导致 I3、I3 导致 I4、I5 导致 I6。会发生控制冒险的指令是：I6。

本次指令 1 占用 T1~T5，本次指令 5 占用 T6~T18，时间上不重合，不发生阻塞。

本次指令 5 占用 T6~T18，下次指令 1 从 T26 开始，时间上不重合，不发生阻塞。

3.【答案精解】

运行过程如下：

	T1	T2	T3	T4	T5	T6	T7	T8	T9	T10
Z1	FI	DA	FO	EX						
Z2		FI	DA	FO	EX					
Z3			FI	DA	FO	EX				
Z4				FI	DA	FO				
Z5					FI	DA				
Z6						FI				
Z7										
Z8										
Z20							FI	DA	FO	EX

4.【答案精解】

（1）每个时钟周期，有 1 条指令进入流水线。意思是：1 个流水线时钟周期等于 1 个计算机时钟周期，等于 $0.5\mu s$。

100 万条指令运行完毕需要的流水线时钟周期是：100 万 + 5 - 1 = 100 万 + 4 ≈ 100 万；

运行时间是：$0.5\mu s \times 100$ 万 = 0.5s。

不采用流水线，需要运行该程序需要的时钟周期个数是：5×100 万 = 500 万；

加速比 = 非流水线运行程序的时间/流水线运行程序的时间 = 500 万/100 万 = 5。

（2）采用流水线，100 万条指令的运行时间是：

$0.5\mu s \times 100$ 万 = 50 万 μs = 0.5s。

流水线的吞吐率是：200 万条指令/秒。

5.【答案精解】

（1）假定运行的程序有 n 条指令。A 型 CPU 运行该程序花费的时间是：

$0.1\mu s \times 4 \times n = 0.4n\mu s$；

B 型 CPU 运行该程序需要的流水线周期是：n + 5 - 1 = n + 4。

花费的时间是：$0.2\mu s \times (n+4)$；

加速比 = 0.4n/0.2(n+4)；

当 n 较大时，加速比 ≈ 2。

（2）A 型 CPU 吞吐率是：10M ÷ 4 = 2.5MIPS。

B 型 CPU 吞吐率是：5M ÷ 1 = 5MIPS。

5.7 多处理器基本概念

● 单项选择题

1.【答案】C

【精解】A 选项正确，串行计算机通常包含一个处理器和一个存储器，在一段时间内仅执行一条指令，属于单指令流单数据流结构（SISD）；B 选项正确，一个指令流同时对多个数据流进行处理，就是数据级并行；C 选项错误，多核处理器共享主存储器，一般有各自的 Cache；D 选项正确，SMP 为所有处理器提供单一的物理地址空间，所以选择 C。

2.【答案】D

【精解】MIMD 是使用多个控制器来异步地控制多个处理器，能实现作业、任务、指令、数组各级全面并行的多机系统。

第 6 章　总　线

6.1 总线概述

● 单项选择题

1.【答案】C

【精解】考点为系统总线的性能。

每个时钟周期传递 2 次，根据公式，$2.4G \times 2 \times 2 \times 2B/s = 19.2GB/s$，所以答案为 C。

误区：公式里最后已经乘了 2 次了（全双工），在求解时不需要再乘。

2.【答案】C

【精解】考点为突发传输的原理。

地址/数据线复用,则先发送地址,再发送数据。

支持突发(猝发)传输方式,就是发送方发送 1 个开始地址,接收方接收该开始地址,每传送 1 个数据,该地址加 1,作为下个数据的地址,直到约定数量的数据传送完毕。也就是前面发送 1 个地址,后面的数据以数据块传输。

这里需要 128 位,数据总线为 32 位,也就是数据需要连续的 4 个总线周期。前面需要 1 个周期传输地址。总共需要 5 个总线周期。总线频率为 100MHz,则总线周期为 10ns。所以传输需要 50ns。答案为 C。

3.【答案】C

【精解】考点为总线性能。

总线传输数据时,1 次可以同时传输 4 字节。总线时钟频率为 66MHz,每个时钟周期传送 2 次数据,这样最大数据传输率为:$4 \times 66M \times 2 = 528MB/s$。所以答案为 C。

4.【答案】C

【精解】考点为系统突发传输。可以结合排除法。

显然题干不是在描述并行传输、串行传输,也不是在描述同步传输。可以确定答案为 C。

突发传输是先传输 1 个地址作为开始地址,然后连续传输若干个数据。

所以答案为 C。

5.【答案】A

【精解】考点为总线知识。可以结合排除法。

很明显,B、C 是正确的。

D 中,学生在学习阶段接触的总线有同步、异步、并行、串行几种,对分离事务通信方式可能没有印象,有点生僻。

A 中,通常的并行传输比串行传输快。但现在,随着技术发展,串行传输的速度也超过并行速度。例如,光纤网线传输的速度远远大于有些并行传输。

所以,答案为 A。

6.【答案】B

【精解】考点为总线性能。

现在总线频率是 1333MHz,每个总线的带宽是:$8 \times 1333M = 10664M \approx 10.66GB/s$。DDR3 是新型 DRAM,使用外部时钟信号,在每个时钟信号进行 2 次数据传输。这样每个内存的带宽是:21.32GB/s。

一台计算机采用 3 通道存储器总线,得到总线的带宽是约 64GB/s。

考研标准答案认为是 B。编者认为与 2014 年全国统考单选第 19 题矛盾。

7.【答案】D

【精解】考点为串行异步通信知识。

单工是数据传输方向固定,在一个方向上传输;半双工数据传输允许数据在两个方向上传输,但是,在某一时刻,只允许数据在一个方向上传输。

全双工是有两个数据传输线路,可以同时在两个方向上传输。所以答案是 D。

8.【答案】A

【精解】考点为系统总线知识。

地址总线的位数决定了可访问存储器单元的最大数目,也决定了可访问 I/O 端口的最大数目。所以答案是 A。

9.【答案】B

【精解】考点为系统总线知识。

CPU 的 MAR 决定地址总线的位数。所以答案是 B。

10.【答案】C

【精解】考点为总线复用知识。

总线复用,其主要目的是减少传输线。这导致传输速率下降,控制复杂。所以答案是 C。

11.【答案】B

【精解】考点为总线性能知识。

每个总线周期完成 1 次传输,速率是:2 字节×10M＝20M 字节/秒。所以答案是 B。

12.【答案】A

【精解】考点为总线性能知识。

每传输 1 个字,需要 4 个总线时钟周期,总线时钟频率是 5MHz,则每秒传输字数:5M÷4＝1.25M,每秒钟总线最多传输字节数:1.25M×2＝2.5M。所以答案是 A。

13.【答案】B

【精解】考点为串行异步通信知识。

采用串行异步通信,要求双方波特率相同,通信格式相同。所以答案是 B。

14.【答案】D

【精解】考点为总线知识。

A、B、C 均为总线的优点。所以答案是 D。

15.【答案】C

【精解】考点为总线知识。

总共有 1536 个地址,需要 11 根地址线。所以答案是 C。

● 综合应用题

【答案精解】

(1)CPU 时钟周期:1s÷800M＝1.25ns;

总线的时钟周期:1s÷200M＝5ns;

总线的带宽(即最大数据传输率):4B×200M＝800MB/s。

(2)主存块大小为 32 字节。1 个读突发传送总线事务传输 32 字节。

所以,Cache 缺失时,需要用 1 个读突发传送总线事务来完成一个主存块的读取。

(3)一次读突发传送总线事务需要:

① 送首地址和命令,占用 1 个总线时钟周期,需要 5ns。8 个存储体收到地址。8 个存储器准备数据。

② 经过 40ns 后,8 个存储体准备好数据。存储周期是存储器接收地址到数据被 CPU 接收的时间。

CPU 依次读取 8 个存储体,需要 8 个总线时钟周期,需要 40ns。

所以一次读突发传送总线事务所需的时间是 85ns。

(4)命中时,执行程序的时间是:100×1.25ns×4＝500ns;

未命中时,执行的时间是:100×1.2×5%×85 = 510ns;

BP 的 CPU 执行时间是:500+510 = 1010ns。

说明:这里假定每次访问存储器传输 32 字节。如果只需要读取 1 字节的话,未命中的时间是:100×1.2×5%×(5+40+5) = 300ns。

6.2 总线事务和定时

● 单项选择题

1.【答案】B

【精解】考点为同步总线的知识。

增加总线宽度、提供总线工作频率、支持突发传输可以提供数据传输率。采用地址/数据复用的目的是减少总线的信号线的数量。所以答案为 B。

2.【答案】C

【精解】考点为总线操作方式。

在总线同步操作中,主设备与从设备需要遵从总线时钟的信号(同步信号)。该信号可以是单独的信号,也可以由主设备提供,不能由从设备提供。异步操作不需要时钟,但需要握手信号。所以答案为 C。

3.【答案】D

【精解】考点为系统总线操作的概念。

简单来说,凡是使用系统总线的操作,就是系统总线操作。指令译码是 CPU 内部的工作,不使用系统总线。所以答案为 D。

4.【答案】A

【精解】考点为总线同步的概念。

总线同步操作需要双方按照同步信号工作。同步信号属于总线的 1 个信号,可以是主设备提供,或者专门提供。所以答案为 A。

5.【答案】C

【精解】考点为总线同步的概念。

半同步需要同步信号,也需要检查从设备的状态。所以答案为 C。

6.【答案】B

【精解】考点为总线操作的过程。

占用总线后,主设备最先发送地址信号。所以答案为 B。

● 综合应用题

1.【答案精解】

本题没有其他信息,可以默认是每个总线周期传输 64 位。

总线带宽是:10M×8B = 80MB/s。

2.【答案精解】

每传输 4 字节,需要 8 个总线周期。相当于每个总线周期传输 0.5 字节。

该总线的最大传输速率是:0.5B×4M = 2MB/s。

第7章 输入/输出系统

7.1 I/O 系统概念

● 单项选择题

1.【答案】D

【精解】考点为接口知识。

接口的功能包含 A、B、C 项的内容。所以答案为 D。

2.【答案】A

【精解】考点为 I/O 接口。

B、C、D 三项的叙述正确。答案为 A。

7.2 I/O 接口

● 单项选择题

1.【答案】D

【精解】考点为接口的知识。

I/O 指令用于 CPU 读写 I/O 端口,通用寄存器在 CPU 内部。所以答案为 D。

2.【答案】D

【精解】考点为 I/O 接口的基本知识。

命令字、状态字都是通过数据线传输,中断类型号也是通过数据线传输。

所以答案为 D。

3.【答案】D

【精解】考点为 I/O 端口知识。可以结合排除法。

B 叙述正确,端口就是寄存器。

C 叙述正确,独立编址时,I/O 端口地址和主存地址各自独立,CPU 依靠不同指令区分是访问 I/O,还是访问内存。

一般来说,CPU 只能对控制端口进行写操作,对状态端口进行读操作,因此,这两个端口可以使用同一个地址。虽然地址相同,但是需要注意,这是两个不同的寄存器。

采用统一编址方式时,I/O 地址与内存地址不能相同,只要有访问内存指令就可以访问 I/O。很明显,答案 D 的叙述有误。编者个人认为答案 A 的叙述也有误。标准答案是 D。

4.【答案】B

【精解】考点为 I/O 接口的结构。

CPU 发出地址,选择某个 I/O 端口,根据该端口的用途,对该端口进行读操作或是写操作。CPU 和打印控制接口中的 I/O 端口之间交换的信息有:数据(打印字符)、设备状态、控制命令。CPU 选择 I/O 端口的地址叫作 I/O 地址或者端口地址。所以答案为 B。

5.【答案】B

【精解】考点为端口编址方式。

由于两部分的地址有相同的部分,可以推测是独立编址。

独立编址就是 I/O 端口的地址与存储器的地址是独立的,地址可以相同,但是,需要 CPU 设置存储器访问指令与端口访问指令,以明确操作的对象。所以答案为 B。

6.【答案】A

【精解】考点为端口编址方式。

由于两部分的地址是连续的,没有相同的地址,可以推测是统一编址。

统一编址就是把端口看作存储器分配地址,端口占用的地址与存储器的地址不能相同,以免冲突。这样,CPU 不用在指令系统设定 I/O 指令,用访问存储器的指令就可以访问 I/O 端口。所以答案为 A。

7.【答案】A

【精解】考点为端口编址方式。

统一编址就是把端口看作存储器分配地址,端口占用的地址与存储器的地址不能相同,以免冲突。这样,CPU 不用在指令系统设定 I/O 指令,用访问存储器的指令就可以访问 I/O 端口。所以答案为 A。

7.3 I/O 控制方式

● 单项选择题

1.【答案】A

【精解】考点为中断基本知识。

自陷是属于内中断。所以答案为 A。

2.【答案】A

【精解】考点为中断服务程序的执行过程。

CPU 在执行中断服务程序前,使标志寄存器的 IE 为 0,也就是关闭外部中断。在服务程序中,一般先保存需要用到的寄存器的内容(保存到内存特定区域),这个步骤叫作保存现场,然后根据需要可以开中断(可选步骤),接下来执行处理任务的代码,然后是从内存读取前面保留的寄存器的旧值,送回到对应的寄存器。这个步骤叫作恢复现场。最后是执行一条中断返回指令,中断返回指令的目的是恢复 PC 的旧值,恢复标志寄存器的旧值,标志寄存器的旧值中的中断允许位 IE 是 1。不同资料的描述可能有所差异。

B 中,缺少Ⅵ恢复现场。

C 中,缺少Ⅰ保护现场。

D 中,Ⅳ保存断点是中断服务程序运行前 CPU 需要做的操作,不能在中断服务程序中操作。

所以答案为 A。

3.【答案】B

【精解】本题容易误选 A。非屏蔽中断是一种硬件中断,此种中断通过不可屏蔽中断请求 NMI 控制,不受中断标志位 IF 的影响,即使在关中断(IF=0)的情况下也会被影响。

B 选项 CPU 响应中断需要满足 3 个条件:① 中断源有中断请求;②CPU 允许中断及开中断;③ 一条指令执行完毕,且没有更紧迫的任务。

4.【答案】B

【精解】考点为考查中断过程。

CPU 识别 1 个中断后,知道了中断的事件(获取了 1 个中断类型号),知道了该中断服务程序在内存的地址。CPU 需要把 PC 的内容保存到内存特定的位置,这叫作保护断点,也把标志寄存器 FR(此时里面的 IE 位是 1)的内容保存到内存特定的位置。然后 CPU 把 FR 的 IE 位设置为 0,禁止响应中断,也就是关中断。把中断服务程序的地址送 PC,这样开始执行中断服务程序。保存通用寄存器的工作由中断服务程序完成,因为需要保存哪些通用寄存器与该中断服务程序用到的寄存器有关。如果把保存通用寄存器的工作放到中断服务程序运行前完成,则需要保存所有寄存器的内容,这样工作量大,效率低。所以答案为 B。

5.【答案】B

【精解】考点为中断的知识。可以结合排除法。

多重中断是指某个中断的中断服务程序 A 运行期间,另外的高优先级的中断请求来到,导致 CPU 暂停当前的中断服务程序,去执行新的中断服务程序 B。如果在 A 运行期间,中断允许位 IE 为 0,即关中断,则 CPU 不会响应新中断。所以答案为 B。

6.【答案】C

【精解】考点为控制设备输入输出的过程。

每次查询间隔最多 5ms。查询程序运行时间为 20ns×500 = 10μs。

CPU 花费的时间比是:10μs÷5ms = 0.002 = 0.2%。所以答案为 C。

7.【答案】B

【精解】考点为中断的过程。

CPU 响应外部中断,完成保存 PC 内容的操作。快表的内容、Cache 的内容由存储器管理电路负责,与中断无关。通用寄存器的内容由各个设备的中断服务程序保存。答案中似乎没有正确的选项。

如果把各个设备的中断服务程序看作操作系统的一部分,这样可以认为操作系统保存通用寄存器的内容。标准答案为 B。

8.【答案】C

【精解】考点为中断的知识。

通用寄存器的保护由中断服务程序完成。所以 B 错误。

有中断请求时,只有中断允许位 IE 为 1 并且中断请求的优先级比当前程序的优先级高,CPU 立即暂停当前指令执行,转去执行中断服务程序。所以 D 错误。

中断控制器的优先级可能是固定的,也可能是轮转的,但不是按照请求先后次序决定优先级,所以 A 错误。所以答案为 C。

9.【答案】C

【精解】考点为指令周期、时钟周期、CPU 检查外部中断请求的基本知识。

A 描述正确,CPU 需要取指令,每个指令周期访问内存 1 次。

B 描述正确,每个指令执行至少需要 1 个时钟周期。

D 描述正确,当前程序在每条指令执行结束时不一定都被外部中断打断,是可能。

排除这些,可以认为 C 叙述有误。空操作不会进行任何操作,但 CPU 读取该指令后,PC 的内容需要修改。所以答案为 C。

10.【答案】D

【精解】考点为中断的基本知识。

L1 中断处理程序在运行中,允许 L4、L0、L2 中断发生,所以对应的屏蔽位为 0。禁止 L3 中断,所以对应的屏蔽位为 1。所以,屏蔽字为 010X0。对照答案,只有 D 符合。可以理解为当某中断服务程序执行时,禁止本事件再次中断。答案为 D。

11.【答案】D

【精解】考点为 DMA 知识。

选项 A 正确,DMA 传送前需要 CPU 设置传送参数。

选项 B 正确,DMA 传送前需要请求使用总线。

选项 C 正确,DMA 传送由 DMA 控制器负责。

选项 D 正确,DMA 传送完成后需要通知 CPU。

所以答案是 D。

12.【答案】A

【精解】考点为中断的知识。可以结合排除法。

很多资料并没有很详细地区分中断与异常,实际上两者是一回事。

有些资料认为中断是由 CPU 与其他器件(不包含内存)导致。异常是 CPU 执行指令导致的。标准答案为 A。

13.【答案】D

【精解】考点为 DMA 与中断知识。可以结合排除法。

A 选项正确,DMA 操作需要使用总线,中断需要 CPU 执行中断服务程序。

C 选项正确,DMA 操作需要硬件,中断需要 CPU 执行中断服务程序。

B 选项正确,CPU 在每条指令执行完毕检查是否有中断,并处理。DMA 操作中,DMA 控制器向 CPU 提出请求(使 CPU 的 DMA 请求管脚有效)。CPU 在每个时钟周期检测 DMA 请求管脚,当 DMA 请求管脚有效时,CPU 在完成当前总线操作后给出响应。

D 选项中"中断适用于所有外部设备",描述不准确。中断适用于频率不高的设备。所以答案为 D。

14.【答案】D

【精解】考点为内部中断的知识。

内部中断一般与 CPU 的工作有关。CPU 执行软件中断指令 int n,可以引起中断。CPU 执行除法运算时,如果除数为 0,也会导致中断。CPU 在处理完这些异常后,不会返回异常继续执行。所以,答案为 D。

15.【答案】B

【精解】考点为中断处理过程。

某设备中断请求的响应和处理时间为 100ns,就是 CPU 花费的时间。每 400ns 发出一次中断请求,100÷400=0.25。中断响应所允许的最长延迟时间为 50ns,这是干扰信息。所以答案为 B。

16.【答案】A

【精解】考点为中断过程。

设备需要每秒钟传输 12.5k 个 4 字节的数据块。每个数据块引起 1 次中断。每次中断开销是:$1ns×1000=1\mu s$。每秒钟中断总时间是:$1\mu s×12.5k=12.5ms$。

所以,CPU 用于该设备输入/输出的时间占整个 CPU 时间的百分比最多是:

$12.5ms÷1s=0.0125=1.25\%$。所以答案是 A。

17.【答案】D

【精解】考点为 DMA 知识。

在 DMA 操作期间,DMA 控制器占用系统总线,CPU 不能使用系统总线。所以不能进行使用系统总线的操作。所以答案是 D。

18.【答案】D

【精解】考点为中断知识。

A、B、C 正是两者的区别。所以答案是 D。

19.【答案】C

【精解】考点为 DMA 知识。

周期挪用是指利用 CPU 不访问存储器的那些周期来实现 DMA 操作,此时 DMA 可以使用总线而不用通知 CPU 也不会妨碍 CPU 的工作。故选 C。

20.【答案】B

【精解】考点为 DMA 知识。

DAM 的输出操作是:读取内存的数据,写入设备。DMA 的输入输出是从内存角度说的。所以答案是 B。

21.【答案】A

【精解】考点为 DMA 知识。

DAM 的输出(内存到外设)操作是:读取内存的数据,写入 DMA 数据寄存器,再从 DMA 数据寄存器发出,写到外设。所以答案是 A。

22.【答案】A

【精解】考点为 DMA 知识。

周期挪用方式是每进行 1 次 DMA 传输,就放弃总线控制。所以答案是 A。

23.【答案】B

【精解】考点为 DMA 知识。

DMA 传输适合大量、连续、高速的数据传送。从磁盘读取文件是 DMA 的典型应用场合。所以答案是 B。

24.【答案】A

【精解】考点为中断的特点。

中断适合设备主动通知 CPU,并且传输数据量不大,随机发生传输的场合。键盘与鼠标属于此类设备,所以答案是 A。

25.【答案】D

【精解】考点为中断知识。

进行优先级判定,需要优先级判定电路。

专门的优先级判定电路在 CPU 外,也有 CPU 把优先级判定电路集成到 CPU 内部。有的则是通过中断服务程序,由程序逐一查询来判断。所以答案是 D。

26.【答案】D

【精解】考点为中断知识。

选项 A、B、C 是中断的缺点。所以答案是 D。

27.【答案】D

【精解】考点为查询程序知识。

设备 D 每 20ms 准备好 1 字节数据,CPU 执行查询的间隔应该小于 20ms,否则导致设备数据被覆盖而丢失。所以答案是 D。

28.【答案】B

【精解】考点为中断知识。

有些 CPU 采用向量中断方法,中断向量表存放每个中断服务程序入口地址。每个表目对应 1 个中断服务程序入口地址。CPU 根据中断类型号,通过设定的规则,找到对应的中断向量表的表目,就得到该中断服务程序的入口地址。所以答案是 B。

● 综合应用题

1.【答案精解】

(1)设备 A 数据传输率为 2MB/s,数据缓冲为 4 字节,则每秒传送 0.5M 个 4 字节,或者每 4 个字节需要 2μs。设备 A 最多间隔 2μs 查询 1 次才能不丢失数据。

计算机的主频为 500MHz,CPI 为 4,则 CPU 时钟周期是 2ns,每条指令的时间是 8ns。每次输入输出都至少执行 10 条指令,需要 80ns。

CPU 用于设备 A 输入输出的时间占 CPU 总时间的百分比是:80ns÷2μs=4%。

(2)设备 B 的数据传输率为 40MB/s,数据缓冲为 4 字节,则每秒传送 10M 个 4 字节,或者每 4 个字节需要 0.1μs。设备 B 最多间隔 0.1μs 传输 1 次才能不丢失数据。

每次中断响应和中断处理的总时钟周期数至少为 400,总时间是 2ns×400=800ns=0.8μs。

因此,设备 B 不能采用中断 I/O 方式。

(3)设备 B 数据传输率为 40MB/s,每次 DMA 传送的数据块大小为 1000B,每秒需要 DMA 操作 0.04M 次,每次 DMA 间隔 25μs。

CPU 用于 DMA 预处理和后处理的总时钟周期数为 500,时间是 2ns×500=100ns=1μs。

占总时间的比率为:1÷25=0.04=4%。

2.【答案精解】

(1)每传送一个字符,在异步串行通信线上共需传输:1 个开始位、7 个数据位、1 位奇校验位和 1 位停止位,共 10 位。

题目对于设备 D 的工作描述不是很清楚。如果假定 D 每次往 I/O 端口送字符的间隔是 0.5ms,则每秒钟最多可向 I/O 端口送入的字符个数是:1000÷0.5=2000。

(2)时钟周期是 20ns。每条指令需要 4 个时钟周期。

CPU 获得 1 个字符的过程为:启动到请求(0.5ms)、请求到响应(10 个时钟周期)、中断服务到启动(15 条指令周期)。花费时间的时钟周期为:(0.5ms÷20ns)+10+15×4=25070。

从 D 读取 1000 个字符,则完成这一任务所需时间大约是 25070000 个时钟周期。

每次 CPU 参与的过程:请求到返回。时钟周期数量是:10+4×20=90。

从 D 读取 1000 个字符,CPU 用于完成这一任务的时间大约是 90000 个时钟周期。

在中断响应阶段 CPU 进行的操作:保存 PC 的值,保存标志寄存器的值,设置标志寄存器的 IE 位为 0,识别中断类型。

提示:这步的计算不再考虑步骤(1)的串行通信。

3.【答案精解】

(1)某外设的数据传输率为 0.5MB/s,以 32 位为传输单位,也就是每秒传送 0.125M(0.5M÷4)个 4 字节的数据块,每个 4 字节数据块间隔时间是:1s÷0.125M=8μs。

CPU 主频为 500MHz,则 CPU 时钟周期是 2ns。中断程序总共相当于 20 条指令,CPI 为 5,需要时间为:2ns×5×20=200ns。

CPU 用于该外设 I/O 的时间占整个 CPU 时间的百分比是：$200ns \div 8us = 0.025 = 2.5\%$。

（2）1s 内需要 DMA 的次数：$5M \div 5000 = 1000$。

每次 DMA 时间时隔：$1s \div 1000 = 1ms$。

每次 DMA 时，CPU 处理花费的时间是：$2ns \times 500 = 1000ns = 1\mu s$。

CPU 用于该外设 I/O 的时间占整个 CPU 时间的百分比是：$1\mu s \div 1ms = 0.1\%$。

4.【答案精解】

数据计数器是 16 位，所以，它每次能传输的最大数据块的大小为 65536 个字。可以这样理解：装入的传输次数比实际的传输次数少 1，例如，装入的数值是 10，则实际传输 11 次。装入的最大值是 65535，则实际传输是 65536 次。

5.【答案精解】

（1）对于每个输出设备，接口中应该有 2 个数据寄存器，分别存放发送给 D1、D2 的数据。

应该有 2 个状态寄存器，分别连接 D1 的 2 个状态线、D2 的 4 个状态线。

应该有 2 个控制寄存器，分别连接 D1 的 4 个控制线、D2 的 5 个控制线。

（2）总共需要 6 个寄存器，需要 6 个地址。

6.【答案精解】

（1）按键的速率最快是 10 次/s，程序运行间隔最少需要 100ms。

（2）中断花费时间：$100\mu s \times 20 = 2ms$。

7.【答案精解】

DMA 操作涉及外设，如磁盘。如果 DMA 操作期间被 CPU 打断，读取磁盘就会受到干扰，导致数据丢失。

8.【答案精解】

（1）总线周期是 $0.25\mu s$。每次 DMA 传输 1 个字节需要：$0.25\mu s \times 3 = 0.75\mu s$。

（2）最快的传输速度是：$1B \div 0.75\mu s = 1.33MB/s$。

（3）每次 DMA 传输 1 个字节需要：$0.25\mu s \times 5 = 1.25\mu s$。

传输速度是：$1B \div 1.25\mu s = 0.8MB/s$。

2026
计算机考研

金榜時代
GLISTIME

×

研芝士
YANZHISHI

计算机组成原理
COMPOSITION PRINCIPLE

精深解读

研芝士李栈教学教研团队 ◎ 编著

中国农业出版社
CHINA AGRICULTURE PRESS

·北京·

图书在版编目（CIP）数据

计算机组成原理精深解读 / 研芝士李栈教学教研团队编著. -- 北京 ： 中国农业出版社，2025. 3. -- （计算机考研系列）. -- ISBN 978-7-109-33110-5

Ⅰ. TP301

中国国家版本馆CIP数据核字第2025WE3253号

计算机组成原理精深解读

JISUANJI ZUCHENG YUANLI JINGSHEN JIEDU

中国农业出版社出版

地址：北京市朝阳区麦子店街 18 号楼

邮编：100125

责任编辑：吕　睿

责任校对：吴丽婷

印刷：正德印务（天津）有限公司

版次：2025 年 3 月第 1 版

印次：2025 年 3 月天津第 1 次印刷

发行：新华书店北京发行所

开本：787mm×1092mm　1/16

印张：20

字数：474 千字

定价：99.80 元

丛书编委会成员名单

序

    信息技术的高速发展对现代社会产生着极大的影响。以云计算、大数据、物联网和人工智能等为代表的计算机技术深刻地改造着人类社会，数字城市、智慧地球正在成为现实。各种计算机学科知识每时每刻都在不断更新、不断累积，系统掌握前沿计算机知识和研究方法的高端专业人才必将越来越受欢迎。

    为满足有志于在计算机方向进一步深造的考生的需求，研芝士组织撰写了"计算机考研精深解读系列"丛书，包括《数据结构精深解读》《操作系统精深解读》《计算机网络精深解读》和《计算机组成原理精深解读》。本系列丛书依据最新版的《全国硕士研究生招生考试计算机科学与技术学科统考计算机学科专业基础综合考试大纲》编写而成，编者团队由大学本科、硕士、博士均就读于计算机专业且长期在高校从事计算机专业教学的一线教师组成。基于计算机专业的课程特点和研考命题规律的深入研究，编者们对大纲所列考点进行了精深解读，内容详实严谨，突出重点难点。具体来说，丛书从以下几个方面为备考的学生提供系统化的、有针对性的辅导。

    首先，丛书以考点导图的形式对每章的知识体系进行梳理，力图使考生能够在宏观层面对每章的内容形成整体把握，并且通过对最近 10 年统考考点题型及分值的统计分析，明确各部分的考查要求和复习目标。

    其次，丛书严格按照考试大纲对每章的知识点进行深入解读、细化剖析，让考生明确并有效地掌握理论重点。

    再次，书中每一节的最后都收录了历年计算机专业统考真题和 40 多所非统考名校部分真题，在满足 408 考试要求的同时，也能够满足大多数非统考名校的考研要求。编者团队通过对真题内容的详细剖析、对各类题型的统计分析以及对命题规律的深入研究，重点编写了部分习题，进一步充实了题库。丛书对所有题目均进行了详细解析，力求使考生通过学练结合达到举一反三的效果，开拓解题思路、掌握解题技巧、提高得分能力，进而全方位掌握学科核心要求。

    最后，丛书进一步挖掘高频核心重难点并单独列出进行答疑。在深入研究命题规律的基础上，该丛书把握命题趋势，精心组编了每章的模拟预测试题并进行详尽剖析，再现章节中的重要知识点以及本年度研究生考试出题可能性最大的命题方向和重点。考生可以以此对每章内容的掌握程度进行自测，依据测评结果调整备考节奏，以有效地提高复习的质量和效率。

在系列丛书的编写再版过程中，收录吸取了历年来使用该套丛书顺利上岸的 10000 多名来自北京大学、清华大学、北京航空航天大学和郑州大学的研究生的勘误、优化建议，从而使得系列丛书能够实现理论与实践的进一步有效结合，切实帮助新一届考生提高实战能力。

　　回想起我当年准备研究生考试时，没有相关系统的专业课复习材料，我不得不自己动手从浩如烟海的讲义和参考书中归纳相关知识，真是事倍功半。相信这一丛书出版后，能够为计算机专业同学的考研之路提供极大帮助；同时，该丛书对于从事计算机领域研究或开发工作的人员亦有一定的参考价值。

北京大学　郝一龙教授

"计算机考研精深解读系列"丛书是由研芝士计算机考研命题研究中心根据最新《全国硕士研究生招生考试计算机科学与技术学科统考计算机学科专业基础综合考试大纲》（以下简称《考试大纲》）编写的考研辅导丛书，包括《数据结构精深解读》《操作系统精深解读》《计算机网络精深解读》和《计算机组成原理精深解读》。《考试大纲》确定的学科专业基础综合内容比较多，因此计算机专业考生的复习时间要比其他专业考生紧张许多。使考生在短时间内系统高效地掌握《考试大纲》所规定的知识点，最终在考试中取得理想的成绩是编写本丛书的根本目的。为了达到这个目的，我们组织了一批长期在高校从事计算机专业教学的一线教师作为骨干力量进行丛书的编写，他们在大学本科、硕士、博士均攻读计算机专业，对于课程的特点和命题规律都有深入的研究。另外，在本丛书的编写再版过程中，收录吸取了历年来使用该套丛书顺利上岸的 10000 多名研究生的勘误优化建议和意见。

  计算机学科专业基础综合是计算机考研的必考科目之一。一般而言，综合性院校多选择全国统考，专业性院校自主命题的较多。全国统考和院校自命题考试的侧重点有所不同，主要体现在考试大纲和历年真题上。在考研实践中，我们发现考生常常为找不到相关真题或者费力找到真题后又没有详细的答案和解析而烦恼。因此，从考生的需求出发，我们在对《考试大纲》中的知识点进行精深解读的基础上，在习题部分不仅整理了历年全国统考 408 真题，而且搜集了 80 多所名校的许多真题，此外，还针对性地补充编写了部分习题和模拟预测题，并对书中所有习题进行深入剖析，希望帮助考生提高复习质量和效率并最终取得理想成绩。"宝剑锋从磨砺出，梅花香自苦寒来。"想要深入掌握计算机专业基础综合科目的知识点和考点，没有捷径可走，只有通过大量练习高质量的习题才能够实现，这才是得高分的关键。对此，考生不应抱有任何侥幸心理。

  由于时间和精力有限，我们的工作肯定也有一些疏漏和不足，在此，希望读者多提宝贵意见，以促使我们不断完善，更好地为大家服务。

  考研并不简单，实现自己的梦想也不容易，只有那些乐观自信、专注高效、坚韧不拔的考生才最有可能进入理想的院校。人生能有几回搏，此时不搏何时搏？衷心祝愿各位考生梦想成真！

编 者

2025 年全国硕士研究生招生考试计算机科学与技术学科统考计算机学科专业基础综合(408)计算机组成原理考试大纲

Ⅰ 考试性质

计算机学科专业基础综合考试是为高等院校和科研院所招收计算机科学与技术学科的硕士研究生而设置的具有选拔性质的统考科目。其目的是科学、公平、有效地测试考生掌握计算机科学与技术学科大学本科阶段专业知识、基本理论、基本方法的水平和分析问题、解决问题的能力,评价的标准是高等院校计算机科学与技术学科优秀本科毕业生所能达到的及格或及格以上水平,以利于各高等院校和科研院所择优选拔,确保硕士研究生的招生质量。

Ⅱ 考查目标

计算机学科专业基础综合考试涵盖数据结构、计算机组成原理、操作系统和计算机网络等学科专业基础课程。要求考生系统地掌握上述专业基础课程的基本概念、基本原理和基本方法,能够综合运用所学的基本原理和基本方法分析、判断和解决有关理论问题和实际问题。

Ⅲ 考试形式和试卷结构

一、试卷满分及考试时间

本试卷满分为 150 分,考试时间为 180 分钟。

二、答题方式

答题方式为闭卷、笔试。

三、试卷内容结构

数据结构	45 分
计算机组成原理	45 分
操作系统	35 分
计算机网络	25 分

四、试卷题型结构

单项选择题	80 分(40 小题,每小题 2 分)

---

① 当年《考试大纲》一般在考前 3~5 个月发布,这是最近年度的《考试大纲》。通常《考试大纲》每年变动很小或没有变化,如计算机网络部分近 5 年都没有变化。408 即全国硕士招生计算机学科专业基础综合的初试科目代码。

综合应用题　　　　　　　70 分

Ⅳ　考查内容

计算机组成原理

【考查目标】

1. 掌握单处理器计算机系统中主要部件的工作原理、组成结构以及相互连接方式。

2. 掌握指令集体系结构的基本知识和基本实现方法,对计算机硬件相关问题进行分析,并能够对相关部件进行设计。

3. 理解计算机系统的整机概念,能够综合运用计算机组成的基本原理和基本方法,对高级编程语言(C 语言)程序中的相关问题进行分析,具备软硬件协同分析和设计能力。

一、计算机系统概述

(一)计算机系统层次结构

1. 计算机系统的基本组成

2. 计算机硬件的基本结构

3. 计算机软件和硬件的关系

4. 计算机系统的工作原理

"存储程序"工作方式,高级语言程序与机器语言程序之间的转换,程序和指令的执行过程。

(二)计算机性能指标

吞吐量、响应时间;CPU 时钟周期、主频、CPI、CPU 执行时间;MIPS、MFLOPS、GFLOPS、TFLOPS、PFLOPS、EFLOPS、ZFLOPS。

二、数据的表示和运算

(一)数制与编码

1. 进位计数制及其数据之间的相互转换

2. 定点数的编码表示

(二)运算方法和运算电路

1. 基本运算部件

加法器,算术逻辑部件(ALU)。

2. 加/减运算

补码加/减运算器,标志位的生成。

3.乘/除运算

乘/除法运算的基本原理,乘法电路和除法电路的基本结构。

(三)整数的表示和运算

1. 无符号整数的表示和运算

2. 带符号整数的表示和运算

(四)浮点数的表示和运算

1. 浮点数的表示

IEEE 754 标准。

2. 浮点数的加/减运算

三、存储器层次结构

（一）存储器的分类

（二）层次化存储器的基本结构

（三）半导体随机存取存储器

1. SRAM 存储器

2. DRAM 存储器

3. Flash 存储器

（四）主存储器

1. DRAM 芯片和内存条

2. 多模块存储器

3. 主存和 CPU 之间的连接

（五）外部存储器

1. 磁盘存储器

2. 固态硬盘（SSD）

（六）高速缓冲存储器（Cache）

1. Cache 的基本工作原理

2. Cache 和主存之间的映射方式

3. Cache 中主存块的替换算法

4. Cache 写策略

（七）虚拟存储器

1. 虚拟存储器的基本概念

2. 页式虚拟存储器

基本原理，页表，地址转换，TLB（快表）。

3. 段式虚拟存储器

4. 段页式虚拟存储器

四、指令系统

（一）指令系统的基本概念

（二）指令格式

（三）寻址方式

（四）数据的对齐和大/小端存放方式

（五）CISC 和 RISC 的基本概念

（六）高级语言程序与机器级代码之间的对应

1. 编译器、汇编器和链接器的基本概念

2. 选择结构语句的机器级表示

3. 循环结构语句的机器级表示

4. 过程（函数）调用对应的机器级表示

五、中央处理器（CPU）

（一）CPU 的功能和基本结构

（二）指令执行过程

（三）数据通路的功能和基本结构

（四）控制器的功能和工作原理

（五）异常和中断机制

1. 异常和中断的基本概念

2. 异常和中断的分类

3. 异常和中断的检测与响应

（六）指令流水线

1. 指令流水线的基本概念

2. 指令流水线的基本实现

3. 结构冒险、数据冒险和控制冒险的处理

4. 超标量和动态流水线的基本概念

（七）多处理器基本概念

1. SISD、SIMD、MIMD、向量处理器的基本概念

2. 硬件多线程的基本概念

3. 多核处理器（multi-core）的基本概念

4. 共享内存多处理器（SMP）的基本概念

六、总线和输入输出系统

（一）总线概述

1. 总线的基本概念

2. 总线的组成及性能指标

3. 总线事务和定时

（二）I/O 接口（I/O 控制器）

1. I/O 接口的功能和基本结构

2. I/O 端口及其编址

（三）I/O 方式

1. 程序查询方式

2. 程序中断方式

中断的基本概念；中断响应过程；中断处理过程；多重中断和中断屏蔽的概念。

3. DMA 方式

DMA 控制器的组成，DMA 传送过程。

V 计算机组成原理近两年大纲对比统计表（表1）

表1 《全国硕士研究生招生考试计算机科学与技术学科统考计算机学科专业基础综合考试大纲》
近两年对比统计（计算机组成原理）

序号	2024 年大纲	2025 年大纲	变化情况
1	/	/	基本不变

表 2　计算机组成原理近 10 年全国统考真题考点统计

统考考点		年份									
章节	考点	2015	2016	2017	2018	2019	2020	2021	2022	2023	2024
1.2.2	计算机硬件的基本结构				√	√					
1.2.3	计算机软件和硬件的关系	√	√								
1.2.4	计算机系统的工作原理		√						√		√
1.3.1	常用性能指标				√			√	√	√	
2.2.1	进位计数制及其数据之间的相互转换										
2.2.2	定点数的编码表示	√	√	√	√	√	√				
2.3.1	定点整数的表示和运算				√	√		√			√
2.4.1	浮点数的表示	√		√		√		√			
2.4.2	浮点数的加减运算						√				
2.5.1	基本运算部件								√	√	√
3.2	存储器的分类										
3.3	存储器的层次化结构										
3.4.1	SRAM 存储器										
3.4.2	DRAM 存储器	√				√					
3.4.3	只读存储器					√			√		
3.5.1	多模块存储器			√							
3.5.2	主存和 CPU 之间的连接		√					√		√	
3.7.2	Cache 的基本原理	√		√			√				
3.7.3	Cache 和主存之间的映射方式		√			√				√	
3.7.4	Cache 中主存块的替换算法								√		
3.7.5	Cache 写策略	√									
3.8.1	虚拟存储器的基本概念						√				
3.8.2	页式虚拟存储器	√	√	√	√	√				√	√
3.8.3	段式虚拟存储器										
3.8.4	段页式虚拟存储器										
3.8.5	虚拟存储器与 Cache 的比较										
4.3	指令格式	√		√		√	√	√		√	
4.4	寻址方式	√	√			√					
4.6	CISC 和 RISC 的基本概念										
5.2	CPU 的功能和基本结构	√	√					√	√	√	
5.3	指令执行过程	√	√	√		√	√		√	√	√
5.4	数据通路的功能和基本结构	√						√		√	
5.5.2	硬布线控制器										
5.5.3	微程序控制器			√							
5.7	指令流水线		√		√	√				√	√
6.2	总线概述		√								

统考考点		年份									
章节	考点	2015	2016	2017	2018	2019	2020	2021	2022	2023	2024
6.2.2	总线的组成及性能指标				√	√		√		√	√
6.3	总线事务和定时	√	√								
7.2.1	I/O 系统基本概念	√				√					
7.3	外部设备	√				√			√		
7.3	I/O 接口			√	√			√		√	
7.4.1	程序查询方式										
7.4.2	程序中断方式	√	√	√	√	√	√	√			√
7.4.3	DMA 方式				√	√	√				√

注释：无阴影标记的√为单项选择题；有阴影标记的√为综合应用题。

Ⅷ　计算机组成原理近 10 年全国统考真题各章分值分布统计（表 3）

表 3　计算机组成原理近 10 年全国统考真题各章分值分布统计

年份（年）	分值分布（分）							合计
	第一章 计算机发展概述	第二章 数据的表示和运算	第三章 存储器层次结构	第四章 指令系统	第五章 中央处理器	第六章 总线	第七章 输入输出系统	
2015	2	4	8	4	17	2	8	45
2016	2	4	18	2	6	5	8	45
2017	2	13	4	12	8	2	4	45
2018	2	8	19	0	4	2	10	45
2019	2	9	9	5	10	2	8	45
2020	0	9	12	2	12	2	8	45
2021	2	4	14	15	4	2	4	45
2022	2	4	4	10	15	4	6	45
2023	2	6	18	13	2	2	2	45
2024	2	6	20	6	5	2	4	45

目　录

第6章　总线 ···································· (157)

第 1 章　计算机系统概述

1.1　考点解读

本章考点包含了大纲的三个内容,特别是后两个内容"计算机系统的基本组成"和"计算机工作过程"所涉及的知识点会在后续章节详细讲述。有些考题不能简单划分为属于本章或是属于后续章节,考生关键是要掌握基本知识、理解概念并能灵活运用。"计算机性能指标"虽然不是本课程的重点,却是统考的一个考点。本章相关题目难度不大,仅要求考生理解一些常用或基本的概念。涉及本章考点的题型基本都是单选题。

本章考点如图 1.1 所示。本章最近 10 年统考考点题型分值统计如表 1.1 所列。

图 1.1　本章考点导图

表 1.1　本章最近 10 年统考考点题型分值统计

年份	题型(题)		分值(分)			统考考点
(年)	单项选择题	综合应用题	单项选择题	综合应用题	合计	
2015	1	0	2	0	2	软件作用
2016	1	0	0	0	2	软件作用
2017	1	0	2	0	2	计算机运行时间
2018	1	0	2	0	2	冯·诺依曼机思想
2019	1	0	0	0	2	冯·诺依曼机思想
2020	0	0	0	0	0	无
2021	1	0	2	0	2	计算机运行速度
2022	1	0	2	0	2	CPI 的计算
2023	1	0	2	0	2	计算机性能指标
2024	0	0	0	0	0	无

1.2　计算机系统层次结构

1.2.1　计算机系统的基本组成

一个计算机系统由硬件与软件组成。软件就是各种程序与数据。软件的概念是相对于硬件的,计算机软件由 0 与 1 组成,是用 0 与 1 按照一定规则构造的序列。实际上,计算机更像一台状态机,根据不同的输入在不同的状态之间变化。下面来讲解计算机硬件。

1.2.2　计算机硬件的基本结构

冯·诺依曼在研究 EDVAC 机时提出了"存储程序"的概念,"存储程序"的思想奠定了现代计算机的基本结构,以此概念为基础的各类计算机通称为冯·诺依曼机,其特点如下:

① 采用"存储程序"的工作方式。

② 计算机硬件系统由运算器、存储器、控制器、输入设备和输出设备 5 大部件组成。

③ 指令和数据以同等地位存储在存储器中,形式上没有区别,但计算机应能区分它们。

④ 指令和数据均用二进制代码表示。指令由操作码和地址码组成,操作码指出操作的类型,地址码指出操作数的地址。

"存储程序"的基本思想是:将事先编制好的程序和原始数据送入主存后才能执行,一旦程序被启动执行,就无须操作人员的干预,计算机会自动逐条执行指令,直至程序执行结束。

计算机硬件主要包含:CPU、存储器、输入输出设备。一般把 CPU 与存储器称为主机。硬件主要是指计算机的物理可见的部分,或者通俗地说是"人们看得见、摸得着"的部分。

(1)CPU

CPU 主要包括:算术逻辑运算部件(单元),控制器,若干通用寄存器、专用寄存器,信号产生电路等。图 1.2 展示了一个 CPU 的内部组成。

图 1.2　CPU 内部组成

① **若干个寄存器**：R1~Rn。在数字电路系统中,寄存器是最常见的存储信息的器件。计算机中,存储器也是存储大量信息的器件,但是寄存器存储信息的原理与存储器存储信息的原理不一样。寄存器的存储速度会更快,因此,CPU 内部使用寄存器来存储信息。在 CPU 内部,寄存器的数目多少由 CPU 设计者决定。通常,通过寄存器的名字来区分不同的寄存器。寄存器的英文是register。可以把一个寄存器里存储的二进制位的多少叫作寄存器的位长。

② **算术逻辑运算部件（ALU）**：一个设计好的电路,能够完成两个数的加、减、乘、除、移位、逻辑与、逻辑或、逻辑非等运算。一个复杂的或高级的数学运算需要分解成许多个基本运算来实现。由于 CPU 每次进行一个基本运算花费的时间在微秒级别（μs）或纳秒级别（ns）,速度极快,所以可以在微秒级别（μs）或毫秒级别（ms）实现一个复杂运算。

③ **寄存器 MAR、MDR**：这两个寄存器是 CPU 的专用寄存器,当 CPU 与存储器打交道时,需要使用这两个寄存器。

寄存器 MAR（memory address register）被称为存储器地址寄存器,CPU 用它存放要访问的存储单元的地址。

寄存器 MDR（memory data register）被称为存储器数据寄存器。当 CPU 进行读操作时,CPU 使用 MDR 接收存储器随后发来的数据。当 CPU 进行写操作时,CPU 把向存储器发出的 1 个数据存放在 MDR 中,由 MDR 输出给存储器。有些资料把该寄存器称为 MFR（memory buffer register）。

MAR 的位数决定 CPU 可以访问的存储单元的个数。MAR 为 n 位,则说明可以存储 2^n 个不同的地址,也就是说,CPU 最多可以访问 2^n 个不同的存储单元。MDR 的位数决定 CPU 进行一次读或写所传输的数据的位数。

④ **程序计数器 PC（program counter）**：PC 也是一个寄存器,但是它是专用寄存器,CPU 不使用PC 存放一般的数据信息。PC 存放的信息实际是一个地址,并且是 CPU 随后要读取的一条指令的地址。

多个指令在存储器连续存放,CPU 不能也不需要记录每条指令的地址,只需要记录下次读取的指令的存储地址即可。CPU 使用 PC 来记录下次读取的指令的存储地址。在本书中,为方便描述,通常把某个寄存器存储的信息也称作该寄存器的内容或者该寄存器的值。

当 CPU 根据 PC 的内容（代表一个地址）从存储器读取一条指令后,PC 的值应该被修改,使它的值为下一条指令的地址。

如果一个 CPU 的所有指令长度相同,则每条指令占用相等的存储单元,则(假定没有跳转指令的情况)CPU 每次读取一条指令后,PC 的值加上一条指令长度(存储单元个数),就是下一条指令的地址。这种情况下,设计修改 PC 的电路会较为简单。

如果一个 CPU 的所有指令长度不全相同,则每条指令占用个数不等的存储单元,则(假定没有跳转指令的情况)CPU 每次读取一条指令后,PC 的值加上被读取指令的长度(存储单元个数),就是下一条指令的地址。关于这点的知识会在第 5 章详细叙述。

⑤ **指令寄存器 IR(instruction register):** IR 也是一个专用的寄存器,通常 CPU 不使用 IR 存放一般的数据信息。当 CPU 从存储器读取一条指令后,CPU 把该指令存储在 IR 里面。

一条指令包含两部分:操作码、操作数。

操作码代表要完成什么操作或指出该指令的功能。操作码不同,则说明指令也不同。

⑥ **时钟产生电路:** 这个电路接收一个基本周期信号,产生几个不同的时序信号 T1,T2,…,Tn。这里的基本周期信号就是 CPU 工作的时钟信号。CPU 工作的时钟信号进入时钟产生电路,来驱动 CPU 一步一步工作。CPU 工作的时钟信号的具体波形与频率范围由 CPU 的设计者决定。不同种类的 CPU 有所不同。

⑦ **控制器或控制电路:** 控制器是 CPU 内部最重要的部件。

控制器接收 IR 的操作码部分,也接收时钟产生电路送来的时序信号 T1、T2、…、Tn,按照时间顺序,产生每个时间段所需要的控制信号,从而完成 IR 存放的指令的功能。控制器的工作,从微观层面上讲,就是在极短时间段按照时间顺序发出若干控制信号,实现一些基本操作。从宏观层面上说,控制器在一个很短的时间内完成指令的执行。

(2)存储器

这里的存储器指的是我们通常所说的内存或者主存。内存存放机器指令与数据。现在最常用的内存是半导体存储器。

一个内存存储器通常由地址寄存器、数据寄存器、译码电路、存储体和控制电路组成。通常,一个存储器的内部结构如图 1.3 所示。为简化描述,图 1.3 中没有画出 Read 信号(信号有效,表示进行读操作)、Write 信号(信号有效,表示进行写操作)和控制电路。

图 1.3 存储器内部结构

① **存储体:** 存储体是存放信息的地方或电路。存储单元存放的信息叫作存储单元的内容。每个存储单元存储的二进制位数的多少称为存储器的字长。

理论上,对于存储器来说,每个单元可以存放任意个二进制位数。实际上,通常每个存储单元存放的二进制位数为 1 个、2 个、4 个、8 个、16 个。在计算机科学中,把一个二进制位——0 或 1,称为 1 bit。它是最小的数据单位。理论上,一个存储器可以有任意个存储单元,但实际上,一个存储器的存储单元的个数常常是 2 的整数次方。

② 译码电路:一个内存存储器包含很多存储单元,微观上,CPU 不能同时对多个存储单元进行读操作或写操作,CPU 也不能对一个存储单元同时进行读操作与写操作。也就是说,微观上,在一个时间段,CPU 只能对一个内存单元进行读操作或者写操作。如果 CPU 需要对某个存储单元进行读写操作,需要分两次进行。例如,第一次是读操作,第二次是写操作。如果 CPU 需要对 100 个不同存储单元进行读操作,则需要进行 100 次读操作。

为识别或区分不同的单元,需要使用译码电路。一个译码电路也叫译码器,有 n 个输入端,2^n 个输出端。根据输入的信号,译码电路使 2^n 个输出端中的某一个输出端有效,用它来选中某个存储单元。

某个 n 位二进制序列输入译码器,使译码器的某个输出有效,从而选中某个存储单元,则该 n 位二进制序列就是该被选中存储单元的地址。

某 CPU 与存储器的连接示意图如图 1.4 所示。

图 1.4 某 CPU 与存储器的连接示意图

某一个微观时刻,CPU 发来的地址信息经译码电路的译码,只能选中一个存储单元。

对一个选中的存储单元的操作也称为访问。更具体地说,对存储器的一次访问就是对被选中存储单元进行读操作或者写操作。

读操作就是要求存储器输出被选中单元的内容,从存储器角度来说,就是输出。

写操作就是要求存储器把数据管脚的信号保存到选中的单元。从存储器角度来说,就是输入。

存储器对外地址管脚有 n 个,n 个地址管脚通过 n 根很细的真实存在的金属线路与 CPU 地址的管脚连接,接收 CPU 发来的地址信息。这 n 根金属线称为地址线。CPU 访问内存的地址信息存放在 CPU 内部的 MAR 寄存器中。存储器的每个地址管脚接收 1 位地址,每个管脚的表示可能是 0 或 1,因此,n 个地址管脚接收的地址范围是从 000…000(n 位)到 111…111(n 位),也就是地址范围为 $0 \sim (2^n-1)$。

CPU 中 MAR 寄存器发出的 n 位地址信息进入存储器的一个 n 位的地址寄存器。该地址寄存器把地址信号输出到译码电路,从而选中某个存储单元。

存储器的数据管脚通过存储器内部的数据寄存器与被选中存储单元的各个对应的位连接。

当 CPU 对存储单元进行读操作时,存储器的控制电路使被选中存储单元的内容进入存储器的数据寄存器,再输出到存储器的各个数据管脚。数据信号从存储器的数据管脚传输到 CPU 的数据管脚,CPU 的控制器决定该数据信息进入 CPU 的 MDR。

当 CPU 对存储单元进行写操作时,存储器的控制电路首先把存储器数据管脚的信息流入存储器的数据寄存器中,再把该数据寄存器的信息流入被选中的存储单元。当然,存储器数据管脚的信息来自 CPU 的 MDR。

③ **地址寄存器、数据寄存器**:存储器中有两个寄存器,分别叫作地址寄存器和数据寄存器。这两个寄存器的作用前面已经描述,不再重复。

有些资料把存储器的地址寄存器也称为 MAR,这与 CPU 的 MAR 同名,可能会导致有些读者产生困惑。实际上,无论是 CPU 中的 MAR,还是存储器的 MAR,只是两个不同寄存器的名字而已。寄存器就是存储信息的器件或电路,当新的信息进入寄存器时,就会覆盖原有的信息。设置寄存器的目的就是暂时存放信息,当电路掉电时,寄存器的信息也就丢失了。寄存器的读写速度较存储器的存储单元快。

1.2.3　计算机软件和硬件的关系

(1)软硬件在逻辑上是等效的

硬件实现的往往是最基本的算术和逻辑运算功能,而其他功能大多通过软件的扩充得以实现。对某一功能来说,既可以由硬件实现,又可以由软件实现,从用户的角度来看,它们在功能上是等价的。这一等价性被称为软、硬件逻辑功能的等价性。如浮点数运算既可以用专门的浮点运算器硬件实现,又可以通过一段子程序实现,这两种方法在功能上完全等效,不同的只是执行时间的长短而已,显然硬件实现的性能要优于软件实现的性能。

软件和硬件逻辑功能的等价性是计算机系统设计的重要依据,软件和硬件的功能分配及其界面的确定是计算机系统结构研究的重要内容。当研制一台计算机时,设计者必须明确分配每一级的任务,确定哪些功能使用硬件实现,哪些功能使用软件实现。软件和硬件功能界面的划分是由设计目标、性能价格比、技术水平等综合因素决定的。

(2)汇编程序、解释程序和编译程序

计算机功能强大,主要在于两点:① 速度快,完成一个独立的简单操作时间极短,一个复杂任务可以分解为一系列独立的简单操作来实现。② 程序控制,由于每个独立的简单操作对应一条指令,把这些指令放在存储器中,CPU 从第一条指令开始,微观上顺序执行指令或者根据逻辑条件跳转到新的位置执行指令,宏观上就完成了一个复杂的任务。

CPU 只识别并执行由 0 与 1 组成的代码,称为机器指令或指令。但使用机器指令来编程很麻烦。

人们后来用助记符来代替机器指令,称为汇编指令。人们用汇编指令编写的程序,称为汇编语言程序。CPU 无法识别汇编指令,需要把汇编指令翻译为机器指令。翻译有两种,最开始是人工翻译,当计算机发展后,改由专门的翻译程序来翻译,这个翻译程序一般被称为汇编程序。

编写汇编程序,需要用户熟悉计算机的内部构成以及掌握一定的计算机知识。后来出现了高级语言。

高级语言方便人们书写、理解程序,但高级语言仍然需要被翻译为机器语言,才能被 CPU 执行。这个翻译程序被称为编译程序或翻译程序。

编译程序在生成二进制代码前需要读取整个源程序。

解释程序读取语句并生成目标代码。解释程序运行比编译程序慢。解释程序的工作过程类似编译程序,但不进行代码优化。

1.2.4 计算机系统的工作原理

无论是用高级语言编写的程序,还是用低级语言编写的程序,在 CPU 执行前都需要翻译为成千上万条指令,并在存储器连续存放。

CPU 运行程序就是按顺序处理指令的过程。最简单的情况是,CPU 处理 1 条指令需要两个步骤:从存储器读取 1 条指令,执行该指令。

读取指令、执行指令的具体步骤如下:

(1)读取指令

① PC 的内容送到 MAR。

② 打开 MAR 输出端,使 MAR 存储的地址信号发送到 CPU 的地址管脚,传输到存储器的地址管脚。

③ 发出读存储器的控制信号。

④ 使数据管脚的信号进入 MDR。数据管脚的信号来自存储器的数据管脚。

⑤ 将 MDR 的信息传送到 IR。

⑥ 修改 PC 里面的内容,让它成为下一条指令的地址(具体实现方法在第4章指令系统中介绍)。

这里使用了 6 个步骤,不同的 CPU 设计者采用的步骤可能有所不同。每个步骤花费的时间段可以设定为是相等的,每个时间段就是 1 个 CPU 的时钟周期。这 6 个步骤步花费了 6 个时钟周期,称为取指令周期。无论指令长短,读取指令花费的时间(取指令周期)应相同。

(2)执行指令

当指令进入 IR 后,指令的操作码进入控制电路,控制电路在 CPU 时钟信号的驱动下,在若干个时钟周期的每个周期产生不同的控制信号,控制不同的器件与 CPU 内部总线的连接或断开。当在规定的时钟周期完成各自的控制时,宏观上就完成了指令的功能。

有些资料会指出有译码时间,可以理解为在 IR 与控制电路之间加 1 个输出控制,可以有 1 个时钟周期的停顿,作为 1 个译码周期(1 个时钟周期)。一般可以认为 IR 与控制电路直接连接,下一个时钟周期就开始输出控制信号(可以理解为译码时间极短,忽略不计)。

控制器输出控制信号,实现指令功能,这一过程花费的时间称为执行周期,一般设定为 CPU 时钟周期的整数倍。一个 CPU 的所有指令的执行周期是否相等,由 CPU 设计者决定。

CPU 按照读取指令、执行指令的顺序处理 1 条指令后,开始下一条指令的处理。当 CPU 遇到停止工作的指令,CPU 处理该指令时会进入停止工作的状态,这时就不再处理指令。这里描述的是一个简化的过程。实际上,现在的 CPU 会在一条指令执行完毕后检查是否有中断请求。如果有中断请求,并允许 CPU 处理中断,则 CPU 进行一个中断处理的步骤。

我们把 CPU 开始读取一条指令到执行该指令完毕花费的时间称为该指令的指令周期,等于取指令周期与执行周期之和。

一个简化的控制电路的原理图如图 1.5 所示。

图 1.5 控制电路的原理图

1.3 计算机性能指标

1.3.1 常用性能指标

① 机器字长:计算机进行一次整数运算可处理的二进制位数。

机器字长通常受到 CPU 寄存器位数、加法器影响。因此,一般情况机器字长等于内部寄存器大小,字长越长,表示范围越大,精度越高。计算机字长一般为字节(8 位)的整数倍,如 2/4/8 倍。

② 时钟周期:通常为节拍脉冲或 T 周期,即主频的倒数,它是 CPU 中最小的时间单位,执行指令的每个动作至少需要 1 个时钟周期。

③ 主频:CPU 时钟频率,机器内部主时钟的频率,是衡量机器速度的重要参数。对于同一个型号的计算机,其主频越高,完成指令的一个执行步骤所用的时间越短,执行指令的速度越快。

CPU 时钟周期=1/主频,主频通常以 Hz(赫兹)为单位,1Hz 表示每秒 1 次。

④ CPI(the average number of Clock cycle Per Instruction),即执行一条指令所需的时钟周期数。不同指令的时钟周期数可能不同,因此对于一个程序或一台机器来说,其 CPI 指该程序或该机器指令集中的所有指令执行所需的平均时钟周期数,此时 CPI 是一个平均值。

1 个程序的 CPI=程序运行需要的 CPU 时钟周期个数÷程序的指令个数。

程序运行需要的 CPU 时钟周期个数=组成该程序的所有指令的周期个数之和。

某个程序的执行时间=组成该程序的所有指令运行时间之和。

每条指令运行时间=该指令的时钟周期个数(CPI)×CPU 时钟周期。

⑤ CPU 执行时间:指运行一个程序所花费的时间。

CPU 执行时间=CPU 时钟周期数/主频=(指令条数×CPI)/主频

上式表明,CPU 的性能(CPU 执行时间)取决于 3 个要素:①主频(时钟频率)。②每条指令执行所用的时钟周期数(CPI)。③指令条数。

主频、CPI 和指令条数是相互制约的。例如,更改指令集可以减少程序所含指令的条数,但同时可能引起 CPU 结构的调整,从而可能会增加时钟周期的宽度(降低主频)。

⑥ MIPS(Million Instructions Per Second),即 CPU 每秒执行多少个百万条指令。

MIPS=指令条数/(执行时间×10^6)=主频/(CPI×10^6)。

MIPS 在对不同机器进行性能比较上是有缺陷的,因为不同机器的指令集不同,指令的功能也就不同,比如在机器 M1 上某条指令的功能也许在机器 M2 上要用多条指令来完成。不同机器的 CPI 和时钟周期也不同,因而同一条指令在不同机器上所用的时间也不同。

⑦ 浮点数运算性能的评价指标:MFLOPS、GFLOPS、TFLOPS、PELOPS、EFLOPS、ZFLOPS

MFLOPS(Mega Floating-point Operations Per Second),即 CPU 每秒执行多少百万次浮点运算。MFLOPS=浮点操作次数/(执行时间×10^6)。

GFLOPS(Giga Floating-point Operations Per Second),即 CPU 每秒执行多少十亿次浮点运算。GFLOPS=浮点操作次数/(执行时间×10^9)。

TFLOPS(Tera Floating-point Operations Per Second),即 CPU 每秒执行多少万亿次浮点运算。TFLOPS=浮点操作次数/(执行时间×10^{12})。

PELOPS(Peta Floating-point Operations Per Second),即 CPU 每秒执行多少千万亿次浮点运算。PELOPS=浮点操作次数/(执行时间×10^{15})。

EFLOPS(Exa Floating-point Operations Per Second),即 CPU 每秒执行多少一百京次浮点运算。EFLOPS=浮点操作次数/(执行时间×10^{18})。

ZFLOPS（Zetta Floating-point Operations Per Second），即 CPU 每秒执行多少十万京次浮点运算。ZFLOPS=浮点操作次数/（执行时间×10^{21}）。

常见名词

① 存储单元：由若干个存储元组成，每个存储单元存放一串二进制代码。

② 存储元件：电阻、电容、晶体管、集成电路等基本元件。

③ 存储元：即存储二进制的电子元件，每个存储元可存 1bit，也称存储基元。

④ 存储字：存储单元中二进制代码的组合。

⑤ 存储字长：存储单元中二进制代码的位数。

⑥ 基准程序：基准程序（Bencharks）是专门用来进行性能评价的一组程序，能够很好地反映机器在运行实际负载时的性能，可以通过在不同机器上运行相同的基准程序来比较在不同机器上的运行时间，从而评测其性能。对于不同的应用场合，应该选择不同的基准程序。

使用基准程序进行计算机性能评测也存在一些缺陷，因为基准程序的性能可能与某一小段的短代码密切相关，而硬件系统设计人员或编译器开发者可能会针对这些代码片段进行特殊的优化，使得执行这段代码的速度非常快，以至于得不到准确的性能评测结果。

⑦ 固件：将程序固化在 ROM 中组成的部件称为固件。固件是一种具有软件特性的硬件，吸收了软/硬件各自的优点，其执行速度快于软件，灵活性优于硬件，是软/硬件结合的产物。例如，目前操作系统已实现了部分固化（把软件永恒地存储于 ROM 中）。

1.4　重难点答疑

1. 关于计算机字长、存储器字长。

【答疑】很多时候，可以认为计算机字长就是 CPU 字长，CPU 字长就是 CPU 内部每个寄存器的位数。一般情况下，一个 CPU 内部所有寄存器的位数是相等的。各个寄存器可以采用内部总线连接，因此计算机字长也是内部总线的根数。

存储器的每个单元的位数就是存储器字长。

2. 关于计算机性能的计算。

【答疑】明确几点基本知识，就很容易完成计算。

第一点是：指令周期是 CPU 时钟周期的倍数，指令运行时间的总和除以指令的条数，可得到 1 个平均指令周期。

第二点是：CPU 时钟周期是 CPU 时钟频率的倒数，是 CPU 工作的最小时间单位。

3. 指令长度（包含的二进制位数）不一样，为什么取指令周期相等？

【答疑】第一种，使某个 CPU 的所有指令采用相等的长度，并且指令长度等于 CPU 数据线的位数（宽度或 CPU 字长），等于 1 个存储器单元的位数。这样 CPU 每次正好读取 1 条完整的指令，不会出现有指令需要读取两次的情况。

第二种：不要求所有指令等长。CPU 先读取一次 1 个字长（CPU 数据线的位数或根数）的指令，该指令可能是一条完整的指令，或者不是一条完整的指令。但获得的这条指令必然包含操作码，控制器在对操作码译码后，了解该指令是否完整。如果该指令不完整，还有未读取的部分在存储器中，则控制器再继续读取剩余部分。也就是把读取剩余部分放到后面的阶段完成。

1.5 命题研究与模拟预测

1.5.1 命题研究

本章中冯·诺依曼机的特点曾经考过,需要考生掌握。计算机的硬件组成是基础知识,也是考生必须掌握的内容。计算机的 CPU 的组成、CPU 的工作过程虽然在第 5 章会再次详细叙述,但本章也详细讲述了这些知识点,考生可以结合第 5 章的学习对这些知识加以掌握。关于计算机软件的知识,曾经考过程序编译这个知识点。

本章的最后是对计算机性能的计算,是经常考试的内容,有时会结合流水线知识、计算程序运行的时间或系统吞吐量一起考查。

总之,本章是对后续各章的基础或总结,知识点不多,但都是关键的内容。经过认真的复习,考生应该能够很好地掌握本章内容。

1.5.2 模拟预测

● 单项选择题

1. 专注于全功能 GPU 研发设计的摩尔线程,最新推出的 MTTS80 显卡搭载了完整的"春晓"芯片核心,内置 4096 个 MUSA 流处理单元,在 1.8GHz 的主频下,能够提供 14.4TFLOPS 的单精度浮点算力,用户基于此可以进行计算机视觉、自然语言处理等经典模型的训练。那么该显卡每秒钟完成的浮点操作次数为( )。 【模考密押 2025 年】

A. $1.44×10^{15}$ 次   B. $1.44×10^{13}$ 次

C. 1.44 万亿次   D. 1.44 千万亿次

2. 下列描述中,16 位 CPU 的含义不包含的是( )。

A. CPU 的寄存器位数是 16 位   B. 存储器单元是 16 位

C. 1 次处理 16 位数运算   D. CPU 内部传输线是 16 位

3. 某 16 位 CPU 要求存储单元按照字节编址,该 CPU 的地址线为 20 根。则该 CPU 连接的存储器容量是( )。

A. 1M×8   B. 65536×8   C. 1M×16   D. 65536×16

4. 某 CPU 采用等长指令,指令长度均为 1 字节。CPU 顺序执行一段代码。指令 n 在内存的地址是 100,当 CPU 处于执行指令 n 阶段时,CPU 的 PC 的值是( )。

A. 100   B. 101   C. 102   D. 103

● 综合应用题

某个 10MHz 的 CPU 执行某基准程序。该程序有 100000 条指令。各类指令的数量与执行时间如下表所示。计算该程序的 CPI、MIPS 和执行时间。

指令类型	指令条数	该类指令的指令周期
算术运算	40000	1
数据传送	30000	2
浮点运算	20000	3
逻辑运算	10000	2

1.5.3　答案精解

● 单项选择题

1.【答案】B

【精解】浮点运算单位 TFLOPS,即每秒钟进行 14.4 万亿(10^{12})次的浮点数操作,所以选项 B 正确。

2.【答案】B

【精解】考点为 CPU 内部组成。

答案 A、C、D 都是对 CPU 的正确描述,B 与 CPU 位数无关。

所以,答案选择 B。

3.【答案】A

【精解】考点为计算机的存储器、CPU 对存储器编址。

这里采用字节编址,则存储器的地址大小是 2^{20},就是 1M,但每个单元是 8 位,不是 16 位。

4.【答案】B

【精解】考点为 CPU 内部组成。

在取指令阶段,CPU 把 PC 的内容传送到 MAR 寄存器,再通过地址线送给存储器来选中存储器的某个单元以获取 1 条指令。然后 CPU 的控制器把 PC 的内容进行修改,使 PC 的内容为下一条指令的地址。后面 CPU 进入执行该指令周期。

结合本题,当 CPU 执行指令 n 时,此时 PC 的内容为下一条指令的地址。下一条指令的地址是 101。所以,此时 PC 的值为 101。

● 综合应用题

【答案精解】

这 4 类指令的数量在总代码中的比重分别是:40%、30%、20%、10%。

$CPI = 1×0.4+2×0.3+3×0.2+2×0.1 = 1.8$ 个周期/条;

程序执行时间 $= 0.1\mu s×1.8×100000 = 0.018s = 18ms$;

1 条指令平均执行时间 $= 1.8×0.1 = 0.18\mu s$;

1 秒平均执行指令条数 $= 10^5÷0.018 = 5555555.6$ 条 $≈ 5.6×10^6$;

因此,MIPS 为 5.6。

第 2 章　数据的表示和运算

2.1　考点解读

本章内容多、基础知识点多、计算多,属于重点考查的章节,也是后续内容的基础。本章的知识或考点脉络清晰,包括定点数编码、补码加减、原码与补码乘除、浮点数格式、浮点数加法运算、加法器的电路等。

本章考点如图 2.1。本章最近 10 年统考考点题型分值统计见表 2.1。

图 2.1　本章考点导图

表 2.1　本章最近 10 年统考考点题型分值统计

年份 (年)	题型(题)		分值(分)			统考考点
	单项选择题	综合应用题	单项选择题	综合应用题	合计	
2015	2	0	4	0	4	补码表示、浮点数表示
2016	2	0	4	0	4	补码表示、大小端
2017	0	1	0	13	13	补码表示、浮点数表示
2018	4	0	8	0	8	补码加减溢出、浮点数范围、整数移位
2019	1	1	2	7	9	数的表示、溢出
2020	2	1	4	5	9	浮点数的表示、小端存储、数据的表示
2021	2	0	4	0	4	补码、IEEE 754
2022	2	4	0	0	4	补码的范围、IEEE 754 表示
2023	3	0	6	0	6	定点整数的表示，IEEE 754 浮点数真值与机器数的相互转换、定点整数运算的标志位判断
2024	3	0	6	0	6	定点整数的表示、定点整数的运算

2.2　数制与编码

2.2.1　进位计数制及其数据之间的相互转换

人们在生活中经常使用十进制系统(Decimal System)。十进制数系统，包含 0～9 共 10 个基本数字。

计算机使用二进制系统(Binary System)。二进制系统包含 0、1 共两个基本数字，也就是一个二进制数值由若干个 0 或 1 构成。

采用二进制的原因：① 只有两个基本数字，运算规则简单，用电路实现运算相对简单。②0 与 1 只要用两种不同的状态来表示就可以，用电路很容易实现。

通常一个数值如果用二进制来表示，它需要较多的位。比如，一个十进制的数值 12，采用二进制表示，则表示为 1100_2。一个十进制的数值 1200，采用二进制表示，则表示为 10010110000_2。可以看出，如果二进制数位太多，人们在书写或识别时会感到不太方便，容易出错。

为方便表示二进制数，在计算机科学中，人们书写数据时也常常采用十六进制数或八进制数。

十六进制系统(Hexadecimal System)，包含 0～9、A 或 a(10)、B 或 b(11)、C 或 c(12)、D 或 d(13)、E 或 e(14)、F 或 f(15)共 16 个基本数字。一个十六进制数由若干个基本数字构成。

在八进制系统(Octal System)中，包含 0～7 共 8 个基本数字。一个八进制数由若干个基本数字构成。

实际使用中，用十六进制要远远多于用八进制。

一个十进制的数以 10 为底数。比如，数值 9432 由数字千位 9、百位 4、十位 3、个位 2 组成。即：

$9432_{10} = 9 \times 10^3 + 4 \times 10^2 + 3 \times 10^1 + 2 \times 10^0$。

同理，数值 $709.28_{10} = 7 \times 10^2 + 0 \times 10^1 + 9 \times 10^0 + 2 \times 10^{-1} + 8 \times 10^{-2}$。

提示：小数点右边的指数为负数。

一个二进制的数以 2 为底数。将二进制数的各位按照以 2 为底数的形式进行求和，就可转化为十进制数。

比如：

$10_2 = 1×2^1+0×2^0 = 2+0 = 2$

$101_2 = 1×2^2+0×2^1+1×2^0 = 4+1 = 5_{10}$

$1101_2 = 1×2^3+1×2^2+0×2^1+1×2^0 = 8+4+1 = 13_{10}$

$1011.101_2 = 1×2^3+0×2^2+1×2^1+1×2^0+1×2^{-1}+0×2^{-2}+1×2^{-3}$
$= 8+2+1+0.5+0.125 = 11.625_{10}$

一个八进制的数以 8 为底数。将八进制数的各位按照以 8 为底数的形式进行求和,就可转化为十进制数。

比如：

$12_8 = 1×8^1+2×8^0 = 8+2 = 10_{10}$

$1.1_8 = 1×8^0+1×8^{-1} = 1+0.125 = 1.125_{10}$

一个十六进制的数以 16 为底数。将十六进制数的各位按照以 16 为底数的形式进行求和,就可转化为十进制数。

比如：

$13_{16} = 1×16^1+3×16^0 = 16+3 = 19_{10}$

$2A1_{16} = 2×16^2+A×16^1+1×16^0 = 2×256+10×16+1 = 673_{10}$

$20.4_{16} = 2×16^1+0×16^0+4×16^{-1} = 32+0.25 = 32.25_{10}$

将一个十进制数 X 转换为其他 N 进制的数 Y,有两种不同的转换方法。

如果 X 是整数,则转换步骤是:

① 用 X 除以 N,记录余数。

② 如果商为 0,则转到第③步。如果商不为 0,则商继续除以 N,记录余数,重复本步骤。

③ 由于最先得到的余数是最低位,最后得到的余数是最高位,因此将所得的一系列余数逆序排列,就得到转换后的 N 进制的数 Y。

比如,把 13 转换为二进制数。将 13 除以 2,得到商为 6,余数为 1。由于商不是 0,故将 6 除以 2,得到商为 3,余数为 0。将 3 除以 2,得到商为 1,余数为 1。将 1 除以 2,得到商为 0,余数为 1。由于商为 0,转换结束。产生的余数次序是:1、0、1、1。

需要对余数进行逆序排列,因此,转换结果是 1101_2。

比如,把 280 转换为十六进制数。将 280 除以 16,得到商为 17,余数为 8。由于商不是 0,故将 17 除以 16,得到商为 1,余数为 1。将 1 除以 16,得到商为 0,余数为 1。由于商为 0,转换结束。产生的余数次序是:8、1、1。

把余数逆序排列,得到转换结果是 118_{16}。

如果 X 是纯小数,则转换通过一系列的乘以 N 实现。步骤是:

① 用 X 乘以 N,记录积的整数部分,该整数部分或者是 0,或者非 0;它就是转换结果的最高位。

② 如果积的小数部分为 0,则转换结束。否则,把积的小数部分继续乘以 N,记录积的整数部分,回到本步骤。如果积的小数部分永远不为 0,则重复一定次数(或得到需要的位数),不再继续转换。

③ 将获得的一系列积的整数部分按照先后次序排列,就是转换后的结果。

比如,把 0.25 转换为二进制数。

$$
\begin{array}{r}
0.25 \quad \text{积整数部分} \\
\times \quad 2 \\
\hline
0.5 \quad 0 \\
\times \quad 2 \\
\hline
1.0 \quad 1 \\
\end{array}
$$

得到的转换结果是 0.01_2。

比如,把 0.345 转换为二进制数。

$$
\begin{array}{r}
0.345 \quad \text{积整数部分} \\
\times \quad 2 \\
\hline
0.690 \quad 0 \\
\times \quad 2 \\
\hline
1.38 \quad 1 \\
\times \quad 2 \\
\hline
0.76 \quad 0 \\
\times \quad 2 \\
\hline
1.52 \quad 1 \\
\times \quad 2 \\
\hline
1.04 \quad 1 \\
\times \quad 2 \\
\hline
0.08 \quad 0 \\
\end{array}
$$

该值在转换过程永远不能使小数点后面的积为 0,则在得到需要的位数后停止转换。这里的转换结果取 0.010110_2。

如果 X 既有整数部分,也有小数部分,则按照上述两个方法分别对整数部分、小数部分进行转换,将转换后的结果用小数点连接。

比如,把 13.345 转换为二进制数,结果是 1101.010110_2。

$2^3 = 8$,这意味着

①一个二进制整数转换为八进制数的方法是:方向从右向左,每 3 位二进制数转化为 1 个八进制数,不够 3 位的话,在最左边补 0,凑足 3 位。

例如:将 10110111_2 转换为八进制数。

$$10110111 \longrightarrow 10\ 110\ 111 \longrightarrow \underset{2}{\underline{010}}\ \underset{6}{\underline{110}}\ \underset{7}{\underline{111}}$$

因此,结果是 267_8。

将一个二进制小数转换为八进制数的话,方向从左向右,每 3 位二进制数转化为 1 个八进制数,不够 3 位的话,在最右边补 0,凑足 3 位。

例如:将 0.101101110_2 转换为八进制数。

$$0.101101110 \longrightarrow 0.\underset{5}{\underline{101}}\ \underset{5}{\underline{101}}\ \underset{6}{\underline{110}}$$

因此,结果是 0.556_8。

如果二进制数既有整数部分,也有小数部分,则按照上述两个方法分别对整数部分、小数部分转换,将转换后的结果用小数点连接。

例如:将 100110.10110111_2 转换为八进制数。

$$100110.10110111 \longrightarrow \underset{4}{\underline{100}}\ \underset{6.}{\underline{110}}\ \underset{5}{\underline{101}}\ \underset{5}{\underline{101}}\ \underset{6}{\underline{110}}$$

因此,结果是 46.556_8。

② 把一个八进制数转换为二进制数的方法是:把每位的值用 3 个二进制数表示即可。

例如:将 107.301_8 转换为二进制数。

$$107.301 \rightarrow 001\ 000\ 111.\ 011\ 000\ 001 \text{(最左边的 2 个 0 可以省略)}$$

$2^4 = 16$,这意味着

① 把一个二进制整数转换为十六进制数的方法是:方向从右向左进行,每 4 位二进制数转化为 1 个十六进制数,不够 4 位的话,在最左边补 0,凑足 4 位。

十六进制数位中 A ~ F 分别对应十进制的值是 10 ~ 15,对应的二进制数如下:

A = (1010)　　　　B = (1011)　　　　C = (1100)

D = (1101)　　　　E = (1110)　　　　F = (1111)

需要熟练掌握单个十六进制数的二进制编码。

例如:将 10110111_2 转换为十六进制数。

$$10110111 \longrightarrow \underset{B}{\underline{1011}}\ \underset{7}{\underline{0111}}$$

因此,结果是 $B7_{16}$。

一个二进制纯小数转换为十六进制数的话,操作方向从左向右,不够 4 位的话,在最右边补 0,凑足 4 位。

例如:将 0.1011101110_2 转换为十六进制数。

$$0.1011101110 \longrightarrow 0.\underset{B}{\underline{1011}}\ \underset{B}{\underline{1011}}\ \underset{8}{\underline{1000}}$$

因此,结果是 $0.BB8_{16}$。

如果二进制数既有整数部分,也有小数部分,则按照上述两个方法分别对整数部分、小数部分进行转换,将转换后的结果用小数点连接。

例如:将 11010100.1011110_2 转换为十六进制数。

$$11010100.1011110 \longrightarrow \underset{D}{\underline{1101}}\ \underset{4.}{\underline{0100}}\ \underset{B}{\underline{1011}}\ \underset{C}{\underline{1100}}$$

因此,结果是 $D4.BC_{16}$。

② 把一个十六进制数转换为二进制数的方法是:把每位的值用 4 个二进制数表示即可。

例如:将 $3F0A.C1_{16}$ 转换为二进制数。

$$3F0A.C1 \longrightarrow 0011\ 1111\ 0000\ 1010.1100\ 0001$$

二、八、十、十六进制数据的转换。

这 4 种不同进制之间可以相互转换。转换关系如图 2.2 所示。

提示:在实际应用中,要将一个十进制数值转换为二进制数,如果采用前面介绍的重复除以 2

图 2.2　进制转换关系

(整数)或乘以 2(纯小数)的方法,需要计算多次,在计算过程中容易出错。

因此,最方便的方法是:先把该数值转换为十六进制,再转换为二进制。反之,一个二进制数值要转换为十进制数,也最好先把该数值转换为十六进制数。

BCD 码(Binary Coded Decimal)是一种编码,它用二进制编码来表示一个十进制数的每位数字。也就是一个十进制数每位的数采用二进制表示。由于十进制数的每个位包含的数值范围为 0~9,因此,每个十进制位至少需要 4 个二进制位。

0~9 的 BCD 编码分别是:

0(0000)、1(0001)、2(0010)、3(0011)、4(0100)、

5(0101)、6(0110)、7(0111)、8(1000)、9(1001)。

可以看出,0~9 的 BCD 编码就是每个十进制数字按照数值转换后的二进制数的形式。

一个十进制数采用 BCD 码进行存储的话,有两种不同的格式:非压缩的 BCD 码、压缩的 BCD 码。

①非压缩的 BCD 码:就是用 1 个字节存储 1 个 BCD 码,一般占用字节的低 4 位,字节的高 4 位可以存储为 0000。不考虑符号,也就是只考虑无符号数,N 个字节可以存储 N 个 BCD 码。或者说,N 个 BCD 码需要 N 个字节。

例如,用非压缩 BCD 码表示下列十进制数。

123 应该是:<u>0000 0001 0000 0010 0000 0011</u>。

说明:每个数字占用 1 个字节,BCD 码占用低 4 位,高 4 位没有使用,可以存放 4 个 0。

3867 应该是:<u>0000 0011 0000 1000 0000 0110 0000 0111</u>。

说明:每个数字占用 1 个字节,BCD 码占用低 4 位,高 4 位没有使用,可以存放 4 个 0。

②压缩的 BCD 码:就是用 1 个字节存储 2 个 BCD 码,因为 1 个字节包含 8 个二进制位。不考虑符号,也就是只考虑无符号数,N 个字节可以存储 $2 \times N$ 个 BCD 码。或者说 N 个 BCD 码需要 $N/2$(N 为偶数)或($N/2$)+1(N 为奇数)个字节。

例如,用压缩 BCD 码表示下列十进制数。

123,应该是:0000 0001 0010 0011。

说明:数字 2 与 3 共同占用 1 个字节,2 占用高 4 位,3 占用低 4 位。数字 1 需要占用 1 个字节,可以占用低 4 位,高 4 位可以存放 4 个 0。

3867,应该是:0011 1000 0110 0111。

说明:数字 6 与 7 共同占用 1 个字节,6 占用高 4 位,7 占用低 4 位。数字 3 与 8 共同占用 1 个字节,3 占用高 4 位,8 占用低 4 位。

存储非压缩的 BCD 码,会产生空间浪费。采用压缩 BCD 码能节约空间。通常,使用压缩 BCD 码的场合比使用非压缩 BCD 码的场合更多。程序员很容易识别出存放在寄存器中采用 BCD 码的数值,而识别存放在寄存器中采用二进制的数值很困难。

　　BCD 码可以表示无符号数,也可以表示有符号数。通常,在 BCD 编码中,如果数值是无符号数,则用编码 1111 表示。如果数值是有符号数,正数用编码 1100 表示,负数用编码 1101 表示。对于压缩 BCD 码,可以把符号位的编码放在数值位编码的最右边或最左边(BCD 码符号位一般不要求)。

　　例如,用压缩 BCD 码表示十进制数+259。

　　假定把符号位放最右边,则为:0010 0101 1001 1100。

　　假定把符号位放最左边,则为:1100 0010 0101 1001。

　　例如,用压缩 BCD 码表示十进制数+1259。

　　假定把符号位放最右边,则为:0001 0010 0101 1001 1100。

　　假定把符号位放最左边,则为:1100 0001 0010 0101 1001。

2.2.2　定点数的编码表示

　　根据小数点的位置是否固定,在计算机中有两种数据格式:定点表示和浮点表示。在现代计算机中,通常用定点补码整数表示整数,用定点原码小数表示浮点数的尾数部分,用移码表示浮点数的阶码部分。

(1)定点整数和定点小数

　　定点表示法用来表示定点小数和定点整数。

　　① 定点小数:定点小数是纯小数,约定小数点位置在符号位之后、有效数值部分最高位之前。若数据 X 的形式为 $X = x_0 x_1 x_2 \cdots x_n$(其中 x_0 为符号位,$x_1 \sim x_n$ 是数值的有效部分,也称尾数,x_1 为最高有效位),则在计算机中的表示形式如图 2.3 所示。

　　② 定点整数:定点整数是纯整数,约定小数点位置在有效数值部分最低位之后。若数据 X 的形式为 $X = x_0 x_1 x_2 \cdots x_n$(其中 x_0 为符号位,$x_1 \sim x_n$ 是尾数,x_n 为最低有效位),则在计算机中的表示形式如图 2.4 所示。

图 2.3　定点小数表示　　　　　　　　图 2.4　定点整数表示

　　定点数编码表示法主要有以下 4 种:原码、补码、反码和移码。

(2)原码、补码、反码、移码

　　① 原码:原码是一种最简单的编码方法。用最高位(最左边的位)表示符号,正号用 0 表示,负号用 1 表示。剩下的位就是数值本身的二进制位。

　　例如,用 8 位原码对数据+12 编码;用 8 位原码对数据-12 编码。

　　原码的缺点在于:在进行加减运算时,确定结果的符号比较复杂。在用硬件电路来实现原码加减时,设计困难且复杂。另外,在原码中,0 需要有两种编码:00000000、10000000(假定 8 位编码),分别对应+0、-0。这也导致原码在运算中比较麻烦。

用一个 n 位寄存器存放一个原码形式的有符号数,该有符号数的范围应该是:
$-[2^{(n-1)}-1] \sim +[2^{(n-1)}-1]$。

用一个 8 位寄存器存放一个原码形式的有符号数,该有符号数的范围是:

$-127 \sim +127$。

用一个 16 位寄存器存放一个原码形式的有符号数,该有符号数的范围是:

$-32767 \sim +32767$。

原因是:0 有+0、-0 之分,占用两种编码。

② 补码,可以这样理解:现代计算机中,有符号数据采用补码表示。

在补码编码中,用最高位(最左边的位)表示符号,正号用 0 表示,负号用 1 表示。如果数据是正数,剩下的位就是数值本身。如果数据是负数,剩下的位就是:对数值的每个二进制位进行取反,然后再加上数值 1。

例如,用 8 位补码对数据+12 编码。

用 8 位补码对数据-12 编码。

补码的特点:

A. 0 的补码编码形式是唯一的,0 的补码为 000…0。

如果补码的每个位均为 1,即 111…1,则该补码的真值是-1。

正整数的补码形式是 0XX…X,即最高位是 0,其他位是 0 或 1。

负整数的补码形式是 1XX…X,即最高位是 1,其他位是 0 或 1。

假定采用 8 位来表示补码,8 位补码与对应的真值如图 2.5 所示。

8位补码		真值	
0 0 0 0 0 0 0 0		0	
0 0 0 0 0 0 0 1		+1	
0 0 0 0 0 0 1 0	递增	+2	递增
…………		……	
0 1 1 1 1 1 1 0		+126	
0 1 1 1 1 1 1 1		+127	
1 0 0 0 0 0 0 0		-128	
1 0 0 0 0 0 0 1		-127	
0 0 0 0 0 0 1 0	递增	-126	递增
…………		……	
1 1 1 1 1 1 1 0		-2	
1 1 1 1 1 1 1 1		-1	

图 2.5 8 位补码与真值的关系

用一个 n 位寄存器存放一个补码表示的有符号数,该有符号数的范围是: $-2^{(n-1)} \sim +[2^{(n-1)}-1]$。

用一个 8 位寄存器存放一个补码表示的有符号数,该有符号数的范围是: $-128 \sim +127$。

用一个 16 位寄存器存放一个补码表示的有符号数,该有符号数的范围是: $-32768 \sim +32767$。

B. 对一个有符号数用补码进行编码,编码的表示形式与所要求的二进制位数有关。

例如:用 8 位补码表示 +23、-52、-106。

由于 +23 是正数,补码的最高位应该是 0,后 7 位是 23 的二进制编码本身。把 23 转换为十六进制数 17_{16},再把 17_{16} 转化为 7 位二进制数 001 0111。+23 的 8 位补码是 0001 0111。

由于 -52 是负数,补码的最高位应该是 1,后 7 位是 52 的二进制编码本身取反后加 1。把 52 转换为十六进制数 34_{16},将 34_{16} 转化为 7 位二进制数 011 0100。再把 011 0100 按位取反,得到 100 1011。最后,进行加 1 运算,得到 100 1100。-52 的 8 位补码为 1100 1100。

同样的方法,得到 -106 的 8 位补码编码为 1001 0110。

说明:为方便识别二进制数,在书写二进制数时,可以在前 4 位与后 4 位之间加个空格。

例如:用 16 位补码表示 +23、-52、-106。

由于 +23 是正数,补码的最高位是 0,后 15 位为 23 的二进制编码本身。因此,补码为 0000 0000 0001 0111。

由于 -52 是负数,补码的最高位是 1,后 15 位应该为 52 的二进制编码本身取反后加 1。首先把 52 转换为 15 位二进制数 000 0000 0011 0100。再对 000 0000 0011 0100 按位取反,得到 111 1111 1100 1011。最后进行加 1 运算,得到 111 1111 1100 1100。因此,补码为 1111 1111 1100 1100。

用同样的方法,可得到 -106 的 16 位补码:1111 1111 1001 0110。

+23 的 8 位补码是 17H,16 位补码是 0017H。

-52 的 8 位补码是 CCH,16 位补码是 FFCCH。

-106 的 8 位补码是 96H,16 位补码是 FF96H。

这里实际涉及补码的扩展问题,也就是已知某个 n 位的补码,如何快速获得 $m(m>n)$ 位的补码,并且使这两个补码的真值相等。

已知某个 n 位的补码,把该补码扩展为 $m(m>n)$ 位的方法是:n 位补码保持不变,多出的 $(m-n)$ 位均用原 n 位补码的符号位(也就是最左位、最高位)填充。

例如:

+23 的 8 位补码是 0001 0111,最高位是 0。则 +23 的 16 位补码就是在原 8 位补码 0001 0111 的前面添加 8 个 0,也就是 0000 0000 0001 1000,即 00 17H。

-52 的 8 位补码是 1100 1100,最高位是 1。则 -52 的 16 位补码就是在原 8 位补码 1100 1100 的前面添加 8 个 1,也就是 1111 1111 1100 1100,即 FF CCH。

-106 的 8 位补码是 96H,16 位补码是 FF 96H,32 位补码是 FF FF FF 96H。

8 位补码 56H 扩充为 16 位补码,就是 00 56H;扩充为 32 位补码,就是 00 00 00 56H。

8 位补码 96H 扩充为 16 位补码,就是 FF 96H;扩充为 32 位补码,就是 FF FF FF 96H。

某 32 位补码是 FF FF FD 12H,由于 F 表示 4 个 1,故把前面的 FF FF 去掉,可以得到 16 位补码 FD 12H。这两个补码的真值相同,但占用的位数是不同的。将 FD 12H 用二进制表示,得到 <u>1111</u>

<u>1</u>101 0001 0010,可以看出从最高位起有 6 个连续的 1,说明可以把 1 看作补码的符号位。这样得到另外一个补码 101 0001 0010。这个补码有 11 位,用十六进制表示是 512H。这说明:32 位的补码 FF FF FD 12H、16 位的补码 FD 12H、11 位的补码 512H,这 3 个补码的真值相等。

如果打算把位数少的无符号数扩展为较多的位数,则直接在该无符号数的二进制编码前面添加若干个 0,使二进制编码达到需要的位数即可。例如,8 位无符号数 45H 扩展为 16 位无符号数,得到 00 45H;8 位无符号数 95H 扩展为 32 位无符号数,得到 00 00 00 95H。

③ 反码:负数的补码可采用“各位取反,末位加 1”的方法得到,如果仅各位求反而末尾不加 1,那么就可得到负数的反码表示,因此负数反码的定义就是在相应的补码表示中再末位减 1。正数反码的定义和相应的补码(或原码)表示相同。

反码表示存在以下几个方面的不足:0 的表示不唯一(即存在正负 0);表示范围比补码少一个最小负数。反码在计算机中很少使用,通常用作数码变换的中间表示形式。

④ 移码:移码常用来表示浮点数的阶码。它只能表示整数。

移码就是在真值 X 上加上一个常数(偏置值),通常这个常数取 2^n,相当于 X 在数轴上向正方向偏移了若干单位,这就是“移码”一词的由来。移码定义为

$$[x]_{移} = 2^n + x(2^n > x \geq -2^n,\text{其中机器字长为 } n+1)$$

例如,若正数 $x_1 = +10101$, $x_2 = -10101$, 字长为 8 位,则其移码表示为:$[x_1]_{移} = 2^7 + 10101 = 1,0010101$; $[x_2]_{移} = 27 + (-10101) = 0,1101011$。

移码具有以下特点:

移码中零的表示唯一,$[+0]_{移} = 2^n + 0 = [-0]_{移} = 2^n - 0 = 100 \cdots 0$(n 个“0”)。

一个真值的移码和补码仅差一个符号位,$[x]_{移}$ 的符号位取反即得 $[x]_{补}$(“1”表示正,“0”表示负,这与其他机器数的符号位取值正好相反),反之亦然。

移码全 0 时,对应真值的最小值 -2^n;移码全 1 时,对应真值的最大值 $2^n - 1$。

移码保持了数据原有的大小顺序,移码大真值就大,移码小真值就小。

2.3　定点整数

2.3.1　定点整数的表示和运算

(1)有符号和无符号数的转换

C 语言允许在不同的数据类型之间做强制类型转换,而从数学的角度来说,可以想到很多不同的转换规则。就用户使用而言,对于两者都能表示的数,当然希望转换过程中数值本身不发生任何变化,而那些转换过后无法表示的数呢? 请先观察下面这段程序:

```c
int main( ) {
    short x = -4321;
    unsigned short y = (unsigned short) x;
    printf ( "x = &d, y = %u\n", x, y);
}
```

有符号数 x 是一个负数,而无符号数 y 的表示范围显然不包括 x 的值。读者可以自己猜想一下这段程序的运行结果,再比较下面给出的运行结果。

在采用补码的机器上,上述代码会输出如下结果:

$$x = -4321, y = 61215$$

最后的结果中,得到的 y 值似乎与原来的 x 没有一点关系。不过将这两个数化为二进制表示时,我们就会发现其中的规律,见表 2.2。

表 2.2　y 与 x 的对比

变量	值	位															
		15	14	13	12	11	10	9	8	7	6	5	4	3	2	1	0
x	-4321	1	1	1	0	1	1	1	1	0	0	0	1	1	1	1	1
y	61215	1	1	1	0	1	1	1	1	0	0	0	1	1	1	1	1

其中 x 为补码表示,y 为无符号的二进制真值。观察可知,将 short int 强制转换为 unsigned short 只改变数值,而两个变量对应的每位都是一样的。通过这个例子就可以知道,强制类型转换的结果保持位值不变,仅改变了解释这些位的方式。

下面再来看一个 unsigned short 型转换到 short 型的例子。考虑如下代码:

```
int main( ) {
    unsigned short x = 65535;
    short y = ( short) x;
    printf( "x=%u, y=%d\n", x, y);
}
```

同样在采用补码的机器上,上述代码会输出以下结果:

x = 65535, y = -1

同样可以把这两个数用之前的方法写成二进制,然后证实我们之前得出的结论。

(2)不同字长整数之间的转换

另一种常见的运算是在不同字长的整数之间进行数值转换。先观察如下程序:

```
int main( ) {
    int x = 165537, u = -34991;        //int 型占用 4B
    short y = ( short) x, v = ( short) u;    //short 型占用 2B
    printf( "x=%d, y=%d\n", x, y);
    printf( "u=%d, v=%d\n", u, v);
}
```

这段程序可以得到如下结果:

x = 165537, y = -31071

u = -34991, v = 30545

其中 x、y、u、v 的十六进制表示分别为 0x000286a1、0x86a1、0xffff7751、0x7751,观察上述数字很容易得出结论:当大字长变量向小字长变量强制类型转换时,系统把多余的高位部分直接截断,低位直接赋值,因此也是一种保持位值的处理方法。

最后来看小字长变量向大字长变量转换的情况。先观察下面这段程序:

```
int main( ) {
    short x = -4321;
    int y = x;
```

```
unsigned short u = ( unsigned short ) x;
unsigned int v = u;
printf( "x = %d, y = %d\n", x, y );
printf( "u = %u, v = %u\n", u, v );
}
```

运行结果如下：

x = −4321, y = −4321

u = 61215, v = 61215

x、y、u、v 的十六进制表示分别是 0xef1f、0xffffef1f、0xef1f、0x0000ef1f。由本例可知，进行短字长整数到长字长整数的转换时，不仅要使相应的位值相等，还要对高位部分进行扩展。如果原数字是无符号整数，则进行零扩展，扩展后的高位部分用 0 填充。否则进行符号扩展，扩展后的高位部分用原数字符号位填充。其实两种方式扩展的高位部分都可理解为原数字的符号位。这与之前的三个例子都不一样，从位值与数值的角度说，前三个例子的转换规则都是保证相应的位值相等，而短字长到长字长的转换，符号位，可以理解为数值的相等。

注意，char 类型为 8 位无符号整数，其在转换为 int 时高位补 0 即可。

2.4 浮点数

2.4.1 浮点数的表示

十进制实数除了正数，还有带小数点的数，如：12.3，1072.53565，0.00433600，89659086468。一种方便表示实数的方法是采用科学计数法。在规范的科学计数法中，尾数的小数点前只有 1 位非 0 数字。例如，1.23×10^3、-2.34×10^3、-8.156×10^{-5} 是规范的科学计数法；而 12.3×10^2、-0.234×10^4、-81.56×10^{-6} 不是规范的科学计数法。

对于 -2.34×10^3 的表示，−2.34 叫作尾数，有的资料则称其为有效数，认为尾数指小数点后面的数。(上标的)3 叫作阶码(或指数)，10 叫作底数。可以看出尾数的符号就是整个数的符号，指数的正负决定数值是靠近 0 还是远离 0。

简单来说，在计算机术语中，浮点数就是带有小数点的数。二进制的浮点数也可以采用科学计数法表示。

要存储一个二进制浮点数，例如 $+1.1001 \times 2^{+4}$，就要存储指数、尾数、尾数的符号。在存储单元长度固定的情况下，需要合理分配各自占用的位数。

(1)IEEE 754 标准

1985 年，IEEE(国际电工与电子工程师协会)发布关于浮点数的标准，这就是 IEEE 754 标准。它规定怎么表示单精度浮点数、双精度浮点数，怎么实现浮点数的四则运算。

浮点数的表示格式如图 2.6 所示。

图 2.6　IEEE 754 浮点数通用格式

最高位是数的符号位,也就是尾数的符号。用 1 代表负号,0 代表正号。

阶码域是经过编码的阶码。编码不采用补码,因为采用补码不容易比较两个阶码的大小;其一般采用移码,也就是把阶码的原值加上一个无符号的偏移量而形成一个无符号数。这个偏移量与阶码域的位数 X 有关。偏移量为 $2^{(X-1)}-1$。

例如,假定阶码域为 8 位,则阶码域的范围是 0~255,但是 0 与 255 用来表示特殊的意义,1~254用来表示一个规范化的浮点数。阶码域为 8 位,那么对阶码进行编码采用的偏移量为 127。

尾数域采用原码表示,尾数域的值不同,那么尾数域就代表不同的含义。为方便描述,下面假定阶码域是 8 位。IEEE 754 定义的格式有下面几种情况(图 2.7):

图 2.7　IEEE 754 浮点数表示范围的解释

① 只要阶码域的范围处于 1~254,则尾数域可以为任意值。这也表明整个编码代表一个规范化的浮点数。

规范化的浮点数就是用科学计数法表示 1 个二进制浮点数时,尾数部分中小数点前面只有 1 位,并且该位必定是 1。

例如,$+1.0101 \times 2^{1001}$、$+1.110101 \times 2^{-101}$ 就是规范的浮点数,$+0.0101 \times 2^{11}$、$+10.0101 \times 2^{11}$、0.001001×2^{11}就不是规范的浮点数。

当一个浮点数是一个规范的浮点数时,存储该浮点数时,只存储尾数的小数点后的值,小数点前面的那个 1 不用存储。

例如,对于规范的浮点数$+1.0101 \times 2^{1001}$,尾数是 1.0101,存储时只存储小数点后的 0101。也就是在尾数域从左到右是 0101,后面的位用 0 补充。

例如,存储的浮点数的尾数域是 0110,则真正的尾数是 1.0110。存储的阶码域是 200,则真正的阶码(或指数)是 200-127=73。

② 阶码域为 0,尾数域为 0,代表+0 或-0,正或负由最高位决定。

③ 阶码域为 0,尾数域为非 0。这表示是非规范化的浮点数。此时,真正的指数是-126,浮点数的尾数就是存储的尾数域的部分,小数点前面不再有 1。

例如,阶码域是 0,尾数域是 11010……0,则该浮点数值就是 $0.1101×2^{-126}$。

例如,阶码域是 0,尾数域是 10000……0,则该浮点数值就是 $0.1×2^{-126}$。

④ 阶码域为 255,尾数域为 0,代表+∞(正无穷大)或-∞(负无穷大),正或负由最高位决定。

⑤ 阶码域为 255,尾数域为非 0,代表该存储形式不是 1 个数。

具体来说,IEEE 754 定义有单精度浮点数与双精度浮点数。

(2)单精度浮点数

单精度浮点数有 32 位,格式如图 2.8 所示。

图 2.8 IEEE 754 单精度浮点数格式

阶码域采用的偏移值是 127。可以得到如下结论:

① 阶码域的范围处于 1~254,则尾数域可以为任意值。这说明这是一个规范化的浮点数的表示。尾数域部分就是这个浮点数的尾数的小数点后面的部分,尾数的小数点前面是 1。

规范化浮点数的真实阶码应该是(阶码域−127),范围是−126~+127。

例如,某单精度浮点数的阶码域是 130,尾数域是 011001…0,则该浮点数的真正阶码是 130−127=3,真正的尾数是 1.011001。

例如,某单精度浮点数的阶码域是 1,尾数域是 001…0,则该浮点数的真正阶码是 1−127=−126,真正的尾数是 1.001,该浮点数数值是 $1.001×2^{-126}$。

② 阶码域为 0,尾数域为 0,代表+0 或−0,正或负由最高位决定。

+0 表示为:0 后接 31 个 0。−0 表示为:1 后接 31 个 0。

③ 当阶码域为 0 且尾数域非 0,说明该编码是一个非规范化的浮点数。该浮点数的阶码均为−126,该浮点数的真正尾数就是 0.尾数域,也就是说小数点前面是 0,而不是 1。

例如,阶码域是 0,尾数域是 11010……0,则该浮点数值就是 $0.1101×2^{-126}$。

例如,阶码域是 0,尾数域是 110000……0,则该浮点数值就是 $0.11×2^{-126}$。

可以推导出,最小的正的非规范化浮点数的单精度表示是:

0 0000 0000 0000 0000 0000 0000 0000 001。

它的值是 $2^{-23}×2^{-126}=2^{-149}$。

最大的负的非规范化浮点数的单精度表示是:

1 0000 0000 0000 0000 0000 0000 0000 001。

它的值是 $-(2^{-23}×2^{-126})=-2^{-149}$。

④ 阶码域为 255,尾数域为 0,代表+∞(正无穷大)或-∞(负无穷大),正或负由最高位决定。

+∞ 表示为:0 1111 1111 23 个 0。

+∞ 表示为:1 1111 1111 23 个 0。

⑤ 规范化浮点数的最小阶码是−126。因此,最小的正的规范化浮点数是:$1×2^{-126}$,单精度格式

表示为：

0 0000 0001 0000 0000 0000 0000 0000 000。

最大的负的规范化浮点数是：-1×2^{-126}，单精度格式表示为：

1 0000 0001 0000 0000 0000 0000 0000 000。

⑥ 规范化浮点数的最大阶码是+127。因此，最大的正的规范化浮点数的二进制单精度表示为：

0 1111 1110(254) 1111 1111 1111 1111 1111 111。

它的值为：$(2-2^{-23})\times2^{127}=2^{128}-2^{104}$。

最小的负的规范化浮点数的二进制单精度表示为：

1 1111 1110(254) 1111 1111 1111 1111 1111 111。

它的值为：$-(2-2^{-23})\times2^{127}=-(2^{128}-2^{104})$。

【例题】将-118.625用 IEEE 754 单精度格式表示。

【解答】(a)由于是负数，符号位应该是 1。

(b)118.625 用二进制表示是 1110110.101。把小数点左移，直到小数点左边只有 1 个 1：1110110.101 = 1.110110101×2^6，这就是规范的表示方式。尾数是 1.110110101，存储时，只存小数点右边的位，存储顺序是按位从左到右，后面的位用 0 填充，总共 23 位，就是：1101 1010 1000 0000 0000 000。

(c)阶码是 6，因此阶码域应该为 6+127 = 133，8 位二进制编码是 1000 0101。

因此，用浮点数表示是：1 1000 0101 1101 1010 1000 0000 0000 000。

(提示：因为二进制的位数较多，为了方便书写、识别，这里书写时添加空格。)

(3)双精度浮点数

双精度浮点数有 64 位，格式如图 2.9 所示。

图 2.9 IEEE 754 双精度浮点数格式

由于阶码域占用 11 位，因此，阶码域采用的偏移值是 1023。可以得到如下结论：

① 阶码域的范围为 1~2046，则尾数域可以为任意值。这种格式表明这是一个规范化的浮点数的表示。尾数域部分就是这个浮点数的尾数的小数点后面的部分，该浮点数真正的尾数是 1.尾数域。该浮点数的真实的阶码应该是(阶码域-1023)，真实阶码的范围是$-1022\sim+1023$。

② 阶码域为 0，尾数域为 0，代表+0 或-0，正或负由最高位决定。

+0 表示为：0 后面跟着 63 个 0。

-0 表示为：1 后面跟着 63 个 0。

③ 当阶码域为 0 且尾数域非 0，说明该编码是一个非规范化的浮点数。该浮点数的阶码均为-1022，该浮点数的真正尾数就是 0.尾数域，也就是说小数点前面是 0，而不是 1。

例如，阶码是 0，尾数域是 1101……0，则该浮点数值就是 0.1101×2^{-1022}。

例如,阶码域是 0,尾数域是 110000……0,则该浮点数值就是 $0.11×2^{-1022}$。

可以推导出,最小的正的非规范化浮点数的双精度表示是:

0 00~0(11 位) 0~001(52 位)。

它的值是:$2^{-52}×2^{-1022} = 2^{-1074}$。

最大的负的非规范化浮点数的双精度表示是:

1 00~0(11 位) 0~001(52 位)。

它的值是:$-(2^{-52}×2^{-1022}) = -2^{-1074}$。

④ 阶码域为 2047,尾数域为 0,代表 $+∞$(正无穷大)或 $-∞$(负无穷大),正或负由最高位决定。

$+∞$ 表示为:0 1~1(11 位) 52 个 0。

$-∞$ 表示为:1 1~1(11 位) 52 个 0。

⑤ 规范化浮点数的最小阶码是 -1022。因此,最小的正的规范化浮点数是:$1×2^{-1022}$,它的双精度表示为:

0 000 0000 0001 52 个 0。

最大的负的规范化浮点数是:$-1×2^{-1022}$,它的双精度表示为:

1 000 0000 0001 52 个 0。

⑥ 规格化浮点数的最大阶码是 +1023。因此,最大的正的规范化浮点数的二进制双精度表示为:

0 11111111 110(2046) 52 个 1。

它的值为:$(2-2^{-52})×2^{1023} = 2^{1024}-2^{971}$

最小的负的规范化浮点数的二进制双精度表示为:

1 11111111 110(2046) 52 个 1。

它的值为:$-(2-2^{-52})×2^{1023} = -(2^{1024}-2^{971})$

2.4.2 浮点数的加减运算

下面是计算机浮点数的加/减运算的主要步骤,不再讨论可能产生的溢出及其他的问题。主要的步骤有:

① 检查是否有操作数是 0,只要有 1 个操作数为 0,则可以马上得到加减的结果。

② 检查两个操作数的阶码是否相等。如果不相等,进行阶码对齐操作。将阶码小的数转换为阶码大的数。

③ 对两个尾数进行加法或减法运算,并确定结果的符号。

④ 检查结果是否是规范的浮点数,如果不是规范的浮点数,则进行规范化处理,把结果转换为规范化的浮点数。

提示:实际在进行加法或减法运算前,将两个数的有效数分别送入运算器的两个寄存器内,这两个寄存器的位数多于尾数的位数,多于的位数用 0 填充。这样做的目的是提高运算的精确度。

【例题】假定有一个 12 位的浮点数表示法。它的形式与 IEEE 754 定义的单精度格式类似。其最高位是 1 个符号位,后面是 5 位阶码域,这样阶码域的偏移量是 $15(2^4-1)$,最后 6 位是尾数域。用该方法表示的该浮点数 A = 0 10100 011001,B = 0 10001 100101。写出计算机执行浮点数加法的过程。

【解答】$A = +1.011001×2^5$,$B = +1.100101×2^2$。

① 由于 A 的阶码较大,需要调整 B 的阶码。把 B 的尾数向右移动 3 位,B 的尾数变为 0.

— 27 —

001100101。两个数的阶码都是5。

② 由于阶码是5,偏移量是15,5+15＝20,因此设置结果的阶码域为10100。

③ 两个数都是正数,执行A、B的尾数的加法运算,得到尾数的和是1.100101101,并设置结果的符号位为正。

$$1.011001000$$
$$+\ 0.001100101$$
$$\overline{1.100101101}$$

④ 结果1.100101101恰好是规范化的数,不需要进行规范化处理。但是由于只需要保存小数点后面6位,因此需要进行舍入处理。结果1.100101101的最后3位为101(值为5),超过3位表示的值(8)的一半,所以需要进行"入"操作,也就是1.100101的最低位加上1,得到1.100110。

结果的浮点表示为:0 10100 100110。

说明:

① 因为在尾数加法后,结果的小数点前正好有1个1,说明是规范化的数。如果加法结果不是规范化的数,则需要进行规范化处理。

例如,假定尾数加法结果是0.0101 1101 1,小数点前面没有1,说明这不是规范化的数,需要对它进行规范化处理。小数点保持不动,把尾数结果向左移动2位,变为1.0111 011,同时把阶码减去2。

例如,假定加法结果是10.0101 1101 1,小数点前面有2位,说明不是规范化的数,需要进行规范化处理。把该值向右移动1位,变为1.00101 1101 1,同时阶码加上1。

② 在进行阶码对齐操作时,需要把尾数进行左移或者右移,需要保留完整的尾数,这样在进行尾数的加减运算时,可以提高结果的精确度。得到运算结果后,再把多余的尾数位数去掉。处理尾数多余的位,有以下原则:

第一,直接去掉多余的位:

例如,运算结果是1.1011010,现在只需要保留小数点后面4位,则直接去掉后面的010,得到1.1011。

第二,冯·诺依曼舍入:

如果保留位后面全为0,则直接去掉。如果多余位不全为0,则去掉多余位,同时把保留位中最低位设为1。

例如,运算结果是1.1011010,现在只需要保留小数点后面4位。多余位是010,则处理的结果是1.1011。

例如,运算结果是1.1010010,现在只需要保留小数点后面4位。多余位是010,则处理的结果是1.1011。

第三,IEEE 754默认原则:

A. 如果多余位的值超过多余位能表示的最大值的一半,也就是多余位形如1X…1…XX(以1开始,后面不全为0),则把保留的最低位加1,去掉多余位。

换个描述就是:假定多余位(m位)的值超过2^m值的一半,则需要进行"入"操作,给保留的最低位加1。

例如,结果为1.11011001,保留小数点后面4位,需要去掉的位是1001,它的值为9,4位二进制数可以表示16个不同的数,9超过8(16的1/2),需要进行"入"操作。把1.1101加上1,得到1.1110。

B. 如果多余位的值不到多余位能表示的最大值的一半,也就是多余位形如0X…XX(以0开始),则直接去掉多余位。

换个描述就是:假定多余位(m 位)的值不到 2^m 值的一半,则需要进行舍弃操作,直接去掉多余位。

例如,结果为 1.11010111,保留小数点后面 4 位。需要去掉的为 0111,它的值为 7,4 位二进制数可以表示 16 个不同的数,7 小于 8(16 的 1/2),需要舍弃。最后得到的结果为 1.1101。

C. 如果多余位的值恰好为多余位能表示的最大值的一半,也就是多余位形如 10…00(以 1 开始,后面均为 0),则这时的处理原则是:需要保证保留的最低位为偶数(也就是 0)。也就是说,如果保留的最低位为 0,则直接去掉多余位,保留位不变。如果保留的最低位为 1,则把保留的最低位加上 1,直接去掉多余位。

例如,运算结果为 1.11011000,多余位 1000 的值是 8,正好是 16 的一半。则把 1000 直接去掉。同时,由于小数点后为 1101,值为 13,不是偶数,则需要进行加 1,变为 14,则结果为 1.1110。

运算结果为 1.10101000,多余位 1000 的值是 8,正好是 16 的一半。则把 1000 直接去掉。同时,由于小数点后为 1010,值为 10,是偶数,则让 1010 保持不变。则结果为 1.1010。

2.5 运算方法和运算电路

2.5.1 基本运算部件

先看十进制数的加法运算方法。比如,234+465,对应的个位、十位、百位分别相加。个位 4 与 5 相加,会产生结果的个位与 1 个(个位)进位,这个进位参与到十位 3 与 6 的加法中。十位、百位的运算按照类似的方法。为把个位的加法与十位、百位统一起来,可以认为进行个位加法时,也有 1 个进位要参与进来,默认该进位值是 0。二进制数的加法运算与十进制的加法类似。多位加法器的基础是单个位的加法器。

(1)全加器

设 X_i、Y_i 分别是两个二进制数 X、Y 的对应的位,C_i 是 X_i、Y_i 的右边相邻位进行加法运算产生的进位,S_i 是 X_i、Y_i、C_i 相加产生的和,C_{i+1} 是 X_i、Y_i、C_i 相加产生的进位。S_i、C_i 与 X_i、Y_i、C_{i+1} 真值情况见表 2.3。

表 2.3 S_i、C_i 与 X_i、Y_i、C_{i+1} 真值表

X_i	Y_i	C_i	S_i	C_{i+1}
0	0	0	0	0
0	0	1	1	0
0	1	0	1	0
0	1	1	0	1
1	0	0	1	0
1	0	1	0	1
1	1	0	0	1
1	1	1	1	1

根据真值表,得到:

$S_i = \overline{X_i}\overline{Y_i}C_i + \overline{X_i}Y_i\overline{C_i} + X_i\overline{Y_i}\overline{C_i} + X_iY_iC_i = X_i \oplus Y_i \oplus C_i$;

$C_{i+1} = \overline{X_i}Y_iC_i + X_i\overline{Y_i}C_i + X_iY_i\overline{C_i} + X_iY_iC_i = X_iY_i + X_iC_i + Y_iC_i$.

S_i 是 3 个变量的异或的结果。C_{i+1} 是 3 个变量中任意 2 个变量进行逻辑与运算后,再进行逻辑

或的结果。实现 2 个二进制位与 1 个进位进行加法运算，生成 1 位的和与 1 个新的进位的电路，被称为全加器（Full Adder）。为方便表示，可以用图 2.10 表示。

图 2.10　全加器符号

（2）串行加法器

n 位二进制位的加法运算电路就是把 n 个全加器首尾连接起来，这样的加法器被称为进位行波加法器。因为当前位加法运算产生进位后送到下一位参与运算，新的进位传送到相邻的高位，像水波一样从低位向高位传送。4 位进位行波加法器电路如图 2.11 所示。最低位的进位为 0，C_4 就是最终的进位。该加法器又叫作串行加法器。

图 2.11　4 位串行加法器

类似地，可以得到 8 位加法器、16 位加法器、32 位加法器。

（3）提前进位加法器

串行法器的缺点是速度慢，高位在进行加法时，需要等待低位产生的进位。从加法器输入端加上数值后，要经过若干门电路延迟才能得到输出。从加法器输入端加上数据 X、Y，需要 $2n$ 个门电路延迟后得到 C_n，需要 $(2n-1)$ 个门电路延迟后得到 S_n，n 为输入端数据的位数，或者加法器的位数。

对于使用进位行波加法器构成的加法、减法的部件，从输入端加上数据 X、Y 需要经过 1 个异或门电路，因此，需要 $2n$ 个门电路延迟后得到 S_n，需要 $(2n+1)$ 个门电路延迟后得到 C_n，需要 $2(n+1)$ 个门电路延迟后得到溢出位 OF。

为加快加法进行，采用提前进位加法。提前进位加法的原理就是希望快速得到进位，不用等待低位产生的进位。根据前面得到的 C_{i+1} 的逻辑表达式，可以看到：

$$C_{i+1} = \overline{X_i} Y_i C_i + X_i \overline{Y_i} C_i + X_i Y_i + X_i Y_i C_i$$
$$= X_i Y_i + \overline{X_i} Y_i C_i + X_i \overline{Y_i} C_i$$
$$= X_i Y_i + (\overline{X_i} Y_i + X_i \overline{Y_i}) C_i$$
$$= X_i Y_i + (X_i \oplus Y_i) C_i$$

令 $G_i = X_i Y_i$，$P_i = X_i \oplus Y_i$。一般地，把 $G_i = X_i Y_i$ 称为生成函数（generate），把 $P_i = X_i \oplus Y_i$ 称为传播函数（propogate），则 $C_{i+1} = G_i + P_i C_i$。它表达了当前产生进位的条件。生成函数与传播函数的逻辑电路图如图 2.12 所示。

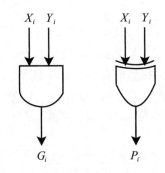

图 2.12　生成函数与传播函数的逻辑电路

把 $C_{i+1} = G_i + P_i C_i$ 展开可以得到：

$C_1 = G_0 + P_0 C_0$

$C_2 = G_1 + P_1 C_1 = G_1 + P_1 (G_0 + P_0 C_0) = G_1 + P_1 G_0 + P_1 P_0 C_0$

$C_3 = G_2 + P_2 C_2 = G_2 + P_2 (G_1 + P_1 G_0 + P_1 P_0 C_0)$

$\quad = G_2 + P_2 G_1 + P_2 P_1 G_0 + P_2 P_1 P_0 C_0$

$C_4 = G_3 + P_3 C_3 = G_3 + P_3 (G_2 + P_2 G_1 + P_2 P_1 G_0 + P_2 P_1 P_0 C_0)$

$\quad = G_2 + P_3 G_2 + P_3 P_2 G_1 + P_3 P_2 P_1 G_0 + P_3 P_2 P_1 P_0 C_0$

$C_5 = G_4 + P_4 C_4 = G_4 + P_4 (G_2 + P_3 G_2 + P_3 P_2 G_1 + P_3 P_2 P_1 G_0 + P_3 P_2 P_1 P_0 C_0)$

$\quad = G_4 + P_4 G_2 + P_4 P_3 G_2 + P_4 P_3 P_2 G_1 + P_4 P_3 P_2 P_1 G_0 + P_4 P_3 P_2 P_1 P_0 C_0$

其他可以类推。每个进位生成由多个 P、G 值以及 C_0 的值决定，不由其他进位决定。

$S_i = P_i \oplus C_i$，$\oplus$ 代表逻辑异或运算，C_i 为相邻低位加法的进位。这种电路构成的加法器被称为提前进位加法器。

可以看出，当 X、Y、C_0 被加到加法器输入端，经过 1 个门电路延迟，不同的 G_i、P_i 将同时产生。再经过 1 个与门、1 个或门的延迟，同时得到不同的 C_i。

由于 $S_i = X_i \oplus Y_i \oplus C_i$，因此，再经过 1 个异或门得到 S_i。

也就是说，经过 3 个门电路延迟得到不同的 C_i，经过 4 个门电路延迟得到不同的 S_i，延迟时间与加法的位数无关。而前面介绍的进位行波加法器经过的门延迟与位数有关。提前进位加法器的速度远远快于进位行波加法器。

当位数变大，提前进位加法器的逻辑电路中连线增多。通常提前进位加法器设计为 4 位。需要 8 位加法器时，把两个 4 位提前进位加法器首尾连接，构成 8 位加法器，既加快运算速度，又简化设计。需要 16 位加法器时，把 4 个 4 位提前进位加法器首尾连接如图 2.13 所示。

图 2.13　4 位提前加法器构成 16 位加法器

（4）带标志加法器

无符号数加法器只能用于两个无符号数相加,不能进行带符号整数的加/减运算。为了能进行带符号整数的加/减运算,还需要在无符号数加法器的基础上增加相应的逻辑门电路,使得加法器不仅能计算和/差,还要能生成相应的标志信息。图 2.14 是带标志加法器的实现电路。

在图 2.14 中,溢出标志的逻辑表达式为 $OF = C_n \oplus C_{n-1}$;符号标志就是和的符号,即 $SF = F_{n-1}$;零标志 $ZF = 1$ 当且仅当 $F = 0$;进位/借位标志 $CF = C_{out} \oplus C_{in}$,即当 $C_{in} = 0$ 时,CF 为进位 C_{out},当 $C_{in} = 1$ 时,CF 为进位 C_{out} 取反。

值得注意的是,为了加快加法运算的速度,实际电路一定使用多级先行进位方式,图 2.14（b）是为了说明如何从加法运算结果中获得标志信息,因而使用全加器简化了加法器电路。

(a)带标志加法器符号　　　　　　　（b）带标志加法器的逻辑电路

图 2.14　用全加器实现 n 位带标志加法器的电路

（5）算术逻辑单元 ALU 的功能和结构

算术逻辑单元 ALU 能够完成算术运算与逻辑运算。74181 是一个 4 位的 ALU 芯片,内部可以进行(串行)行波加法,也可以进行提前进位加法。

当用 74181 构成串行加法器时,只需要把低位的 74181 的输出端 $C_{(n+4)}$ 与相邻高位 74181 的输入端 C_n 连接起来即可。如图 2.15 所示。

图 2.15　74181 构成串行加法器

当用 74181 构成提前进位(并行)加法器时,需要使用芯片 74F182 的帮助。74F182 是提前进位生成电路。3 个 74181 与 1 个 74F182 连接,形成 12 位的提前进位加法电路的连接图如图 2.16 所示。

图 2.16　74181 与 74182 构成加法电路

2.5.2 补码加/减运算器

(1)定点数的移位运算

① 算术移位：算术移位的对象是有符号数,在移位过程中符号位不参与移动。

对于正数,由于$[x]_原=[x]_补=[x]_反=$真值,因此移位后出现的空位均以 0 添之。对于负数,由于原码、补码、反码的表示形式不同,因此当机器数移位时,对其空位的添补规则也不同。

对于带符号数,左移一位若不产生溢出,相当于乘以 2(与十进制的左移一位相当于乘以 10 类似),右移一位,若不考虑因移出而舍去的末位尾数,相当于除以 2。

表 2.4 不同机器数算术移位后的空位添补规则

	码制	添补代码
正数	原码、补码、反码	0
负数	原码	0
	补码	左移添 0
		右移添 1
	反码	1

由表 2.4 可以得出如下结论。

第一:负数的原码数值部分与真值相同,因此在移位时只要使符号位不变,其空位均添 0。

第二:负数的反码各位除符号位外与负数的原码正好相反,因此移位后所添的代码应与原码相反,即全部添 1。

第三:分析由原码得到补码的过程发现,当对其由低位向高位找到第一个"1"时,在此"1"左边的各位均与对应的反码相同,而在此"1"右边的各位(包括此"1"在内)均与对应的原码相同。因此负数的补码左移时,因空位出现在低位,则添补的代码与原码相同,即添 0;右移时因空位出现在高位,则添补的代码应与反码相同,即添 1。

第四:左移操作时,数值的每一位都向左移动指定的位数。由于二进制数的最高位(最左侧位)在补码表示中是符号位,且硬件电路处理所有位的方式一样,符号位并没有特殊的保护,就会导致数值部分的最高有效位(MSB)会在左移后"溢出"到符号位,从而引起数值的符号变化。因此,为避免左移导致溢出和符号位变化,需严格限制操作范围,并合理设计数据类型。补码的算术左移,相当于补码的乘法,这是一种有符号数的乘法,符号位参与运算,每次在移位前可以判断下一次计算是否会发生溢出,设符号位为 F,数据位最高位为 C,令 $V=F \oplus C$。若 $V=0$,表示不会发生溢出,若 $V=1$,表示发生溢出。

A. FC = 00:表示结果为正数,无溢出。

B. FC = 01:表示结果正溢出。

C. FC = 10:表示结果负溢出。

D. FC = 11:表示结果为负数,无溢出。

② 逻辑移位：逻辑移位将操作数视为无符号数。

移位规则:逻辑左移时,高位移丢,低位添 0;逻辑右移时,低位移丢,高位添 0。

③ 循环移位：循环移位分为带进位标志位 CF 的循环移位(大循环)和不带进位标志位的循环移位(小循环),过程如图 2.17 所示。

循环移位的主要特点是,移出的数位又被移入数据中,而是否带进位则要看是否将进位标志位加入循环位移。例如,带进位位的循环左移,如图 2.17(d)所示,就是数据位连同进位标志位一起左移,数据的最高位移入进位标志位 CF,而进位位则依次移入数据的最低位。

图 2.17　循环移位

循环移位操作特别适合将数据的低字节数据和高字节数据互换。

（2）补码的加减法运算

补码加减运算规则简单,易于实现。补码加减运算的公式如下(设机器字长为 n+1)。

$$[A+B]_{补} = [A]_{补} + [B]_{补} (\mathrm{mod}\ 2^{n+1})$$

$$[A-B]_{补} = [A]_{补} + [-B]_{补} (\mathrm{mod}\ 2^{n+1})$$

补码运算的特点如下。

第一:按二进制运算规则运算,逢二进一。

第二:若做加法,将两数的补码直接相加;若做减法,则将被减数与减数的机器负数相加。

第三:符号位与数值位一起参与运算,加、减运算结果的符号位也在运算中直接得出。

第四:最终运算结果的高位丢弃,保留 n+1 位,运算结果亦为补码。

（3）补码加减运算电路

① 加法与减法电路。使用加法器运算的位都是数值位,没有符号位。计算机使用补码的其中一个主要原因是补码加法时,能够把符号位当作数值位参与加法运算。计算机使用补码的另外一个主要原因是补码减法可以通过加法来实现,这样不用设计减法电路。此外,补码加减会涉及溢出问题。计算机中进行加法、减法的部件的电路如图 2.18 所示。

数据 X、Y 采用补码表示。当进行加法时,控制线为 0,则 $Y_{补}$ 的每一位与 0 进行异或运算,仍是 $Y_{补}$。$X_{补}$ 与 $Y_{补}$,最低位进位为 0,输入加法器。加法器输出端得到 $X_{补}$ 与 $Y_{补}$ 的和。

当进行减法时,控制线为 1,则 $Y_{补}$ 的每一位与 1 进行异或运算,异或后得到每一位的反。$X_{补}$、$Y_{补}$ 的反,最低位进位为 1,输入加法器。加法器输出端得到 $X_{补}$ 与 $Y_{补}$ 的差。注意:图 2.18 中,在进行减法时,输出的 C_n 是加法时产生的 C_n 的非。

图 2.18 加法、减法的部件的电路

最高进位 C_n 与次高位向最高位进位 C_{n-1} 进行异或的结果就是溢出标志 OF（Overflow）。当 OF 为 1，则说明溢出。

提示：很多学生对进位或溢出会感到困惑。其实很简单。

如果进行加法的数据是无符号数，则要注意是否进位。无论是否产生进位，运算结果都正确。如果产生进位，则需要保存进位的值，在后续计算或显示时，不要忘记进位。

如果进行加法的数据是有符号数，则要注意是否产生溢出。如果产生溢出，即 OF = 1，表示加法器的输出不能作为正确的结果来使用。溢出时，其中的一种解决方法是：假定当前有符号数的补码为 n 位，则改为用 $n+1$ 位表示。

② 补码加减运算器，标志位的生成。根据第 2 章介绍的补码运算的特点，可知：求一个数的负数的补码可以由其补码"各位取反，末位加 1"得到，也即已知一个数的补码表示为 Y，则这个数负数的补码为 $-Y = \bar{y} - 1$，因此，只要在原 ALU 的 Y 输入端加 n 个反向器实现各位取反的功能，然后加一个 2 选多路选择器，用一个控制端 Sub 来控制选择将原码 Y 输入 ALU 还是将 $\bar{Y}$ 输入 ALU 并将控制端 Sub 同时作为低位进位送到 ALU，如图 2.19 所示。该电路可实现补码加减算。当控制端 Sub 为 1 时，做减法，实现 $X + \bar{Y} + 1 = X - Y$；当控制端 Sub 为 0 时，做加法实现 $X + Y$。

图 2.19 求一个数的负数的补码

从前面介绍的 MIPS 指令中的运算可以看出，分支指令（条件转移指令）需要对两个带符号数做减法，然后判断结果是否为 0，以决定是否转移。因此，补码加减运算部件中要有判"0"电路。图 2.20 是判"0"电路示意图。

所有指令系统都和 MIPS 的一样,对于带符号数的运算都要进行"溢出"判断,因此,在运算器中应有溢出判别线路和溢出标志位。对于 n 位补码整数,它可表示的数值范围为 $-2^{n-1} \sim 2^{n-1}-1$。当运算结果超出该范围时,则结果溢出。图 2.21 是溢出判断电路示意图。

图 2.20 判"0"电路   图 2.21 溢出判断电路

对于运算结果,除了最终的和数,以及相应的"0"标志、"溢出"标志外,许多机器还提供进位标志、符号标志等。这些标志信息在运算电路中产生后,被记录到专门的寄存器中,以便在分支指令中被用来作为检测条件。存放这些标志的寄存器通常称为(程序)状态(字)寄存器或标志寄存器。每个标志信号对应标志寄存器中的一个标志位。例如,Intel x86 处理器中有一个标志寄存器 Flag,其中包含与运算有关的标志如下:

CF(Carry Flag)进位标志:反映运算执行后是否在最高位产生进位或借位。主要用在多字节加减运算中。移位和逻辑运算也可使其产生 CF。若产生进位或借位,则 CF=1,否则,CF=0。

AF(Auxiliary Carry Flag)辅助进位标志:反映运算后是否在低 4 位产生进位或借位。主要用于 BCD 码加减运算结果的调整。若产生进位或借位则 AF=1,否则 AF=0。

PF(Parity Flag)奇偶标志:反映运算结果低 8 位的奇偶性。可用于检查数据的奇偶性。若含偶数个 1,则 PF=1,否则 PF=0。

ZF(Zero Flag)零标志:反映运算结果是否为 0。若结果为 0,则 ZF=1,否则,ZF=0。

SF(Sign Flag)符号标志:反映运算结果符号是否为 1(负数)。若是负数,则 SF=1,否则 SF=0。

OF(Overflow Flag)溢出标志:反映运算结果是否溢出。若运算结果溢出,则 OF=1,否则 OF=0。

(4)标志位进行溢出判断

仅当两个符号相同的数相加或两个符号相异的数相减才可能产生溢出,如两个正数相加,而结果的符号位却为 1(结果为负):一个负数减去一个正数,结果的符号位却为 0(结果为正)。

补码定点数加减运算溢出判断的方法有 3 种。

① 采用一位符号位。由于减法运算在机器中是用加法器实现的,因此无论是加法还是减法,只要参加操作的两个数符号相同,结果又与原操作数符号不同,则表示结果溢出。

设 A 的符号为 A_s,B 的符号为 B_s,运算结果的符号为 S_s,则溢出逻辑表达式为

$$V = A_s B_s \overline{S_s} + \overline{A_s} \, \overline{B_s} S_s$$

若 V=0;表示无溢出;若 V=1,表示有溢出。

② 采用双符号位法。双符号位法也称模 4 补码。运算结果的两个符号位 $S_{s1} S_{s2}$ 相同,表示未

溢出;运算结果的两个符号位 $S_{s1}S_{s2}$ 不同,表示溢出,此时最高位符号位代表真正的符号。

符号位 $S_{s1}S_{s2}$ 的各种情况如下:

$S_{s1}S_{s2}=00$:表示结果为正数,无溢出。

$S_{s1}S_{s2}=01$:表示结果正溢出。

$S_{s1}S_{s2}=10$:表示结果负溢出。

$S_{s1}S_{s2}=11$:表示结果为负数,无溢出。

溢出逻辑判断表达式为 $V=S_{s1}\oplus S_{s2}$,若 $V=0$,表示无溢出;若 $V=1$,表示有溢出。

③ 采用一位符号位根据数据位的进位情况判断溢出。若符号位的进位 C_s 与最高数位的进位 C_1 相同,则说明没有溢出,否则表示发生溢出。溢出逻辑判断表达式为 $V=C_sC_1$,若 $V=0$,表示无溢出;$V=1$,表示有溢出。

2.5.3 乘法运算的基本原理和运算电路

(1) 原码一位乘法

原码一位乘法的特点是符号位与数值位是分开求的,乘积符号由两个数的符号位"异或"形成,而乘积的数值部分则是两个数的绝对值相乘之积。

设 $[X]_原=x_s.x_1x_2\cdots x_n$,$[Y]_原=y_s.y_1y_2\cdots y_n$,则运算规则如下:

① 被乘数和乘数均取绝对值参加运算,看作无符号数,符号位为 $x_s\oplus y_s$。

② 部分积是乘法过程中的中间结果。乘数的每一位 y_i 乘以被乘数得 $X\times y_i$ 后,将该结果与前面所得的结果累加,就是部分积,初值为 0。

③ 从乘数的最低位 y_n 开始判断:若 $y_n=1$,则部分积加上被乘数 $|x|$,然后右移一位;若 $y_n=0$,则部分积加上 0,然后右移一位。

④ 重复步骤③,判断 n 次。

由于参与运算的是两个数的绝对值,因此运算过程中的右移操作均为逻辑右移。

考虑到运算过程中部分积和乘数做加法时,可能出现部分积大于 1 的情况(产生进位),但此刻并非溢出,所以部分积和被乘数取双符号位。

(2) 无符号数乘法运算电路(如图 2.22 所示)。

图 2.22　实现 32 位无符号数乘法运算的逻辑结构图

被乘数寄存器 X:存放被乘数。

乘积寄存器 P:开始时,置初始部分积 $P_0=0$;结束时,存放的是 64 位乘积的高 32 位。

乘数寄存器 Y:开始时,置乘数;结束时,存放的是 64 位乘积的低 32 位。

进位触发器 C:保存加法器的进位信号。

计数器 C:存放循环次数。初值是 32,每循环一次,C 减 1,当 $C=0$ 时,乘法运算结束。

ALU:乘法核心部件。在控制逻辑控制下,对乘积寄存器 P 和被乘数寄存器 X 的内容进行"加"运算,在"写使能"控制下运算结果被送回乘积寄存器 P,进位位存放在 C 中。

每次循环都要对进位位 C、乘积寄存器 P 和乘数寄存器 Y 实现同步"右移",此时,进位信号 C 移入寄存器 P 的最高位,寄存器 P 的最低位移出到寄存器 Y 的最高位,寄存器 Y 的最低位移出,0 移入进位位 C 中。从最低位 y 开始,逐次把乘数的各个数位 y_{n-i} 移到寄存器 Y 的最低位上。因此,寄存器 Y 的最低位被送到控制逻辑以决定被乘数是否"加"到部分积上。

(3)补码一位乘法

这是一种有符号数的乘法,采用相加和相减操作计算补码数据的乘积。

设 $[X]_{补}=x_s.x_1x_2\cdots x_n$,$[Y]_{补}=y_s.y_1y_2\cdots y_n$,则运算规则如下:

① 符号位参与运算,运算的数均以补码表示。

② 被乘数一般取双符号位参与运算,部分积取双符号位,初值为 0,乘数取单符号位。

③ 乘数末位增设附加位 y_{n+1},初值为 0。

④ 根据(y_n,y_{n+1})的取值来确定操作,见表。

⑤ 移位按补码右移规则进行。

⑥ 按照上述算法进 $n+1$ 行步操作,但第 $n+1$ 步不再移位(共进行 $n+1$ 次累加和 n 次右移),仅根据 y_n 与 y_{n+1} 的比较结果做相应的运算。

表 2.5 补码一位乘法的移位规则

y_n(高位)	y_{n+1}(低位)	操作
0	0	部分积右移一位
0	1	部分积加$[X]_{补}$,右移一位
1	0	部分积加$[-X]_{补}$,右移一位
1	1	部分积右移一位

(4)补码乘法运算电路(如图 2.23、图 2.24 所示)。

图 2.23 实现补码一位乘法的逻辑结构图

图 2.24 6×6 位基于 CSA 的阵列乘法器

2.5.4 除法运算的基本原理和运算电路

（1）原码除法运算

原码不恢复余数法也称原码加减交替除法。特点是商符和商值是分开进行的,减法操作用补码加法实现,商符由两个操作数的符号位"异或"形成。求商值的规则如下。

设被除数 $[X]_原=x_s.x_1x_2\cdots x_n$,除数 $[Y]_原=y_s.y_1y_2\cdots y_n$,则

① 商的符号: $Q_s=x_s\oplus y_s$。

② 商的数值: $|Q|=|X|/|Y|$。

求 $|Q|$ 的不恢复余数法运算规则如下。

① 先用被除数减去除数($|X|-|Y|=|X|+(-|Y|)=|X|+[-|Y|]_补$),当余数为正时,商上 1,余数和商左移一位,再减去除数;当余数为负时,商上 0,余数和商左移一位,再加上除数。

② 当第 $n+1$ 步余数为负时,需加上 $|Y|$ 得到第 $n+1$ 步正确的余数(余数与被除数同号)。

（2）补码除法运算

补码一位除法的特点是,符号位与数值位一起参加运算,商符自然形成。除法第一步根据被除数和除数的符号决定是做加法还是减法;上商的原则根据余数和除数的符号位共同决定,同号上商"1",异号上商"0";最后一步商恒置"1"。

加减交替法的规则如下:

① 符号位参加运算,除数与被除数均用补码表示,商和余数也用补码表示。

② 若被除数与除数同号,则被除数减去除数;若被除数与除数异号,则被除数加上除数。

③ 若余数与除数同号,则商上 1,余数左移一位减去除数;若余数与除数异号,则商上 0,余数

左移一位加上除数。

④ 重复执行第③步操作 n 次。

⑤ 若对商的精度没有特殊要求,则一般采用"末位恒置1"法。

(3)除法运算电路

原码一位除法电路(如图 2.25 所示)

图 2.25　32 位除法运算逻辑结构

除数寄存器 Y:存放除数。

余数寄存器 R:开始时,将被除数的高 32 位置于此,作为初始中间余数 R 的高位部分;结束时,存放的是余数。

余数/商寄存器 Q:开始时,将低 32 位被除数置于此,作为初始中间余数 R 的低位部分;结束时,存放的是 32 位商。寄存器 Q 中存放的并不是商的全部位数,而是部分为被除数或中间余数,部分为商,只有到最后一步才是商的全部位数。

计数器 C:存放循环次数。初值是 32,每循环一次,C 减 1,当 $C_0 = 0$ 时,除法运算结束。

ALU:除法器核心部件。在控制逻辑控制下,对于余数寄存器 R 和除数寄存器 Y 的内容进行"加减"运算,在"写使能"控制下运算结果被送回余数寄存器 R。

每次循环都要对余数寄存器 R 和余数/商寄存器 Q 实现同步"左移",左移时,寄存器 Q 的最高位移入寄存器 R 的最低位, 寄存器 Q 中空出的最低位被上"商"。从低位开始,逐次把商的各个数位左移到寄存器 Q 中。每次由控制逻辑根据 ALU 运算结果的符号位来决定上商为 0 还是 1。

由图 2.25 可知,两个 32 位数相除,必须把被除数扩展成一个 64 位数。推而广之,n 位定点数的除法, 实际上是用一个 $2n$ 位的数去除以一个 n 位的数,得到一个 n 位的商。因此需要进行被除数的扩展。

2.6　重难点答疑

1. 补码减法运算。

【答疑】考研复习资料很少专门讲述补码的减法,多是讲述使用加法来实现减法,对减法的借位具体怎样往往没有讲述。所以考试时也多以加法为例子,但是在考查指令运行时,有时候会考查到这点。可以从通常数学运算的角度理解,在求进位或借位时,把运算的数据转化为真值,按照加法或减法运算,可以得到进位或者借位。还有一个角度是:减法运算后 CF 代表减法的借位,这时 CF 的值是将加法器产生的进位值进行非运算后的值。

2. 关于 IEEE 754 单精度表示的各种数的范围。

【答疑】考试需要考生熟练掌握 IEEE 754 单精度格式,掌握各字段的含义与编码,具体各种数据范围在该节都有详细描述。

3. 溢出位 OF 与进位位 CF。

【答疑】溢出是反映有符号数的补码运算的重要标志。进位 CF 是无符号数运算的标志。OF 是溢出位,代表有符号数加减的状态。在执行指令时,需要利用不同的标志来控制完成有符号数或是无符号数的运算的完成。

2.7 命题研究与模拟预测

2.7.1 命题研究

本章是本课程的基础与重点,涉及的知识点很多。

首先,考生应该熟练掌握十进制、二进制、十六进制的转换。这三者的转换是计算机的基础知识。

补码知识是本章的重点。补码是现代计算机中有符号数的表示形式。历年的全国统考中,补码的表示,补码的加减运算、乘法运算出现过多次。补码的移位也出现过,补码加减运算后溢出进位 OF、进位 CF 的设置也在全国统考中出现过。

定点数的乘法、除法的算法是固定的,全国统考中没有考过,但从 C 语言程序的角度曾经考查过。考生可以从 C 语言的角度解题。

浮点数的概念、浮点数的表示、浮点数的范围在历年全国统考中多次出现,多以单项选择题为主,偶尔出现在综合题中。浮点数的加减运算在全国统考中出现过。这部分知识相对独立,难度中等,也需要考生熟练掌握。

串行加法器与并行加法器在全国统考中没有出现过,74181 的应用是固定的知识点,但涉及电路,对很多考生来说有难度,所以在全国统考中没有出现过。但需要学生掌握串行加法器的组成、并行加法器的组成,以及这两种加法器的特点。

总之,本章是出题的重点。涉及的知识点多,题型会结合 C 语言程序来考查,难度中等。需要考生熟练掌握。

2.7.2 模拟预测

● 单项选择题

1. 已知带符号整数用补码表示,float 型数据用 IEEE754 标准表示。假定变量 z 的类型只可能是 int 或 float,当 z 的机器数为 8030 0000H,则真值可能是(　　)。

A. -1.1×2^{-128} 　　 B. -1.011×2^{-127} 　　 C. -2047×2^{20} 　　 D. -2^{31}

2. 加法指令"add R1,R2,R3"的功能为"(R1)+(R2)→R3",该指令执行后将生成进位标志 CF 和溢出标志 OF。若(R1)= 8000 0000H,(R2)= 8000 0000H,则该加法指令执行后,关于 CF 与 OF 的表达式成立的是(　　)。

A. CF+OF=0 　　 B. $\overline{CF}$+OF=0 　　 C. CF+$\overline{OF}$=0 　　 D. CF·OF=1

3. 假定 8 位补码 $X_补$=0110 0010,$Y_补$=0111 1000,使用 8 位加法器进行 $X_补$+$Y_补$ 的运算,则加法器的结果是(　　)。

A. 1101 1010,可以作为(X+Y)的补码　　 B. 1101 1010,不可以作为(X+Y)的补码

C. 1101 1101,可以作为(X+Y)的补码　　 D. 1101 1101,不可以作为(X+Y)的补码

4. 假定 8 位补码 $X_补 = 0111\ 0010$，$Y_补 = 1111\ 1000$，使用 8 位加法器进行 $X_补 - Y_补$ 的运算，则加法器的结果是(　　)。

  A. 0111 1010，可以作为 $(X-Y)$ 的补码 B. 0111 1010，不可以作为 $(X-Y)$ 的补码

  C. 0111 1011，可以作为 $(X-Y)$ 的补码 D. 0111 1011，不可以作为 $(X-Y)$ 的补码

5. 若 $x=110$，$y=-90$，$z=-55$，则下列表达式采用 8 位定点补码运算实现时，会发生溢出的是(　　)。　　　　　　　　　　　　　　　　　　　　　　　　　　【模考密押 2025 年】

  A. x+y   B. x−z   C. y−z   D. x+y+z

6. 采用 IEEE 754 单精度表示的规范化最小的正数是(　　)。

  A. 1×2^{-126} B. 1×2^{-149} C. 1×2^{-127} D. 1×2^{-148}

7. 某浮点数的尾数是 1.110110，现在需要只保留小数点后面 4 位。采用 IEEE 754 默认的取舍方法进行处理后的尾数是(　　)。

  A. 1.1101   B. 1.1110   C. 1.1100   D. 1.1111

8. 假定两个 8 位寄存器 R1、R2 分别存储 1110 0010、0111 1000。执行代码：

```
SUB R1, R2；R1−R2−>R1
JC    choice1
MOV   R1, 9
JMP   final
choice1：MOV   R1, 8
```

后，R1 的值是(　　)。

  A. 8   B. 9   C. 不能确定   D. 或者 8 或者 9

● 综合题

1. 某计算机采用类似 IEEE 754 单精度的格式表示浮点数。符号位占用 1 位，0 代表正数，1 代表负数。指数域占用 8 位。尾数域占用 6 位。$A=100.5$，$B=-60.25$，计算 $A+B$。

2. 按照 IEEE 754 的舍入原则，计算下列尾数，只保留小数点后 6 位的结果。

1.001011 011、1.000101 1100、1.110100 100。

3. 已知 $X_{补} = 1100\ 0100$，求 $(-X)_{补}$。

2.7.3 答案精解

● 单项选择题

1.【答案】A

【精解】根据题意 8030 0000H 转为二进制 1000 0000 0011 0000 0000 0000 0000 0000，如果是 int 类型，该补码表示的是负数，要除符号位全部取反，再加 1，得到原码 1111 1111 1101 0000 0000 0000 0000 0000，真值 -2046×2^{20}；如果为 float 型，阶码 E 为 0000 0000，尾数 M 不为 0，则表示的是非规化数，那么阶码真实值为 1，且尾数部分没有隐含的 1，则真值为 -0.011×2^{-126}，即 -1.1×2^{-128}，所以选项 A 正确。

2.【答案】C

【精解】R1 和 R2 的值均为 8000 0000H，这是一个 32 位的带符号整数表示，最高位是符号位，所以 8000 0000H 代表的是最小的负数（-2147483648）。溢出标志 OF 表示的是在带符号数加法中，结果超出了带符号数的表示范围，两个负数相加会导致负溢出。8000 0000H + 8000 0000H 的结果是 10000 0000H，这是一个 33 位的数，超出了 32 位带符号数的范围，因此溢出标志 OF 应该置为 1。进位标志 CF 主要用于无符号加法中，表示进位是否发生，在这个加法操作中，虽然有溢出（符号溢出），但并没有发生无符号进位。因此进位标志 CF 应该为 0。最后带入选项表达式中，C 选项正确。

3.【答案】B

【精解】考点为补码加法。

两个补码进行加法运算,需要检查 OF 的值。有两个方法可以确定 OF 的值。这里采用双符号法。

00110 0010+00111 1000=01101 1010。结果的两个符号不相等,则 OF 为 1。说明结果 1101 1010,不能作为和的补码。所以答案为 B。

4.【答案】A

【精解】考点为补码减法。

两个补码进行减法运算,需要检查 OF 的值。有两个方法可以确定 OF 的值。这里采用双符号法。

$Y_{补}=1111\ 1000$,则$(-Y)_{补}=0000\ 0111+1$。

00111 0010+00000 0111+1=00111 1010。结果的两个符号相等,则 OF 为 0。说明结果 0111 1010,可以作为差的补码。所以答案为 A。

5.【答案】B

【精解】本题可先将四个表达式的真值计算出,再通过 8 位定点补码补码表示范围($-128\sim$ 127)判断是否溢出,A 选项 x+y=110+(-90)=20,不溢出;B 选项 x-z=110-(-55)=165,结果超过 127,发生溢出;C 选项 y-z=-90-(-55)=-35,不溢出;D 选项 x+y+z=110+(-90)+(-55)=-35,不溢出,所以 B 选项正确。

6.【答案】A

【精解】考点为 IEEE 754 浮点数表示。

IEEE 754 单精度表示的规范化的最小阶码是 1,则真正的指数是 1-127=-126。最小的尾数值是 1,则规范化的最小正数是 1×2^{-126}。所以答案为 A。

7.【答案】B

【精解】考点为 IEEE 754 浮点数取舍规则。

尾数是 1.110110,需要去掉的是 10,10 的值是 2,是 2 位编码最大值 4 的一半,按照 IEEE 754 默认的取舍规则,这时需要保证保留的尾数是偶数。现在尾数是 1.1101,则需要加上 1,得到尾数 1.1110。所以答案为 B。

8.【答案】B

【精解】考点为补码减法及指令。

第一条指令为减法运算,1110 0010+1000 0111+1=1 0110 1010,即加法器产生的进位是 1。由于本运算是减法运算,并且在减法运算时 CF 的值是加法器产生的进位值的非,所以这里运算后 CF 的值是 0。

执行 JC choice1 时,条件不满足,执行 MOV R1,9。R1 的值为 9。所以答案为 B。

注意:这里不知道寄存器的值代表无符号数还是有符号数,所以只能根据运算器运算后的标志位来判断。

● 综合题

1.【答案精解】

计算过程,为提高精度,尾数小数点后的尾数可以多于 6 位。

$A=110\ 0100.1=1.1001\ 001\times2^6$

$B=-11\ 1100.01=-1.11100\ 01\times2^5$

(1)对 B 进行对阶处理。阶码增加 1,变为 6。尾数向右移动 1 位,变为-0.11110001。

(2)两个尾数进行相减。

1.1001 001-0.1111 0001=0.1010 0001

（3）0.1010 0001 不是规格化的数,需要进行规格化处理。0.1010 0001 向左移动 1 位,得到 1.0100 0010。阶码减 1,变为 5。

（4）由于小数点后只保留 6 位,1.0100 0010 的最低 2 位是 10,10 的值是 2,正好是 4 的一半,而 1.0100 00 的最低位是 0,为偶数,则把 10 直接去掉,最终保留结果是 1.0100 00。在尾数域只存储 0100 00。

运算结果为 $1.0100\ 00 \times 2^5$,就是 40.0。

提示:从数学角度计算,$A - B = 100.5 - 60.25 = 40.25$,而计算机的运算结果是 40.0。可见,计算机进行浮点数运算的结果会出现与真实值的误差,这是正常的。

2.【答案精解】

IEEE 754 的舍入原则:舍去的位的值不到位的最大值的一半,则舍去;超过一半则加上 1;等于一半则使最低保留位为偶数。

1.001011 011,需要去掉 3 位,3 位的最大值为 8(2^3),011 为 3,小于 4,则舍去,得到 1.001011。

1.000101 1100,需要去掉 4 位,4 位的最大值为 16(2^4),1100 大于 8,则把 1.000101 的最低位加上 1,得到 1.000110。

1.110100 100,需要去掉 3 位,3 位的最大值为 8(2^3),100 等于 4,由于 1.110100 的最低位为偶数,则 100 去掉,得到 1.110100。

3.【答案精解】

由于这两个补码是 8 位,所以 $X_{补} + (-X)_{补} = 2^8$,也就是 $X_{补}$ 与 $(-X)_{补}$ 的关系是:两者互为对应位取反后加 1。

$(-X)_{补} = 0011\ 1011 + 1 = 0011\ 1100$

提示:另一种解题方法是把补码化为真值,再求解。

$X_{补}$ 的符号位是 1,代表负数,1100 0100 对应的无符号数是 196,所以 $X_{补}$ 的真值是 $196 - 256 = -60$。$-X$ 就是 $+60$,对应的补码就是 0011 1100。

第 3 章　存储器层次结构

3.1　考点解读

本章是关于主存的知识。本章的基本概念多,很多知识点需要考生记忆、理解、运用,难度算中等及稍微偏上,是经常大分值出题的章节。

本章考点如图 3.1 所示。本章最近 10 年统考考点题型分值统计见表 3.1 所列。

图 3.1　本章考点导图

表 3.1　本章最近 10 年统考考点题型分值统计

年份 (年)	题型(题)		分值(分)			统考考点
	单项选择题	综合应用题	单项选择题	综合应用题	合计	
2015	4	0	8	0	8	Cache 数据结构、Cache 写、DRAM 刷新、交叉编址
2016	2	1	4	14	18	芯片数量计算、Cache 命中率计算、页式虚拟存储系统计算

（续）

年份 （年）	题型（题）		分值（分）			统考考点
	单项选择题	综合应用题	单项选择题	综合应用题	合计	
2017	2	0	4	0	4	交叉编址、局部性原理
2018	2	1	4	15	19	DRAM 刷新、存储器存放形式、页式虚拟系统计算
2019	1	1	2	7	9	缺页、Cache
2020	1	1	2	10	12	虚拟存储器、Cache 机制
2021	3	1	6	8	14	存储器的扩展、直接映射方式
2022	2	0	4	0	4	Cache、内存芯片
2023	1	1	2	14	16	主存和 CPU 连接—存储芯片的地址分配、页式虚拟存储器
2024	3	1	6	10	16	页式虚拟存储器、页式虚拟存储器—地址转换

3.2 存储器的分类

3.2.1 存储器的分类

按照在计算机中作用的不同,存储器分为缓冲存储器、主存、辅助存储器。

按照存储信息的材料或介质不同,存储器分为磁带存储器、磁盘存储器、半导体存储器、光盘存储器。

按照存取信息的方式不同,存储器分为直接存取(如磁盘)、随机存取(如内存)、顺序存取(如磁带)。

3.2.2 存储器的性能指标

(1)存取时间

对于随机访问的存储器,就是把外部器件提供给存储器地址信息的时刻作为开始时刻,到存储器发送出数据(读操作)或存储器把数据存储完毕(写操作)的时刻为结束时刻,这之间的时间段就是存取时间。

对于不是随机存取的存储器,存取时间就是从开始到定位到欲访问的位置所花费的时间。

(2)存储器周期

用于描述随机存取存储器。存储器周期指外部器件提供给存储器地址到下一次外界可以给存储器提供地址的间隔。

(3)传输速率

传输速率指数据输入或从存储器输出的速率。

3.3 存储器的层次化结构

3.3.1 三级存储结构

计算机存储器的层次结构是指存储器由 Cache、主存、辅助存储器构成。

Cache 被称为缓冲存储器或高速缓存。它的特点是:存储单元数量少,价格相对昂贵,读写速度快。主存的特点是:存储单元数量多,价格不太昂贵,速度稍微慢一些。Cache 与主存由半导体存储器组成。

辅助存储器主要指硬盘与磁带。它的特点是:存储容量巨大,价格便宜,速度慢,一般采用磁性原理存储信息。

计算机采用不同层次的存储器的目的是:让整个存储系统的读写速度接近最快的存储器,而让整个存储系统的经济成本、容量和最便宜的存储器的经济成本、容量接近。

计算机的存储系统层次如图 3.2 所示。

图 3.2　存储系统层次

实际上,存储系统层次结构主要体现在 Cache—主存层和主存—辅存层。前者主要解决 CPU 和主存速度不匹配的问题,后者主要解决存储系统的容量问题。在存储体系中,Cache、主存能与 CPU 直接交换信息,辅存则要通过主存与 CPU 交换信息:主存与 CPU、Cache、辅存都能交换信息,如图 3.3 所示。

图 3.3　三级存储系统的层次结构及其构成

存储器层次结构的主要思想是上一层的存储器作为低一层存储器的高速缓存。从 CPU 的角度看,Cache—主存层速度接近于 Cache,容量和位价却接近于主存。从主存—辅存层分析,其速度接近于主存,容量和位价却接近于辅存。这就解决了速度、容量、成本这三者之间的矛盾,因而现代计算机系统几乎都采用这种三级存储系统。需要注意的是,主存和 Cache 之间的数据调动是由硬件自动完成的,对所有程序员均是透明的;而主存和辅存之间的数据调动则是由硬件和操作系统共同完成的,对应用程序员是透明的。

在主存—辅存层的不断发展中,逐渐形成了虚拟存储系统,在这个系统中程序员编程的地址范围与虚拟存储器的地址空间相对应。对具有虚拟存储器的计算机系统而言,编程时可用的地址空间远大于主存空间。

在 Cache—主存层和主存—辅存层中,上一层中的内容都只是下一层的内容的副本,也即 Cache(或主存)中的内容只是主存(或辅存)中的内容的一部分。

3.4　半导体随机存取存储器

我们把经常接触的、由 CPU 直接访问的半导体存储器称为主存或内存。主存由 RAM 与 ROM 组成。

RAM(Random Access Memory)被称为随机存取存储器。可以向 RAM 写入数据,也可以从 RAM 读出数据。RAM 的一个明显特征是:它是易失性存储器。就是说它在存储数据时,需要有持续的电源。如果在工作过程中失去电源,则存储的信息就会丢失。因此,RAM 用于存储临时信息。一般来说,RAM 有两种:SRAM、DRAM。

3.4.1 SRAM 存储器

一个用于存储 1 个位的静态存储器的–SRAM 结构电路如图 3.4 所示。

图 3.4　SRAM 结构电路

它由 6 个晶体管 T1～T6 组成。T3 与 T5 构成 1 个非门电路,T4 与 T6 构成 1 个非门电路。X、Y 的电压代表 2 个非关系的位。2 个非门的输出反馈到对方的输入,使 X、Y 很快保持各自稳定的电压。X 与 Y 分别处于高与低的电压,代表 1 与 0。

例如,假定 X 点电压为高,则 T4 断开,T6 导通,Y 点电压为低电压。Y 点电压为低,则 T3 导通,T5 断开,使 X 点电压为高。

如果 X 点电压为低,则 T4 导通,T6 断开,Y 点电压为高电压。Y 点电压为高,则又使 T5 导通,T3 断开,使 X 点电压为低。

T1 用于连接或断开 X 点与位线 b。T2 用于连接或断开 Y 点与位线 b#。位线 b 与位线 b# 处于非的关系。T1 与 T2 均受到字线的控制。当字线为高电平,则 T1 与 T2 分别导通;当字线为低高电平,则 T1 与 T2 分别断开。

读操作时,字线为高电平(外界控制的结果),T1 与 T2 均导通。X 点与位线 b 连接,Y 点与位线 b# 连接。如果 X 是 1,则 Y 是 0;如果 X 是 0,则 Y 是 1。位线的另一端连接控制电路,存储器控制电路检测位线的电压,从而得到该位为 1 还是为 0。

写操作时,字线为高电平(外界控制的结果),T1 与 T2 均导通。X 点与位线 b 连接,Y 点与位线 b# 连接。存储器控制电路把相应的电压加到位线 b,与该电压状态相反的电压加到位线 b#,强迫 X 与 Y 保持对应的状态。当字线无效时,该位的状态一直保持。

当电源中断时,该位的当前状态就消失。当电源恢复后,该位处于 0 或 1 的状态,与原来的状态可能不一致。所以 SARM 被称为易失性存储器。

SRAM 存储 1 个位,需要 6 个晶体管,因此 SRAM 存储器的集成度低,但读写的速度快,所以价格贵。因为价格贵,SRAM 经常用作 Cache。

3.4.2 DRAM 存储器

(1)DRAM 的基本结构和工作原理

一个用于存储 1 个位的动态存储器的电路如图 3.5 所示。

当电容 C 上有电荷时则代表 1,当电容 C 上无电荷时则代表 0。电容 C 会逐渐泄漏电荷,导致存储的信息丢失。所以该存储器被称为动态存储器。一般来说,信息在电容上存储的时间为几十毫秒。为使信息一直存储在电容 C 上,需要每隔一定时间把电容 C 上的电荷恢复到满值,这种操作叫作存储器的刷新。实现刷新的电路叫作刷新电路。刷新电路定期刷新,这样电容上的数据不会丢失。

图 3.5 DRAM 结构

晶体管 T 用于将电容 C 与外界连通或断开。当外界对该存储位进行读或写时,需要使字线有效(图中表示为高电平),这样晶体管 T 导通后,就把电容 C 与位线连接起来。

对存储器进行写入数据操作,需要把数据位施加到位线上(高电平表示为 1,低电平表示为 0),然后使字线有效(晶体管 T 导通),导致电容 C 充电或放电,最后与位线的电平一致,也就是把数据写入了。

对存储器进行读出操作,需要使字线有效,则晶体管 T 导通,将位线与电容 C 连接。此时,位线的另一端连接一个传感放大电路。传感放大电路检测位线的电压,如位线的电压高于某个值,则认为是 1,并把位线的电压提高到更高的值,使电容充电。如位线的电压低于某个值,则认为是 0,并把位线的电压降低到更低的值,使电容放电。实际上,传感放大电路的工作原理比较复杂,这里不再详细描述,上面只是做了简化的描述。结论:对 DRAM 进行 1 次读操作,实际需要数个步骤,最后的步骤是把信息重新写入电容,也就是对电容刷新 1 次。

动态存储器的特点:单个位的构成简单,集成度高,容量大,但需要刷新电路,读写速度比静态存储器慢,价格低廉。特别是价格低廉这一优点,使动态存储器成为计算机中使用最多的存储器。

(2)DRAM 芯片的读写周期

一个 DRAM 位与检测放大电路的连接如图 3.6 所示。

图 3.6 DRAM 位与检测放大电路连接

一个由 4 个字线,3 个位线构成的 DRAM 存储体如图 3.7 所示。

图 3.7　3 行 4 列存储体的结构

　　图中方块代表 1 个存储位。DRAM 的存储位是按照行列的形式排列的。每个位线上连接 4 个存储位,4 个存储位不能同时与该列的检测放大电路连接,每次只能有 1 个存储位与该列检测放大电路连接,由字线进行选择。要求字线每次只能有 1 个有效。例如,当字线 3 有效,则该行的 3 个存储位与各自列的检测放大电路连接。检测放大电路连接的功能是对存储位进行读、写、刷新。

　　可以理解为:每列有 1 个检测放大电路。每行有 1 个行线。每列可以有若干个位。

　　为了便于描述 DRAM 的结构,我们用 1 个 DRAM 作为例子。

　　例如,现在有 1 个 DRAM,称为 M0。里面的存储位有 4096 行,每行有 8192 个。则可以认为存储器内部有 4096 个字线,有 8192 个检测放大电路。在对 DRAM 进行读操作的描述中,有如下结论:只要使某行的字线有效,则该行的每个存储位与各自列的检测放大电路连接,导致该存储器位被刷新 1 次。因此,存储器的刷新是按行进行的。所以,对 M0 的刷新需要进行 4096 次,每次有 8192 个位被同时刷新。

　　该 DRAM 存储器的内部结构如图 3.8 所示。

　　对于 M0,当某个行线有效时,该行的 8192 个位与各自列的检测放大电路连接。检测放大电路与 IO 控制电路连接。IO 控制电路控制存储位与外界连接。一般情况下,每次存储器对外传输数据的位数有限,这里假定是 8 位。那么现在某个位线有效,需要控制从这行的 8192 个位中选取 8 个位。把每 8 个 IO 控制电路的控制端连接一起,用 1 个控制信号进行控制,则需要 1024($8192 \div 8 = 1024$)个不同的信号。这通过 1 个译码器来实现,该译码器被称为列地址译码器。列地址译码器的输入被称为列地址。用于区分 8192 行的信号由行地址译码器完成,行地址译码器的输入被称为行地址。

　　这里行地址有 12 个,列地址有 10 个,需要的对外地址的管脚理论上应该是 22 个,数目较多。为减少 DRAM 的对外地址管脚,DRAM 的地址管脚一般采用地址复用。就是外界先用地址管脚传输 12 位行地址,这时使 RAS#信号有效,把行地址锁存到行地址暂存器中,并传送至行地址译码器,导致某个行线有效,使该行的 8192 个位被读取并刷新。

图 3.8 DRAM 存储器结构

外界再用地址管脚传输 10 位列地址,这时使 CAS#信号有效,把列地址锁存到列地址暂存器中,并传送至列地址译码器,导致某个输出有效,使 8192 列中的某 8 列的控制电路有效。

当对存储器进行读操作时,则控制电路把该 8 个存储位的输出信息送至数据寄存器,从而完成读操作。如果是对存储器进行写操作,则控制电路把数据寄存器的各个位送至 8 个存储位,从而完成写操作。

RAS#(row address strobe,行地址有效信号)与 CAS#(column address strobe,行地址有效信号)是低电平有效,这里#代表低电平有效。

从图 3.7 可以看出,存储器内部有 1 个刷新控制电路,它控制刷新计数器,刷新计数器是 12 位的计数器,它存放需要刷新的行号,因此是 12 位。它的值可以送到行地址译码器,这样可以进行 1 次行刷新。

说明:由于 DRAM 的地址管脚复用,因此只从 DRAM 的地址管脚的数目不能推断出 DRAM 总的地址管脚数目,也就不能推断出 DRAM 内部存储单元的数目。

在刷新时,不能对存储器进行访问。刷新方式有两种:集中刷新、周期刷新。

集中刷新就是在一个连续的时间内刷新所有行。假定每行需要每 2ms 刷新 1 次。刷新 1 行需要 50ns。对于 M0,有 4096 行,则刷新所有行需要 50ns×4096 = 0.2048ms。也就是说,在每 1 个 2ms 的周期,前面的 0.2048ms 用来刷新,剩余的 1.7952ms 可以对 M0 进行读写操作。

周期刷新:就是将 1 个刷新周期平均分配给每个行。对于 M0,就是在 2ms 内平均完成 4096 行刷新,每个刷新(行)的间隔是 2ms÷4096 = 488ns。也就是每 488ns 中,花费 50ns 刷新 1 行,其余的 438ns 可以访问存储器。很多教材称这种方式为异步刷新。

有些书上还提到分散刷新,就是把刷新放在每个存储器访问的后面进行。

(3)SRAM 和 DRAM 的比较

表 3.2　SRAM 和 DRAM 各自的特点

特点＼类型	SRAM	DRAM
存储信息	触发器	电容
破坏性读出	非	是
需要刷新	不要	需要
送行列地址	同时送	分两次送
运行速度	快	慢
集成度	低	高
存储成本	高	低
主要用途	高速缓存	主机内存

3.4.3　只读存储器

RAM 是易失型存储器,工作时需要电源,当电源消失,存储的信息会丢失,因此,RAM 用于存储不需要长久保存的信息,另外可以对 RAM 进行读写,因此它可以保存变量。ROM 是非易失型存储器,工作时需要电源,当电源消失,存储的信息不会丢失,所以 ROM 可以保存需要长久保存的信息,如程序代码。另外,早期的 ROM 只能写入信息 1 次,以后的操作就是读操作,也就是不能再向 ROM 内写入信息,这样它只能保存固定的信息,如常量。现在的 ROM 也可以被多次写入信息,但写入的速度比 RAM 的写入要慢。那么,ROM 与 RAM 的区别就在于是否是易失型的了。

ROM 有几种:

① 常规 ROM:在制造存储器时就把信息写入里面,不能再改写。

② 一次可编程 ROM(programmable ROM,PROM):编程就是用特殊设备把信息写入 ROM。在编程前,PROM 的内容全为 0,编程时,把特定位变为 1。位变为 1 后,不能再改写为 0,所以只有 1 次编程机会。

③ 可擦除可编程 ROM(erasable and programmable ROM,EPROM):可以写入信息,当需要改写信息时,需要擦除原来的信息。擦除需要使用紫外线光的照射,因此该类芯片上面有个透明的窗口。向里面写入信息,需要一个特定的电压。EPROM 的擦除需要紫外线,用时也较长,擦的是所有单元。EPROM 可以使用于电子设备的研发阶段,方便进行修改。

④ 电擦除可编程 ROM(electrically erasable and programmable ROM,EEPROM):EEPROM 是字节编址,擦除或存取以字节为单位。EEPROM 在擦除时不需要从电路板上取下,这样就方便了很多。擦除与写入需要高一点(与工作电压相比)的电压,有些芯片需要外界来提供,有些(串行)内部有升压电路。它的缺点是:写入次数有限,频繁地改写会破坏其内部结构。因此,它适合存储配置数据或固定的程序。现代 EEPROM 的改写次数可达 100 万次。

Flash 存储器(Flash EEPROM Memory),也被称为“闪存”,它也是一种非易失型的存储器,属于 EEPROM 的改进产品。

Flash 存储器的速度比 EEPROM 要慢,但集成度高,比 EEPROM 便宜。Flash 存储器的存储单元被分为若干块。读写数据以块为单位。即使修改 1 个字节也需要改写该字节所在的块。Flash 存储器不适合字节为单位的读写。Flash 存储器适合存储多媒体数据。

3.5 主存储器

3.5.1 多模块存储器

多模块存储器是一种空间并行技术,利用多个结构完全相同的存储模块的并行工作来提高存储器的吞吐率。常用的有单体多字存储器和多体低位交叉存储器。

CPU 的速度比存储器的快,若同时从存储器中取出 n 条指令,就可充分利用 CPU 资源,提高运行速度。多体交叉存储器就是基于这种思想提出的。

(1)单体多字存储器

单体多字存储器的特点是存储器中只有一个存储体,每个存储单元存储 m 个字,总线宽度也为 m 个字。一次并行读出 m 个字,地址必须顺序排列并处于同一存储单元。

单体多字系统在一个存取周期内,从同一地址取出 m 条指令,然后将指令逐条送至 CPU 执行,即每隔 1/m 存取周期,CPU 向主存取一条指令。这显然提高了单体存储器的工作速度。

缺点:指令和数据在主存内必须是连续存放的,一旦遇到转移指令,或操作数不能连续存放,这种方法的效果就不明显。

(2)多体并行存储器

多体并行存储器由多体模块组成。每个模块都有相同的容量和存取速度,各模块都有独立的读写控制电路、地址寄存器和数据寄存器。它们既能并行工作,又能交叉工作。

多体并行存储器分为高位交叉编址和低位交叉编址两种。

① 高位交叉编址(顺序方式):高位地址表示体号,低位地址为体内地址。如图 3.9 所示,存储器共有 4 个块 M0~M3;每个模块有 n 个单元,各模块的地址范围如图中所示。

图 3.9　高位交叉编址的多体存储器

高位交叉方式下,总是把低位的体内地址送到由高位体号确定的模块内进行译码。访问一个连续主存块时,总是先在一个模块内访问,等到该模块访问完才转到下一个模块访问,CPU 总是按顺序访问存储模块,各模块不能被并行访问,因而不能提高存储器的吞吐率。

模块内的地址是连续的,存取方式仍是串行存取,因此这种存储器仍是顺序存储器。

② 低位交叉编址(交叉方式):低位地址为体号,高位地址为体内地址。如图 3.10 所示,每个块按"模 m"交叉编址,模块号=单元地址%m,假定有 m 个模块,每个模块有 k 个单元,则 0,m,…,

$(k-1)m$ 单元位于 M_0；第 $1, m+1, \cdots, (k-1)m+1$ 单元位于 M_1；以此类推。

低位交叉方式下，总是把高位的体内地址送到由低位体号确定的模块内进行译码。程序连续存放在相邻模块中，因此称采用此编址方式的存储器为交叉存储器。采用低位交叉编址后，可在不改变每个模块存取周期的前提下，采用流水线的方式并行存取，提高存储器的带宽。

图 3.10　低位交叉编址的多体存储器

设模块字长等于数据总线宽度，模块存取一个字的存取周期为 T，总线传送周期为 r，为实现流水线方式存取，存储器交叉模块数应大于等于

$$m = T/r$$

式中，m 称为交叉存取度。每经过 r 时间延迟后启动下一个模块，交叉存储器要求其模块数必须大于等于 m，以保证启动某模块后经过 $m \times r$ 的时间后再次启动该模块时，其上次的存取操作已经完成（即流水线不间断）。这样，连续存取 m 个字所需的时间为

$$t_1 = T + (m-1)r$$

而顺序方式连续读取 m 个字所需的时间为 $t_2 = mT$。可见低位交叉存储器的带宽大大提高。模块数为 4 的流水线方式存取示意图如图 3.11 所示。

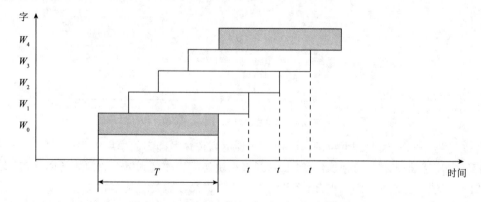

图 3.11　低位交叉编址流水线方式存取示意图

3.5.2 主存和 CPU 之间的连接

（1）主存和 CPU 之间的连接原理

下面介绍存储器与 CPU 的连接。如前所述,这里的存储器采用 SRAM 或 ROM 为例子,不采用 DRAM。假定 CPU 为 8 位,则 CPU 对外数据线为 8 根。

CPU 用于与存储器连接的信号主要有:地址线、数据线 D0 ~D7、读存储器控制线 Read#、写存储器控制线 Write#。CPU 与存储器连接的信号(管脚)如图 3.12 所示。

图 3.12　CPU 与存储器连接的信号

存储器无论是单片或是多片扩充的芯片组,数据线都应该是 8 位。存储器的对外管脚有:数据线 8 位、地址线、写入控制 WE#、输出控制 OE#、1 个片选 CS#(单个芯片)或多个片选 CS#(字扩充的芯片组)。存储器的对外管脚信号如图 3.13 所示。

图 3.13　存储器的对外管脚信号

CPU 与存储器连接原则是:

① 两个部分的对应的数据线连接在一起。

② Read#连接 OE#;Write#连接 WE#。

③ 把存储器的地址线($y+1$ 根)与 CPU 地址线的低位($y+1$ 根)分别连接;用 CPU 的高位地址线直接连接存储器的片选信号 CS#,或者把 CPU 的高位地址线通过电路(门电路组合、译码电路)变换后与存储器的片选信号 CS#连接。CPU 与存储器连接后,存储器的单元占用或被分配的地址就确定了。CPU 与存储器的连接如图 3.14 所示。

图 3.14　CPU 与存储器连接

可以看出:两者连接的关键是变换电路的设计。

这部分可以从两个角度考查。

第一种角度较为简单,就是:已知 CPU 与存储器的连接图,计算一下存储器占用或分配的地址。也就是根据现有的连接线路,求出地址。地址是固定的。这种考查相对简单,考生主要根据片选信号 CS 计算出地址。

第二种角度与第一种相反,就是题目给出存储器分配的地址,要求考生画出连接图,主要是考查存储器的 CS#信号的生成。但是由于 CS#的生成对应很多种不同的电路,每个人设计的电路不一样,答案会有多个,评价时不好把握。

下面通过几个例子来帮助考生掌握 CPU 与存储器的连接。

【例1】8 位 CPU 的地址线为 16 根。其与 1 片 RAM 芯片、1 片 ROM 芯片的连接如图 3.15 所示。计算 ROM 占用的地址、RAM 占用的地址。

图 3.15　某 8 位 CPU 与存储器连接

【解答】SRAM 芯片的片选端 CS#连接 CPU 的 A11,只有当 A11 为低时,SRAM 芯片的片选端 CS#才有效,该芯片才正常工作,由 A0~A9 决定 SRAM 的某个单元被选中。

ROM 芯片的片选端 CS#连接 CPU 的 A10,只有当 A10 为低时,ROM 芯片的片选端 CS#才有效,该芯片才正常工作,由 A0~A9 决定 ROM 的某个单元被选中。

需要严格遵循的原则是:CPU 每次只能访问 1 片芯片的 1 个单元。因此,A11 与 A10 不能同时为低(有效)。CPU 的 A12~A15 没有使用,意味着这 4 根线可以为任意值,有 16(2^4)种不同取值。

CPU 发出的 16 位地址的使用情况,如表 3.3 所列。

表 3.3　某 CPU 发出的 16 位地址的使用情况

A15~A12	A11 A10	A9~A0	
XXXX	01	00…0	选中 SRAM 第 1 个单元
XXXX	01	……	……
XXXX	01	11…1	选中 SRAM 最后的单元
XXXX	10	00…0	选中 ROM 第 1 个单元
XXXX	10	……	……
XXXX	10	11…1	选中 ROM 最后的单元

表中 X 代表任意值,为 0 或 1。为简化计算,X 可以取 0。

因此,SRAM 占用的地址是:0400H~07FFH;ROM 占用的地址是:0800H~0BFFH。

说明:①CPU 的 A12~A15 没有使用,与存储器芯片使用无关,意味着这 4 根线可以为任意值,有 16 种不同取值,对存储器芯片没有影响。也意味着芯片的每个单元的可以有 16 个不同的地址。没有全部使用 CPU 的地址线,会使存储器的每个单元有多个不同的地址。

②CPU 发出的地址需要保证 A10 与 A11 不能同时为低。

【例 2】8 位 CPU 的地址线共 16 根。与 1 个 RAM 芯片、1 个 ROM 芯片的连接如图 3.16 所示。计算 ROM 占用的地址、RAM 占用的地址。

图 3.16　某 CPU 与存储器连接

【解答】当 CPU 发出地址位的 A10 为 0 时,ROM 的片选 CS#为 0,RAM 的片选 CS#为 1。当 CPU 发出地址位的 A10 为 1 时,ROM 的片选 CS#为 1,RAM 的的片选 CS#为 0。

CPU 的 A11~A15 没有使用,与存储器芯片使用无关,意味着这 5 根线可以为任意值,有 32(2⁵)种不同取值。为简化计算,无关的地址线可以取 0。

CPU 发出的 16 位地址的使用情况,如表 3.4 所列。

表 3.4　某 CPU 发出的 16 位地址的使用情况

A15~A11	A10	A9~A0	
XXXXX	0	00···0	选中 ROM 第 1 个单元
XXXXX	0	······	······
XXXXX	0	11···1	选中 ROM 最后的单元
XXXXX	1	00···0	选中 SRAM 第 1 个单元
XXXXX	1	······	······
XXXXX	1	11···1	选中 SRAM 最后的单元

表中 X 代表任意值,为 0 或 1。为简化计算,X 可以取 0。

因此,ROM 占用的地址是:0000H~03FFH;SRAM 占用的地址是:0400H~07FFH。

说明:这里使用 A10 来区分 2 片芯片的 CS#,从 A10 分出 2 个信号:A10 与 A10 的非。它实际上是一个 1 位译码器,输入 1 位,有两个不同的输出。

上面两个例子中,CPU 的几根高位地址线没有参与存储器的连接,导致每个存储单元的地址有多个。在实际应用中,经常使用的一个器件是译码器,最常用的译码器是 138 译码器。它的主要信号如图 3.17 所示。

图 3.17　138 译码器信号

它有 3 个输入端 A、B、C,8 个输出端 Y0#~Y7#(#是代表有效电平是低电平),有 3 个控制端 G1、G2A#、G2B#。当对 138 译码器的控制端 G1 施加高电平,对 G2A#与 G2B#施加低电平时,则 138 译码器可以正常工作,在输入端 A、B、C 施加不同电平,某个输出 Yi#将输出低电平,其余 7 个均输出高电平。当对 3 个控制端 G1、G2A#、G2B#施加的电平不是有效电平(高电平、低电平、低电平)时,8 个输出端全部输出高电平。

138 译码器可以正常工作时,对输入端 A、B、C 施加不同电平,某个输出 Yi#将输出低电平,其余 7 个输出均为高电平。i 是 C、B、A 组成的二进制序列的值。例如,输入端 C 为 0(低电平)、B 为 1(高电平)、A 为 1(高电平),CBA 组成的序列为 011,值为 3,则输出端 Y3#输出低电平,其余 7 个端输出为高电平。

【例3】8 位 CPU 的地址线为 16 根。与 1 片 RAM 芯片、1 片 ROM 芯片的连接如图 3.18 所示,图中 ROM 的 CS#连接到 1 个或门的输出。计算 ROM 占用的地址、RAM 占用的地址。

图 3.18　16 位 CPU 与存储器连接

【解答】当 CPU 发出地址位的 A15、A14、A13 分别为 1、0、0 时,138 译码器才能正常工作。

当 A12、A11、A10 分别为 0、0、1 时,译码器的输出端 Y1# 输出低电平,使 SRAM 的片选端 CS# 有效,从而选中 SRAM 芯片。

当 A12、A11、A10 分别为 1、0、1 时,译码器的输出端 Y5# 输出低电平,并且同时 A9 为 0,门电路的输出为 0,使 ROM 的片选端 CS# 有效,从而选中 ROM 芯片。

访问 ROM 时,CPU 的地址位的状态见表 3.5 所列。

表 3.5　访问 ROM 时 CPU 的地址位的状态

A15～A13	A12 A11 A10A9	A8～A0	
100	1010	0…0	选中 ROM 第 1 个单元
100	1010	……	……
100	1010	1…·1	选中 ROM 最后的单元

因此,ROM 占用的地址是:9400H～95FFH。

访问 SRAM 时,CPU 的地址位的状态见表 3.6。

表 3.6　访问 SRAM 时 CPU 的地址位的状态

A15～A13	A12 A11 A10	A9～A0	
100	001	00…0	选中 SRAM 第 1 个单元
100	001	……	……
100	001	11…1	选中 SRAM 最后的单元

SRAM 占用的地址是:8400H~87FFH。

说明:这个电路中 ROM 的单元数是 512 个,是 SRAM 单元数的一半。

通过上面 3 个例子,我们可以看到:一般来说,在多片存储器芯片与 CPU 连接的情况(指地址扩充)中,CPU 的低位地址与存储器芯片的地址脚连接,用于寻址存储器芯片的某个单元。CPU 的高位地址用于控制不同存储器芯片的片选脚 CS#,每次只能使 1 个 CS#有效,选中 1 片存储器芯片。这种情况下,每片存储器芯片占用连续的地址空间。上面的例子中我们采用的 CPU 都是 8 位的,这是最简单的情况,主要是为了方便叙述 CPU 与存储器的连接。

现代的 CPU 为灵活访问存储单元,要求存储单元以字节编址,CPU 超过 8 位(为 16 位或 32 位),数据线为 16 根或 32 根。这时,情况会有一些变化。比如 intel 8086 CPU 的数据位为 16 位,地址线为 20 根,则可以访问的存储单元是 2^{20} 个,即 1M。这时是按照字节编址。每个单元为 1 个字节,而不是 1 个字(这里是 16 位,2 个字节)。这时与 8086 CPU 连接存储器的需要至少 2 部分(2片),并且是同样大小。8086 CPU 有额外的信号来支持与存储器的连接。8086 CPU 与 2 片 SRAM 的连接如图 3.19 所示。

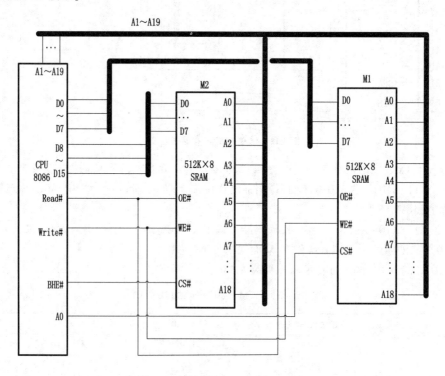

图 3.19　8086 CPU 与 2 片 SRAM 的连接

2 片芯片 M1、M2 大小相等,每片芯片需要 19 根地址线连接 CPU 的高 19 位地址,8086 CPU 的 A0 控制 M1 的 CS#,8086 CPU 专设了信号 BHE#(Bus high enable)。8086 在每次数据传输时,可以与存储器传输 16 位数据,也可以只传输 8 位。

当与存储器传输 16 位数据时,需要使用全部的 16 根数据线。当与存储器传输 8 位数据时,可以使用低 8 位数据线(D0~D7),也可以使用高 8 位数据线(D8~D15),具体使用低 8 位还是高 8 位与该单元的地址有关。当使用高 8 位数据线(D8~D15)时,8086 CPU 使信号 BHE#有效。

需要注意的是:M1 的片选 CS#与 8086 CPU 的 A0 连接,则 M1 的数据管脚需要连接 8086 CPU 的低 8 位数据线。M2 的片选 CS#与 8086 CPU 的 BHE#连接,则 M2 的数据管脚需要连接 8086 CPU

的高 8 位数据线。

只要 8086 CPU 发出偶地址,它的 A0 脚即为 0,则使 M1 的 CS#有效,选中 M1,由 8086 CPU 发出的地址的高 19 位决定 M1 的某个单元。因此,M1 占用的地址是 CPU 地址空间的所有偶地址;M2 占用的地址是 CPU 地址空间的所有奇地址。也就是 M1、M2 占用的地址是交叉分配的,占用地址如图 3.20 所示。

图 3.20　与 8086 连接的 2 个存储体的地址分配

指令要求 8086 CPU 访问 0 地址的字节,则 8086 CPU 发出地址 0,A0 为 0,BHE#为 1,则选中 M1 的单元,得到数据 34H。

指令要求 8086 CPU 访问 0 地址的字,则 8086 CPU 发出地址 0,A0 为 0,BHE#为 0,则选中 M1、M2 的单元,高 8 位数据线传输数据 56H,低 8 位数据线传输数据 34H。得到的数据是 5634H。

指令要求 8086 CPU 访问 1 地址的字节,则 8086 CPU 发出地址 1,A0 为 1,BHE#为 0,则选中 M2 的单元,得到数据 56H。

指令要求 8086 CPU 访问 1 地址的字,则第一次 8086 CPU 发出地址 1,A0 为 1,BHE#为 0,则选中 M2 的单元,得到数据 56H。第二次 8086 CPU 发出地址 2,A0 为 0,BHE#为 1,则选中 M1 的单元,得到数据 78H。CPU 把它组合为 7856H。

结论:8086 CPU 访问奇地址开始的字需要访问存储器两次。8086 CPU 对存储器的多字节数据按照小端方式解释,也就是低地址的存储器单元存放数据的低位,高地址的存储器单元存放数据的高位。

(2)主存容量的扩展

由于 DRAM 的特殊性——地址复用、需要刷新,因此,其与 CPU 连接的电路很复杂。为简化描述,这里主要介绍 SRAM 与 CPU 的连接。

另外现在很多与 CPU 连接的存储器采用按照字节编址的方式,为灵活访问存储器,存储地址采用交叉分配,考生不容易理解,所以后面的例子多假定为 8 位 CPU。

假定需要给 8 位 CPU 连接 1K 个单元的 SARM,也就是存储容量为 1K×8。一般存储器的容量表示为:单元数量×每个单元的位数。

在介绍存储器与 CPU 连接前,我们先介绍两种由多个存储器芯片扩充存储容量的方法:存储器的位扩充、存储器的(地址)字扩充。

① 位扩充。假定手头只有若干 1K×4 的 SRAM 芯片。首先需要使用 2 片该芯片,把这 2 片芯片连接为类似 1 片 1K×8 的芯片。可以看出,连接后存储单元数量不变,每个单元包含的位由 4 个

变为 8 个,这种连接叫作存储器的位扩充。

该 1K×4 的 SRAM 芯片的管脚原理图如图 3.21 所示。

图 3.21　SRAM 芯片的管脚

主要管脚有:4 个数据管脚 D0~D3,10 个地址管脚 A0~A9。

OE#(output enable)是输出控制脚,该脚为低,表示要求存储器输出数据。

WE#(write enable)是写入控制脚,该脚为低,表示要求向存储器写入数据。

CS#(chip seleceted)是片选信号,只有该信号有效(一般是低电平),才能对存储器进行输入或输出操作。对于 CS#在存储器内部的控制如何实现,考生不需要搞清楚,但必须记得:外界对存储器进行读或写时,必须使片选信号 CS#有效。当 CS#无效时,不能对存储器进行读或写,但存储器的信息不受影响。

该 1K×4 的 SRAM 芯片的内部原理如图 3.22 所示。

图 3.22　SRAM 的内部结构

当对存储器某个单元进行操作时,规定的顺序是:

a. 向地址管脚加载地址信号。

b. 使 CS#有效,CS#有效导致地址译码器正常工作,根据地址信号开始选中某个存储单元。如果是向存储器写入数据的操作,这时把数据加载到数据管脚,使数据进入数据寄存器。

c. WE#或 OE#有效时,这 2 个不能同时有效。

当 OE#有效时,则控制被选中单元的数据输出到数据寄存器,进而输出到数据管脚。

当 OW#有效时,则控制数据寄存器里面的数据写入被选中单元。

d. 使 CS#、WE#或 OE#无效。

位扩充的方法很简单:把除了数据管脚外其他相同的管脚连接在一起,得到 8 个数据管脚,编号使用 D0~D7,10 个地址管脚 A0~A9,1 个 OE#,1 个 WE#,1 个 CS#。扩充后可以看作 1 片芯片。按照类似的做法,可以进行其他位扩充。原则是:存储单元数目不变,但是每个单元的位数增加。2 片 1K×4 芯片位扩充成 1K×8 的连接如图 3.23 所示。

图 3.23　2 片 1K×4 芯片位扩充成 1K×8 的存储器

位扩充需要的芯片数目等于总容量除以单片容量。

位扩充后的芯片怎么与 CPU 连接,将在后面描述。

② 地址(字)扩充。假定手头只有若干 512×8 的 SRAM 芯片。首先需要使用 2 片该芯片,把这 2 片芯片连接为类似 1 片 1K×8 的芯片。可以看出,连接后存储单元包含的位数不变,存储单元的数目增多。这种连接叫作地址(字)扩充。

地址(字)扩充的方法是:把除了地址管脚与 CS#外其他相同的管脚连接在一起,得到 8 个数据管脚,编号使用 D0~D7,9 个地址管脚 A0~A8,1 个 OE#,1 个 WE#,2 个 CS#。现在的关键是:在电路中,采用某种设计,使这 2 个 CS#(这里指低电平)不能同时有效。2 片 512×8 的芯片字扩充为 1K×8 存储器的连接如图 3.24 所示。

图 3.24 2 片 512×8 的芯片字扩充为 1K×8 存储器

假如 2 个 CS#同时有效,则 CPU 发来的地址信号被 2 片芯片接收,2 片各自的内部译码器选中各自的某个单元,由于 2 片芯片的 OE#(或 WE#)连接在一起,假定 CPU 是读操作,则 2 片芯片的OE#都有效,2 片芯片均开始发出(选中单元的)数据,会出现严重错误。

在涉及地址扩充时,会出现多个 CS#信号。怎么设计电路,来保证每次只有 1 个 CS#信号有效是个有挑战性的问题。

每个 CS#信号的连接也决定了该存储器芯片在 CPU 的地址。

③ 位扩充与字扩充。上面介绍了位扩充与字扩充,有时候需要同时进行这两种扩充。

例如,现在需要 2K×8 的存储器空间,只有 1K×4 的 SRAM 芯片。

首先,计算需要的 1K×4 的 SRAM 芯片的数量:

(2K×8)÷(1K×4)= 4 片。

然后,每 2 片进行位扩充,总共得到 2 片类似 1K×8 的芯片。

再把 2 片类似 1K×8 的芯片进行地址扩充,得到的地址线有 10 根,2 个 CS#信号,8 个数据线,1个 OE#,1 个 WE#。

可以把位扩充或子扩充的多片存储器芯片连接叫作存储器组。

(3)存储芯片的地址分配

CPU 要实现对存储单元的访问,首先要选择存储芯片,即进行片选;然后为选中的芯片依地址码选择相应的存储单元,以进行数据的存取,即进行字选。片内的字选通常是由 CPU 送出的 N 条低位地址线完成的,地址线直接接到所有存储芯片的地址输入端(N 由片内存储容量 2N 决定)。片选信号的产生分为线选法和译码片选法。

① 线选法:线选法用除片内寻址外的高位地址线直接(或经反相器)分别接至各个存储芯片的片选端,当某地址线信息为"0"时,就选中与之对应的存储芯片。这些片选地址线每次寻址时只能有一位有效,不允许同时有多位有效,这样才能保证每次只选中一个芯片(或芯片组)。假设 4 片2K×8 位存储芯片用线选法构成 8K×8 位存储器,各芯片的片选信号见表 3.7,其中低位地址线A_{10}—A_0 作为字选线,用于片内寻址。

优点:不需要地址译码器,线路简单。缺点:地址空间不连续,选片的地址线必须分时为低电平(否则不能工作),不能充分利用系统的存储器空间,造成地址资源的浪费。

表 3.7　线选法的地址分配

芯片	A14~A11
0#	1 1 1 0
1#	1 1 0 1
2#	1 0 1 1
3#	0 1 1 1

② 译码片选法:译码片选法用除片内寻址外的高位地址线通过地址译码器芯片产生片选信号。如用 8 片 8K×8 位的存储芯片组成 64K×8 位存储器(地址线为 16 位,数据线为 8 位),需要 8 个片选信号;若采用线选法,除去片内寻址的 13 位地址线,仅余高 3 位,不足以产生 8 个片选信号。因此,采用译码片选法,即用一片 74LS138 作为地址译码器,$A_{15}A_{14}A_{13}$;=000 时选中第一片,$A_{15}A_{14}A_{13}$=001 时选中第二片,以此类推(即 3 位二进制编码)。

3.6　外部存储器

3.6.1　磁盘存储器

(1)磁盘的组成和性能指标

磁盘存储器是以磁盘为存储介质的存储器。它是利用磁记录技术在涂有磁记录介质的旋转圆盘上进行数据存储的辅助存储器,具有存储容量大、数据传输率高、存储数据可长期保存等特点。

在计算机系统中,磁盘存储器常用于存放操作系统、程序和数据,是主存储器的扩充;发展趋势是提高存储容量,提高数据传输率,减少存取时间,并力求轻、薄、短、小。磁盘存储器通常由磁盘、磁盘驱动器(或称磁盘机)和磁盘控制器构成。

典型的磁盘驱动器包括盘片主轴旋转机构与驱动电机、头臂与头臂支架、头臂驱动电机、净化盘腔与空气净化机构、写入读出电路、伺服定位电路和控制逻辑电路等。

① 盘片(磁盘):信息记录在盘片上,利用磁性原理记录信息。

盘片分为若干个同心圆,每个同心圆叫作 1 个磁道(track)。硬盘一般有多个相同的盘片,不同盘片的相同的磁道叫作 1 个柱面(cylinder)。柱面(或磁道)都有编号,最外面的柱面(或磁道)的编号是 0,沿着半径向圆心,编号变大。每个磁道分为若干个弧段,每个弧段叫作扇区(sector)。数据就记录在柱面(或磁道)上,扇区是数据的最小单位。硬盘与内存的数据交换以扇区为单位。盘片工作原理如图 3.25 所示。

描述 1 个扇区的位置的信息是:盘面号、柱面号(磁道号)、扇区号。显然,读写同一个柱面时,磁头不需要移动。

1 个扇区存储的数据的字节数是 512 的倍数,通常情况下,一个扇区容量是 512 字节。扇区除了存储用户数据外,还存储本扇区的地址信息(盘面号、磁道号、扇区号)、用于同步的信息、纠错信息 ECC。扇区之间存在间隔。

② 磁盘驱动器:磁盘驱动器是指移动磁头、旋转磁盘的机电部分。

读写磁头安装在传动臂上。每个盘面有 1 个磁头。现在的磁盘 2 个盘面都用来存储信息,这样每个磁盘就有 2 个读写磁头。老式的磁盘,没有使用最上面的盘片的上表面,也没有使用最下面的盘片的下表面。

图 3.25　盘片工作原理图

读写磁头距离旋转的磁盘表面约 2.5μm,因此,磁盘在工作时,盘面是高速旋转的。如果盘面上有灰尘,灰尘会破坏盘面的磁性材料,导致数据丢失,因此把盘片、中心轴、传动臂密封在一起,构成一个无尘环境。

驱动器接收磁盘控制器的命令,移动磁头到需要的磁道。磁盘驱动器的结构如图 3.26 所示。

图 3.26　磁盘驱动器结构

与磁盘驱动器相关的概念如下:

寻道时间(seek time):读写磁头从当前位置移动到需要的磁道花费的时间。具体时间与当前磁道位置、目的磁道位置有关。有些高性能磁盘是每个磁道设置 1 个读写磁头,这样就不需要寻道时间。

旋转延迟(rotational delay):或称为等待时间。读写磁头移动到目的磁道后,目的扇区旋转到读写磁头花费的时间。1 个平均的旋转延迟时间是磁盘旋转半周的时间。

磁盘访问时间(acess time):寻道时间与旋转延迟的总和。

有些资料认为,随着磁盘旋转,当目的扇区到达磁头位置时,磁头开始从磁盘上读取数据,也需要时间。假定传输 n 字节数据,每个磁道有 N 字节数据,磁盘转速为 R,则读写磁头从磁盘获取数据需要的时间为 n÷N÷R。

③ 磁盘控制器:磁盘控制器是电子电路部分,与总线打交道,转换控制信号给磁盘驱动器。

读写磁头读取数据后存放在磁盘控制器的缓冲区内,由磁盘控制器再从缓冲区把数据发往总线,这也需要若干时间,包括磁盘控制器的额外时间和传输时间。

可以认为读写磁头从磁盘获取数据的速率、磁盘控制器与总线的传输速率是两个不同的速率。有些资料把这二者混在一起使用,粗略叫作传输速率。这一点需要加以注意。

磁盘的性能指标:

① 记录密度:记录密度是指盘片单位面积上记录的二进制信息量,通常以道密度、位密度和面密度表示。道密度是沿磁盘半径方向单位长度上的磁道数,位密度是磁道单位长度上能记录的二进制代码位数,面密度是位密度和道密度的乘积。

② 磁盘的容量:磁盘容量有非格式化容量和格式化容量之分。非格式化容量是指磁记录表面可利用的磁化单元总数,它由道密度和位密度计算而来;格式化容量是指按照某种特定的记录格式所能存储信息的总量。格式化后的容量比非格式化容量要小。

③ 平均存取时间:平均存取时间由寻道时间(磁头移动到目的磁道的时间)、旋转延迟时间(磁头定位到要读写扇区的时间)和传输时间(传输数据所花费的时间)三部分构成。由于寻道和找扇区的距离远近不一,故寻道时间和旋转延迟时间通常取平均值。

④ 数据传输率:磁盘存储器在单位时间内向主机传送数据的字节数,称为数据传输率。假设磁盘转数为 r 转/秒,每条磁道容量为 N 字节,则数据传输率为 $D_r = rN$。

(2)磁盘地址

主机向磁盘控制器发送寻址信息,磁盘的地址一般如下图所示。

驱动器号	柱面(磁道)号	盘面号	扇区号

若系统中有 4 个驱动器,每个驱动器带一个磁盘,每个磁盘 256 个磁道、16 个盘面,每个盘面划分为 16 个扇区,则每个扇区地址要 18 位二进制代码,其格式如下图所示。

驱动器号(2 位)	柱面(磁道)号(8 位)	盘面号(4 位)	扇区号(4 位)

(3)磁盘的工作过程

硬盘的主要操作是寻址、读盘、写盘。每个操作都对应一个控制字,硬盘工作时,第一步是取控制字,第二步是执行控制字。

硬盘属于机械式部件,其读写操作是串行的,不可能在同一时刻既读又写,也不可能在同一时刻读两组数据或写两组数据。

(4)磁盘阵列

原来的大型计算机使用的磁盘是单个磁盘,价格也昂贵。20 世纪 80 年代起,因小型磁盘价格较低,微型计算机开始使用小型磁盘来构成存储系统。为防止数据丢失,多采用冗余或备份技术。RAID 原来指低价磁盘冗余阵列(Redundant Array of Inexpensivet Disks),现在是指独立磁盘冗余阵列(Redundant Array of Independent Disks)。

使用 RAID 的目的是:采用数量多、价格较低的小型磁盘构成大容量存储系统;各个磁盘独立,把同一份数据保存在不同的磁盘进行冗余备份,防止数据丢失。

每个 RAID 系统包含:1 个 RAID 控制器、1 个磁盘阵列(多个磁盘构成)、磁盘阵列管理软件。

最初,有 5 种不同的 RAID 系统,或者叫作 5 级 RAID,命名为 RAID1~RAID5。后来出现 RAID0 与 RAID6。

为方便下面的描述,假定该磁盘阵列由 4 个磁盘构成,数据包含 7 个数据块 k1~k7。

① RAID0:RAID0 技术就是把这 7 个数据块依次放在 4 个磁盘上。存储情况是:磁盘 1(k1、k5)、磁盘 2(k2、k6)、磁盘 3(k3、k7)、磁盘 4(k4)。严格意义上,RAID0 不是真正的 RAID,因为它不提供数据冗余,只是提供大容量存储空间。当某个磁盘的数据出现错误,整个数据就都错误了。

② RAID1：磁盘镜像技术。数据被写入磁盘时，同时写入另外的镜像磁盘，提供冗余，适合存储关键数据。

例如，磁盘 1 与磁盘 2 共同存储数据，磁盘 3 与磁盘 4 整体作为镜像磁盘。存储情况是：

磁盘 1(k1、k3、k5、k7)、磁盘 2(k2、k4、k6)、磁盘 3(k1、k3、k5、k7)、磁盘 4(k2、k4、k6)。

③ RAID2：该技术是把数据存放在若干磁盘上，使用单独的磁盘存储数据对应的纠错信息。纠错方法是海明校验。当数据产生错误时，利用纠错信息恢复原数据。

④ RAID3：该技术是把数据按照位交叉的方式存放在若干磁盘上，使用单独的磁盘存储数据对应的奇偶校验信息。当数据产生错误时，利用奇偶校验信息恢复原数据。

⑤ RAID4：该技术是把数据按照块交叉的方式存放在若干磁盘上，使用单独的磁盘存储数据块对应的奇偶校验信息。当数据块产生错误时，利用奇偶校验信息恢复原数据。

⑥ RAID5：把数据块、数据块的奇偶校验块交叉存放在若干磁盘上。

⑦ RAID6：采用两个独立的奇偶校验方案。

3.6.2 固态硬盘

固态硬盘(Solid State Disk 或 Solid State Drive，简称 SSD)，又称固态驱动器，是用固态电子存储芯片阵列制成的硬盘。

基于闪存的固态硬盘是固态硬盘的主要类别，其内部构造十分简单，固态硬盘内主体其实就是一块 PCB 板，而这块 PCB 板上最基本的配件就是控制芯片、缓存芯片(部分低端硬盘无缓存芯片)和用于存储数据的闪存芯片。

固态硬盘具有传统机械硬盘不具备的快速读写、质量轻、能耗低以及体积小等特点，同时其劣势也较为明显。尽管 SSD 已经进入存储市场的主流行列，但其仍有价格仍较为昂贵，容量较低，一旦硬件损坏，数据较难恢复等缺点；并且亦有人认为固态硬盘的耐用性(寿命)相对较短。传统的机械硬盘和 SSD 固态硬盘的内部结构如图 3.27 所示。

图 3.27　机械硬盘和 SSD 固态硬盘的内部结构

3.7　Cache

内存由 DRAM 构成，DRAM 的速度比 CPU 慢。为解决这个问题，在 CPU 与内存之间增加了半导体存储器 Cache，也就是缓冲存储器，简称(高速)缓存。缓存的速度快，但价格高，所以容量不会很大。

3.7.1　程序访问的局部性原理

程序访问的局部性原理包括时间局部性和空间局部性。时间局部性是指在最近的未来要用到的信息，很可能是现在正在使用的信息，因为程序中存在循环。空间局部性是指在最近的未来要用到的信息,很可能与现在正在使用的信息在存储空间上是邻近的,因为指令通常是顺序存放、顺序执行的,数据一般也是以向量、数组等形式存储在一起的。

高速缓冲技术就是利用局部性原理,把程序中正在使用的部分数据存放在一个高速的、容量较小的 Cache 中,使 CPU 的访存操作大多数针对 Cache 进行,从而提高程序的执行速度。

3.7.2　Cache 的基本原理

Cache 利用了程序的局部性原理。它的意思就是:一个程序或程序的数据在内存中是连续存放的。当该程序运行时,在一段时间内被运行的代码的存储地址在空间上是相邻的,在运行时间上也是临近的。当一个指令或数据被使用,那么它被再次使用的概率也很高,所以把它保存在一个高速的 Cache 里面,当下次使用时,直接从 Cache 读取,不用从内存读取,提高了速度。本指令或数据被 CPU 访问,那么与它相邻的代码或数据也有很大概率要被 CPU 访问。所以把与该指令或数据相邻的信息也事先保存在 Cache 里面,随后,当 CPU 要访问这些信息时,先从 Cache 里面访问。如果这些信息在 Cache 中,则 CPU 可以立即获得,不需要访问内存。如果要访问的信息不在 Cache 里面,则 CPU 需要到内存获取该信息,并把该信息保存到 Cache 里面,以方便下次使用。

实现 Cache 的工作需要设计有 Cache 控制电路。CPU 访问信息(指令、数据)需要发出地址,Cache 控制电路根据该地址做计算,判断需要的信息是否在 Cache。如果需要的信息在 Cache 中,叫作 1 次命中("hit")。

当 1 次命中发生,如果 CPU 是读信息的操作,Cache 控制电路控制从 Cache 读取信息,送到CPU,不用访问内存。

当 1 次命中发生,如果 CPU 是写信息(主要指数据)的操作,Cache 控制电路有两种方式可选。

第一种方式叫作"写入(write through)",就是把数据既写入 Cache,也写入内存。

第二种方式叫作"写回(write back)",就是只把数据写入 Cache,并给该数据所在的 Cache 块所分配的 1 个标记位(叫作"脏"或"已修改"位)。当该块信息需要移出 Cache(以便把该 Cache 块空间让给一个新的内存块使用)时,才把该块信息重新写入到内存。

当 CPU 读信息(指令或数据)时,如果需要的信息不在 Cache 中,叫作 1 次读未中("miss")。这时有两种处理方式可选。

第一种方式是:Cache 控制电路把包括该信息所在的 1 个内存块读入 Cache,然后再把需要的信息传送给 CPU。也就是 Cache 控制电路的工作有两步,需要花费两个步骤的时间。

第二种方式是:Cache 控制电路把包括该信息所在的 1 个内存块读入 Cache。当然 Cache 控制电路把该内存块传送到 Cache,应该是通过若干次循环读写才完成。在循环操作过程中,一旦读取到需要的数据,就在把该数据送到 Cache 块中的同时,也把它送给 CPU,供 CPU 使用。这种方式可以认为是一个步骤,花费一个步骤的时间,比第一种方式少花费时间,但用于实现的电路结构复杂。

3.7.3　Cache 和主存之间的映射方式

内存与 Cache 之间信息的交换是以块为单位的。块就是内存或 Cache 中一片连续的单元。块包含的单元的数目就是块的大小。内存的块的大小与 Cache 块的大小相等,两个块的单元的位数也相等。由于内存容量远远大于 Cache 的容量,因此内存块的数目远远多于 Cache 块的数目。当 1 个内存块需要被放到 Cache 时,Cache 控制电路需要根据某种规则,把它放到某个 Cache 块,采用的规则叫作 Cache 和内存之间的映射方式。

当所有 Cache 块被占用,现在有 1 个新的内存块需要装入 Cache 时,就需要根据某个算法选择某个 Cache 块,把它的信息保存在内存,然后装入新的内存块。此时采用的规则叫作 Cache 的替换算法。

Cache 和内存之间的映射方式有:直接映射、全相联映射、组相联映射。

为了更直观,我们通过一个假定的计算机系统来描述映射。

假定 CPU 的地址线有 14 根,可以访问的存储空间(存储器单元的集合)为 8192(2^{13})个。每个存储单元的位数为 8 位,也就是正好 1 个字节。

Cache 有 1024 个单元,每个单元也是 8 位。现在采用块的大小是 64 个单元,也就是 64 个字节。

可以算出:内存块有 128 个,编号为 0~127。Cache 块有 16 个,编号为 0~15。

① 直接映射:这是最简单的映射方式。

Cache 块号 =(内存块号)mod(Cache 总块数),mod 就是取余数运算。

对于本例,就是:

Cache 块号 =(内存块号)mod 16。

可以看出:

内存块号 0、16、32、48、64、80、96、112,需要占用 Cache 块 0。

内存块号 1、17、33、49、65、81、97、113,需要占用 Cache 块 1。

内存块号 2、18、34、50、66、82、98、114,需要占用 Cache 块 2。

内存块号 3、19、35、51、67、83、99、115,需要占用 Cache 块 3。

……

内存块号 14、30、46、62、78、94、110、126,需要占用 Cache 块 14。

内存块号 15、31、47、63、79、95、111、127,需要占用 Cache 块 15。

直接映射的缺点是:每个内存块对应固定的 Cache 块,即使 Cache 块没有全被占用,也可能有 2 个内存块对应同一个 Cache 块。当出现这种情况时,用新的内存块替换原有的内存块。

采用直接映射,需要的硬件为:16 个 Cache 块、16 个 tag 寄存器(由于每个 Cache 块对应 8 个内存块,每个 Cache 需要 1 个 3 位的标识寄存器 tag 来记录本 Cache 块存放的是 8 个内存块中的哪一个)、16 个数据有效位(每个 Cache 有 1 个 bit,称为有效位或 valid 位,记录该 Cache 块中的信息是来自内存有效信息还是无效的信息)。

直接映射方式的实现原理如图 3.28 所示。

图 3.28　直接映射方式

假定一个程序有 200 字节的代码,每条代码是 1 个字节,也就是该程序有 200 条指令。程序的数据有 50 字节。代码在内存的地址是 0~199。数据在内存的地址是 200~249。16 个 Cache 块初始为 0。16 个 tag 寄存器初始值为 0。16 个 valid 位初始值为 0。

当 CPU 执行读取第 1 条指令时,发出指令的是地址 0。地址 0 的二进制序列为 000 0000 000000。左边 7 位(这里是 7 个 0)代表该地址在内存的块号,中间的 4 位(这里是 4 个 0)代表该内存块对应的 Cache 块,最右边的 6 位(这里是 6 个 0),指出该地址在内存块(或 Cache 块)中的偏移量(偏移地址)。由于内存地址 0 的指令不在 Cache 中,Cache 块 0 对应的数据有效位(valid 位)为 0,也就是当前 Cache 块 0 的数据是无效的数据,这样产生 1 次"未命中",这时 Cache 控制电路就把 0 单元所在的 0 块(64 个单元)读取到 Cache 块 0 中,然后把 Cache 块 0 对应的 valid 位设置为 1,代表这个 Cache 块的数据是有效的数据。可以看出:设置 valid 位的目的是区分 Cache 块的信息是开机后的初始值还是经过一段时间后从内存拷贝过来的有效信息。最后,Cache 控制电路就把 Cache 块 0 中的 0 地址单元的信息送到 CPU。这样,CPU 就得到了 0 地址单元的信息(这里实际是 1 条指令)。(前面曾经讲过,当有"未命中"时,Cache 控制电路就把包括该信息所在的 1 个整内存块读入 Cache,然后再把需要的信息传送给 CPU。需要注意的是,这个处理过程也可以是:当从内存读取到该信息时,就把它同时送到 Cache 与 CPU。这种设计会增加难度。)

如果假定该程序的 200 条指令都不需要访问内存的数据(相当于这里的 50 字节的数据没有用处),那么,当第 1 条指令执行完毕后,CPU 需要读取第 2 条指令,发出地址 1。Cache 控制电路会发现内存地址 1 所在的块 0 在 Cache 块 0 中,产生 1 次"命中",Cache 控制电路从 Cache 块 0 中偏移地址为(块内地址)1 的单元读取指令。以此类推,在随后当 CPU 在访问地址为 2~63 的指令时,均会产生"命中",直接从 Cache 中获取指令。总结后,发现 CPU 在访问前 64 条指令时,有 1 次"未命中",有 63 次"命中"。

进行同样的分析,发现:

当 CPU 访问地址 65~127 时,有 1 次"未命中",有 63 次"命中"。

当 CPU 访问地址 128~191 时,有 1 次"未命中",有 63 次"命中"。

当 CPU 访问地址 192~199 时,有 1 次"未命中",有 7 次"命中"。

也就是当该程序运行时,有 4 次"未命中",有 196 次"命中"。由于访问 Cache 的速度大于访问内存的速度,所以整体速度提高。

如果程序的指令在执行阶段需要访问内存中的数据,这时也会产生"未命中"或"命中",这时的定量分析,需要根据具体的指令进行。分析方法与前文一样,我们在这里不再分析这种情况。

② 全相联映射:

直接映射的缺点是:每个内存块对应固定的 Cache 块,即使 Cache 块没有全被占用,也可能有 2 个内存块对应同一个 Cache 块。全相联映射就是当 1 个新来的内存块需要放到 Cache 中时,如果 Cache 块没有被全部占用(即未满),则把该内存块放到 1 个未被占用的 Cache 块,并记录下该内存块号。当所有 Cache 块被全部占用(即满)时,就需要从中挑选 1 个 Cache 块,把被挑选的 Cache 块的内容保存到内存中(假如该 Cache 块的信息与原内存块的信息不一致),腾出 1 个块,用于存放这个新来的内存块。当 CPU 发出 1 个内存地址时,Cache 控制电路获得该地址的内存块号(新块号),对记录的所有的 Cache 块对应的内存块号进行检索,如果新块号在记录的内存块号中,则产生"命中";如果新块号不在记录的内存块号中,则产生"未命中"。

为提高检索速度,这里存放内存块号的存储器(或寄存器)是一种可以按照内容检索的存储器,它能同时检索全部存储单元,马上得到检索的结果。

我们仍然使用前面假定的 CPU 来描述。内存块有 128 个,编号为 0~127。Cache 块有 16 个,编号为 0~15。每个块有 64 个单元,每个单元正好是 1 个字节。

全相联映射方式的实现原理如图 3.29 所示。

图 3.29　全相联映射

可以看出,每个 Cache 块有 1 个 tag 寄存器(7 位),记录 Cache 块当前的内存块号。所有的 tag 寄存器可以同时检索某个内存块号。valid 位的作用同前面一样,用于区别 Cache 块的信息是否有效。

为方便理解,仍然采用与直接映射类似的例子进行解释。

假定一个程序有 1050 字节的代码,每条代码是 1 个字节,也就是该程序有 1050 条指令。占用地址 0~1049(为简化,假定程序运行期间不需要访问内存。也就是这里访问存储器只是读取指令)。16 个 Cache 块初始为 0。16 个 tag 寄存器(可以命名为 tag0~tag15)初始值为 0。16 个 valid 位(可以命名为 valid0~valid15)初始值为 0。

当 CPU 执行读取第 1 条指令时,发出指令的地址 0,地址的二进制序列是 0000000 000000。Cache 控制电路把高 7 位(全为 0)送到 16 个 tag 进行同时检索,当然此时 valid 位为 0,必定产生"未命中"。Cache 控制电路就需要把 0 单元所在的 0 块放到 Cache 中,由于现在所有 Cache 块为空,理论上可以把内存块 0 放任意一个 Cache 块,不过一般应该是从 Cache 块 0 开始做检索,遇到空的 Cache 块,就占用该 Cache 块。这里假定放到 Cache 块 0。Cache 控制电路把内存块 0 拷贝到 Cache 块 0,同时在 tag0 中记录为 0,代表内存块号。同时使 valid0 为 1。访问地址为 0~63 的指令会有 1 次"未命中",有 63 次"命中"。

同理,访问内存地址 64 时,需要把内存块 1 放到 Cache 中,这时 Cache 块有 15 个空,所以可以把内存块 1 放到任何空的 Cache 块,这里就假定放到 Cache 块 1 中。Cache 控制电路把内存块 1 拷贝到 Cache 块 1 中,同时在 tag1 中记录为 1,代表内存块号。同时使 valid1 为 1。访问地址为 64~127 的指令会有 1 次"未命中",有 63 次"命中"。

依此类推,当 CPU 访问地址 1024 时,所在内存块 16。这时 Cache 的块全满。各个 tag 的值:

tag0(0)	tag1(1)	tag2(2)
tag3(3)	tag8(8)	tag13(13)
tag4(4)	tag9(9)	tag14(14)
tag5(5)	tag10(10)	tag15(15)

tag9（6）   tag11（11）

tag7（7）   tag12（12）

各个 valid 位均为 1,需要 1 个 Cache 的块腾出位置。决定哪个 Cache 块腾出位置的算法是替换算法。对于全相联映射,需要设计替换算法。替换算法有几种,后面会讲述。这里我们假定把 Cache 块 0 替换出去(占用的时间最久)。在把 Cache 块 0 替换出去时,还要看看该块的信息是否有改动(与原内存块不一致),如果信息有改动,需要用 Cache 块的信息覆盖内存块的信息;如果信息没有改动,不需要用 Cache 块的信息覆盖内存块的信息。当内存块 16 的信息(这里是指令)被拷贝到 Cache 块 0 时,寄存器 tag0 应该修改为 16,也就是对应的内存块号。各个 tag 的值是:

tag0（16）   tag6（6）   tag12（12）

tag1（1）   tag7（7）   tag13（13）

tag2（2）   tag8（8）   tag14（14）

tag3（3）   tag9（9）   tag15（15）

tag4（4）   tag10（10）

tag5（5）   tag11（11）

也就是当该程序运行时,有 17 次"未命中",有 1033 次"命中"。由于访问 Cache 的速度大于访问内存的速度,所以整体速度提高。

总结:全相联映射需要记录使用各个 Cache 块的内存块的块号。当 Cache 块被全部使用,并且有新内存块要使用 Cache 块时,需要把 1 个 Cache 块替换出去,需要有替换电路。另外当被替换的 Cache 块内的信息与原内存块的信息不一致时,需要用 Cache 块的信息更新内存块。可以说实现全相联映射的电路很复杂。

③ 组相联映射:它是把若干个(N个)Cache 块划为 1 个组。1 个内存块按照直接映射的方式,映射到某个固定的 Cache 组,但该内存块可以存放在该 Cache 组的任意一个 Cache 块。当 1 个组只有 1 个 Cache 块时,组相联映射就是直接映射。当 1 个组包含所有 Cache 块时,组相联映射就是全相联映射。所以,组相联映射既有直接映射的特点,也有全相联映射的特点,具有两者的优点。

1 个 Cache 组包含 N 个 Cache 块,则称该 Cache 是 N 路组相联。

我们仍然使用前面假定的 CPU 来描述。每个块有 64 个单元,每个单元正好是 1 个字节。内存块有 128 个,编号为 0~127。Cache 块有 16 个,编号为 0~15。4 个 Cache 块为 1 个 Cache 组。共有 4 组。这样,得到:

Cache 组号 =(内存块号) mod (Cache 总组数),mod 就是取余数运算。

对于本例,就是:

Cache 组号 =(内存块号) mod 4。

比如,CPU 要访问内存地址 255。CPU 的 13 根地址线发出 00000 11 111111。由于每块有 64 字节,因此,低 6 位代表地址 255 在块内的偏移地址或块内地址。高 7 位代表地址 255 所在的内存块号是 3,中间的 2 位地址代表内存块 3 对应 Cache 的组 3。CPU 发出的地址的各部分意义如图 3.30所示。

图 3.30　组相联映射下 CPU 地址的含义

假定 CPU 发出地址 255,经 Cache 控制电路确定在 Cache 的组 3,Cache 控制电路把该地址对应的内存块号 3(高 7 位)与组 3 的 4 个 tag 寄存器同时进行比较,检查块号 3 是否在 4 个 tag 中。这时有两种情况:

第一种是:如果块号 3 不在 4 个 tag 中,说明块 3 不在 Cache 中。这时,Cache 控制电路将会把内存块 3 复制到 Cache 的组 3 中的某一块。由于每组有 4 个块,这时如果有空的块,可以把内存块 3 复制到该块中。如果没有空的块(4 个块已经被占用),则按照替换算法,使某个块被替换,腾出位置,放入内存块 3,并在对应的 tag 寄存器记录该内存块号 3。

第二种是:如果块号 3 在其中 1 个 tag 寄存器中,根据 tag 找到对应的 Cache 块,再根据块内地址,找到 255 地址的信息。

可以看出,组相联映射的过程有直接映射的过程,也有全相联映射的过程。具体的原理图不再画出。

3.7.4　Cache 中主存块的替换算法

采用直接映射时,1 个内存块占用的 Cache 块的块号是固定的。当 1 个新内存块需要占用 Cache 块时,则把当前的 Cache 块替换出去。

采用全相联映射时,当所有的 Cache 块被占用、新的内存块需要放进来时,必须把某个 Cache 块替换出去,腾出位置让给新的内存块。采用组关联映射时也有这样的问题。决定哪个 Cache 块被替换的规则就是替换算法。

全相联映射或组相联映射替换算法有:随机替换算法、先进先出算法(first-in-first-out,FIFO)、近期用得最少算法(least recently used,LRU)。

(1)随机替换算法

就是有 1 个随机数生成电路生成 1 个随机数,作为被替换的 Cache 块号。它没有利用 CPU 对程序(或数据)的访问具有局部性的原理。效果不好。

(2)先进先出算法

就是选择在 Cache 中时间最长的块将其替换。这需要记录每个内存块被放到 Cache 中的时间。

(3)近期用得最少算法

就是选择最近用得最少的 Cache 块进行替换。

这 3 个算法中,LRU 算法最有效。为实现 LRU 算法,需要记录每个 Cache 块被访问(命中)的情况。每个 Cache 块被分配给 1 个计数器来记录被访问(命中)的情况。计数器的值从 0 开始,加 1 计数。当某个 Cache 块被"命中",它对应的计数器(假定命名为 Counter_i)重新被置为 0(假定原来的计数值为 current_value)。凡是当前的计数值小于计数器 Counter_i 的旧计数值 current_value 的计数器,它们的计数值均进行加 1 操作。其他计数器(当然不包括 Counter_i)的计数值保持不变。当 CPU 发出 1 个地址,Cache 控制电路生成 1 个"未命中"时,当前计数值最大的 Cache 块将被替换。当新的内存块占用该 Cache 块后,该计数器被设置为 0,其他的所有计数器加 1。可以看出,实现 LRU 算法的电路有点复杂。

(4)最不经常使用算法

将一段时间内被访问次数最少的存储行换出。每行也设置一个计数器,新行建立后从 0 开始计数,每访问一次,被访问的行计数器加 1,需要替换时比较各特定行的计数值,将计数值最小的行换出。这种算法与 LRU 类似,但不完全相同。

3.7.5　Cache 写策略

因为 Cache 中的内容是主存块副本,当对 Cache 中的内容进行更新时,就需选用写操作策略使

Cache 内容和主存内容保持一致。此时分两种情况。

（1）全写法和回写法

对于 Cache 写命中（write hit），有两种处理方法。

① 全写法（写直通法、write-through）：当 CPU 对 Cache 写命中时，必须把数据同时写入 Cache 和主存。当某一块需要替换时，不必把这一块写回主存，用新调入的块直接覆盖即可。这种方法实现简单，能随时保持主存数据的正确性。缺点是增加了访存次数，降低了 Cache 的效率。写缓冲：为减少全写法直接写入主存的时间损耗，在 Cache 和主存之间加一个写缓冲（Write Buffer），如下图所示。CPU 同时写数据到 Cache 和写缓冲中，写缓冲再控制将内容写入主存。写缓冲是一个 FIFO 队列，可以解决速度不匹配的问题。但若出现频繁写时，会使写缓冲饱和溢出。

② 回写法（write-back）：当 CPU 对 Cache 写命中时，只把数据写入 Cache，而不立即写入主存，只有当此块被换出时才写回主存。这种方法减少了访存次数，但存在不一致的隐患。为了减少写回主存的开销，每个 Cache 行设置一个修改位（脏位）。若修改位为 1，则说明对应 Cache 行中的块被修改过，替换时需要写回主存；若修改位为 0，则说明对应 Cache 行中的块未被修改过，替换时无须写回主存。

全写法和回写法都对应于 Cache 写命中（要被修改的单元在 Cache 中）时的情况。

（2）写分配法和非写分配法

对于 Cache 写不命中，也有两种处理方法。

① 写分配法（write-allocate）：加载主存中的块到 Cache 中，然后更新这个 Cache 块。它试图利用程序的空间局部性，但缺点是每次不命中都需要从主存中读取一块。

② 非写分配法（not-write-allocate）法：只写入主存，不进行调块。

非写分配法通常与全写法合用，写分配法通常和回写法合用。

随着新技术的发展（如指令预取），需要将指令 Cache 和数据 Cache 分开设计，这就有了分离的 Cache 结构。统一 Cache 的优点是设计和实现相对简单，但执行部件存取数据时，指令预取部件要从同一 Cache 读指令，会引发冲突。采用分离 Cache 结构可以解决这个问题，而且分离的指令和数据 Cache 还可以充分利用指令和数据的不同局部性来优化性能。

现代计算机的 Cache 通常设立多级 Cache，假定设 3 级 Cache，按离 CPU 的远近可各自命名为 L1 Cache、L2 Cache、L3 Cache，离 CPU 越远，访问速度越慢，容量越大。指令 Cache 与数据 Cache 分离一般在 L1 级，此时通常为写分配法与回写法合用。下图是一个含有两级 Cache 的系统，L1 Cache 对 L2 Cache 使用全写法，L2 Cache 对主存使用回写法，由于 L2 Cache 的存在，其访问速度大于主存，因此避免了因频繁写时造成的写缓冲饱和溢出。

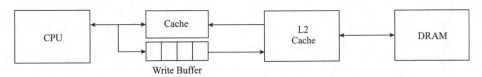

3.8 虚拟存储器

3.8.1 虚拟存储器的基本概念

计算机的内存(或称为主存)的容量是有限的,而计算机的外存(或者称为辅助存储器、辅存)的容量可以看作是无穷大的。虚拟存储器就是把外存与内存结合起来,使计算机拥有无穷大的存储空间。例如,一个计算机的物理内存(就是主存)有限,假定是 2M($2^{20} = 1\,048\,576$)。一个程序 A 的代码有 2.1M,程序的代码大于计算机物理内存,也就是计算机物理内存不能把该程序全部装下。那么,如果该计算机没有虚拟存储器的功能,该程序则不能被运行。如果该计算机具有虚拟存储器的功能,负责实现虚拟存储器功能的(操作系统)系统代码假定占用内存 0.8M,剩余内存为 1.2M,供运行用户程序(普通程序)。程序 A 代码最初存储在外存上(例如,磁盘),占用 2.1M。要运行程序 A,系统代码只要把代码 A 的前面部分代码(比如,前 0.7M)读入内存,然后运行 A 的该部分代码,当这部分代码运行完毕,CPU 的控制权又回到系统代码。系统代码再把程序 A 的中间 0.7M 的代码读入内存,然后让这部分代码运行。当程序 A 的中间 0.7M 的代码运行完毕,CPU 的控制权又回到系统代码。系统代码按照类似的过程,运行 A 最后的 0.7M 的代码。这样,程序 A 就得到了运行。

可以看出,虚拟存储器的功能与 Cache 类似。Cache 控制电路负责把需要的内存块调往 Cache,把 Cache 内不再需要的 Cache 块调往内存。虚拟存储器是由系统代码把需要运行的用户程序的部分代码复制到内存,以便该用户程序的部分代码运行。当该用户程序的部分代码运行完毕,系统代码收回存储空间,再把用户程序的另一部分代码复制到内存,以便该用户程序的部分代码运行。虚拟存储器功能使用户程序的运行不受内存空间的限制,给用户程序的运行提供无穷大的存储空间。

虚拟存储器对数据也提供同样的功能。把需要的数据(最初在外存上)的部分(片段)读入内存,供程序使用。当该部分数据不再使用,并且有改动时,则把该部分数据再写回到外存的原位置。

3.8.2 页式虚拟存储器

(1)页式虚拟存储器的基本原理

页式虚拟存储器就是外存(磁盘)与内存的信息(代码或数据)交换以页为单位。页就是若干个固定的连续的内存单元。页的大小就是信息单元的数目,由实现虚拟存储器功能的系统代码决定。对于具有虚拟存储器功能的现代计算机,页的大小范围为 2K~16K 字节。主存空间按照页的大小分为若干个"实页"。外存空间按照页的大小分为若干个"虚页"。当 CPU 要求的信息(代码或数据)所在的页不在内存时,就会导致 1 个"页缺失"(page default)。系统代码负责把该虚页从外存读入内存,占用 1 个实页。系统代码把 1 个页(2K~16K 字节)读入内存需要一段稍微长的时间。

(2)页表

在具有虚拟存储器功能的计算机系统中,CPU 为访问 1 个信息而发出的地址不是内存的某个单元的真实地址(或者称为物理地址),这个地址被称为虚拟地址(或者逻辑地址)。将虚拟地址转换为物理地址的过程由内存管理部件(MMU,Memory Management Unit)完成。内存管理部件是设计好的硬件电路。

将虚拟地址转换为物理地址的方法有 3 种(类似 Cache 中的地址映射):直接映射、全相联映射、组相联映射。当 1 个外存的页("虚页")被调入内存时,该"虚页"对应的"实页"号需要被记录。内存中有多个"实页"。这样需要记录每个"实页"存储的"虚页"号。这些信息被记录在一个表中,该表被称为页表(page table)。页表被存储在内存中。页表在内存的开始地址被存储在一个寄存器中,该寄存器被称为页表基址寄存器。

类似 Cache 的数据结构,页表的每个表目有 3 个域:实页地址域(每个"虚页"对应的"实页"地址)、1 个有效位(valid 位,仅 1 位,用于记录该虚页是否被装入内存中)、1 个"脏"位。当计算机加电启动后,页表的所有 valid 位被初始化为 0。当某虚页被装入到内存中时,它对应的表目被设置为"脏"位(dirty 位,1 位,或者称为信息修改位,用于记录在内存的页的信息是否有改动)。当该页的信息有改动时,对应的 dirty 位被设置为 1。当某个内存的页需要让出内存时,系统代码检查该 valid 位,决定是否用该内存页覆盖外存的原页的信息。

在页表的直接映射方式下,每个"虚页"占用页表的 1 个表目,该表目记录该"虚页"对应的"实页"号。CPU 发出 1 个虚拟地址,该虚拟地址按照功能被分为两部分:虚拟页号(高地址)、页内地址(低地址)。假定虚拟页号占 n 位,则说明:有 2^n 个"虚页",页表有 2^n 个表目。虚拟页号用于定位(指向)页表的某个表目,当该表目的 valid 位为 1(代表该虚页已经在内存中)时,该表目的实页地址域记录对应的实页地址(虚页在内存的位置)。根据该虚拟页号,定位(指向)页表的某个表目,找到该虚拟页号在内存的位置,结合页内地址,定位到 1 个单元。

页表的直接映射的转换过程如图 3.31 所示。

图 3.31　页表的直接映射

如果表目的 valid 位为 0,表示该虚页还没有在内存中。这时系统代码把该虚页从外存读入内存某个页,修改该表目的主要内容域,修改该表目的有效位(valid 位)为 1。

页表也可以采用与 Cache 用到的类似的全相联映射、组相联映射。这里不再过多讲述。

页面不能太小。因为从外存(磁盘)读取信息,定位信息的位置花费的时间相对长,定位后,传输数据的过程相对较快。如果页面太小,需要频繁访问外存,花费的定位时间会增加。

(3)快表(TLB)

页表通常很大,存放在内存中。为提高地址转换的速度,会把页表中最近被访问最多的一部分表目放在一个高速缓存中。该高速缓存被称为地址变换高速缓存(Translation Look-aside Buffer,TLB),简称为快表。

CPU 发出的 1 个虚拟地址包含页号,存储器管理部件 MMU 首先在 TLB 里面搜索该页号。如果该页号在 TLB 里面(命中情况),就可以立即找到该页号对应的内存地址。这样就不用再访问内存里面的页表,从而可以节约时间,提高了速度。

如果该页号不在 TLB 里面(未命中情况),存储器管理部件 MMU 就从内存的页表里面搜索该页号,并且用该表目更新 TLB。

当操作系统代码更新了内存的页表的表目,也需要更新 TLB 里面对应的表目,保持表目的一致性。

(4)TLB 和 Cache 的多级存储系统

图 3.32 是一个具有 TLB 和 Cache 的多级存储系统,其中 Cache 采用二路组相联方式。CPU 给出一个 32 位的虚拟地址,TLB 采用全相联方式,每一项都有一个比较器,查找时将虚页号与每个 TLB 标记字段同时进行比较,若有某一项相等且对应有效位为 1,则 TLB 命中,此时可直接通过 TLB 进行地址转换;若未命中,则 TLB 缺失,需要访问主存去查页表。图中所示的是两级页表方式,虚页号被分成页目录索引和页表索引两部分,由这两部分得到对应的页表项,从而进行地址转换,并将相应表项调入 TLB,若 TLB 已满,则还需要采用替换策略。完成由虚拟地址到物理地址的转换后,Cache 机构根据映射方式将物理地址划分成多个字段,然后根据映射规则找到对应的 Cache 行或组,将对应 Cache 行中的标记与物理地址中的高位部分进行比较,若相等且对应有效位为 1,则 Cache 命中,此时根据块内地址取出对应的字送 CPU。

图 3.32 TLB 和 Cache 的访问过程

查找时,快表和慢表也可以同步进行,若快表中有此虚页号,则能很快地找到对应的实页号,并使慢表的查找作废,从而就能做到虽采用虚拟存储器但访问主存速度几乎没有下降。

在一个具有缓存 Cache 和 TLB 的虚拟存储系统中,CPU 一次访存操作可能涉及 TLB、页表、Cache、主存和磁盘的访问,访问过程如图 3.33 所示。可见,CPU 访存过程中存在 3 种缺失情况:① TLB 缺失:要访问的页面的页表项不在 TLB 中;② Cache 缺失:要访问的主存块不在 Cache 中;③ Page 缺失:要访问的页面不在主存中。这 3 种缺失的可能组合情况见表 3.8。

最好的情况是第 1 种组合,此时无须访问主存;第 2 种和第 3 种组合都需要访问一次主存;第 4 种组合需要访问两次主存;第 5 种组合发生"缺页异常",需要访问磁盘,并且至少访问两次主存。

Cache 缺失处理由硬件完成;缺页处理由软件完成,操作系统通过"缺页异常处理程序"来实现;而 TLB 缺失既可以用硬件又可以用软件来处理。

图 3.33　带 TLB 虚拟存储器的 CPU 访存过程

表 3.8　TLB、Page、Cache 三种缺失的可能组合情况

序号	TLB	Page	Cache	说　明
1	命中	命中	命中	TLB 命中则 Page 一定命中,信息在主存,就可能在 Cache 中
2	命中	命中	缺失	TLB 命中则 Page 一定命中,信息在主存,也可能不在 Cache 中
3	缺失	命中	命中	TLB 缺失但 Page 可能命中,信息在主存,就可能在 Cache 中
4	缺失	命中	缺失	TLB 缺失但 Page 可能命中,信息在主存,也可能不在 Cache 中
5	缺失	缺失	缺失	TLB 缺失则 Page 也可能缺失,信息不在主存,也一定不在 Cache

3.8.3　段式虚拟存储器

页式虚拟存储器是按照"页"在内存与外存进行信息交换,段式虚拟存储器则是按照"段"在内存与外存进行信息交换。"段"是一个程序的一个逻辑块(部分)。一个程序由若干个不同的"段"构成。各个"段"有自己的大小(长度)。"段"中的某个数据(或指令)的地址可以分为两部分:段地址、段内(偏移)地址(相对于段起始地址的偏移量)。每个"段"在使用时,需要由(操作)系统代码放到内存的一块连续区域。为使用"段",每个"段"有一个对应的表目,所有的表目组成一个段表。段表存储在内存中。可以使用一个寄存器来存储段表的起始地址。该寄存器被称为段表基址寄存器。

段表的每个表目主要有 5 个域:

① 段起始地址域(每个"段"在内存的起始地址)。② 段长度域(每个"段"的单元数)。③ 1 个有效位(valid 位,仅 1 位,用于记录该段是否被装入内存中。当计算机加电启动后,段表的所有 valid 位被初始化为 0。当某段被装入内存中,它对应的表目的 valid 位被设置为 1)。④ 1 个"脏"

位(dirty 位,1 位,或者称为信息修改位,用于记录在内存的该段的信息是否有改动。当该段的信息有改动时,对应的 dirty 位被设置为 1。当某个内存的段需要让出内存时,系统代码检查该 valid 位,决定是否用该内存段覆盖外存的原段的信息)。⑤ 其他域。例如,可以定义对该段的操作类型。

例如,一个程序由 6 个段构成,其中前 3 个段装入内存。该程序的存储情况如图 3.34 所示。

图 3.34　程序的存储情况

CPU 发出的虚拟地址包含段号与段内地址。系统代码在段表找到段号对应的表目,找到该段在内存的起始地址,结合段内地址,得到该虚拟地址对应的真实地址。段地址变化逻辑如图 3.35 所示。

图 3.35　段地址变化逻辑

3.8.4　段页式虚拟存储器

有些计算机系统使用段页式虚拟存储器。每个段被分成若干个页,内存与外存交换信息以页为单位。CPU 发出的虚拟地址分为段号、段内页号和页内地址。系统代码在段表找到段号对应表目,获得该段的页表在内存的起始地址;再根据段内页号,找到该页的表目,获得该页的起始地址;再结合页内地址,获得虚拟地址的物理地址。地址变换过程如图 3.36 所示。

图 3.36　段页式地址变换原理

段页式虚拟存储器的优点是,兼具页式和段式虚拟存储器的优点,可以按段实现共享和保护。缺点是在地址变换过程中需要两次查表,系统开销较大。

3.8.5　虚拟存储器与 Cache 的比较

虚拟存储器与 Cache 既有很多相同之处,又有很多不同之处。

(1) 相同之处

最终目标都是提高系统性能,两者都有容量、速度、价格的梯度。

都把数据划分为小信息块,并作为基本的传递单位,虚存系统的信息块更大。

都有地址的映射、替换算法、更新策略等问题。

依据程序的局部性原理应用"快速缓存的思想",将活跃的数据放在相对高速的部件中。

(2) 不同之处

Cache 主要解决系统速度问题,而虚拟存储器主要解决主存容量问题。

Cache 全由硬件实现,是硬件存储器,对所有程序员透明;而虚拟存储器由 OS 和硬件共同实现,是逻辑上的存储器,对系统程序员不透明,但对应用程序员透明。

对于不命中性能影响,因为 CPU 的速度约为 Cache 的 10 倍,主存的速度为硬盘的 100 倍以上,因此虚拟存储器系统不命中时对系统性能影响更大。

CPU 与 Cache 和主存都建立了直接访问的通路,而辅存与 CPU 没有直接通路。也就是说在 Cache 不命中时主存能和 CPU 直接通信,同时将数据调入 Cache;而虚拟存储器系统不命中时,只能先由硬盘调入主存,而不能直接和 CPU 通信。

3.9　重难点答疑

1. 关于 Cache 的 LRU 替换算法。

【答疑】LRU 就是选择最近使用次数最少的 Cache 块被替换。算法的实现有点麻烦,考生应该能根据该算法确定被替换的 Cache 块。

2. 16 位或 32 位 CPU 与按照字节编址的存储器的连接。

【答疑】通常,这种情况需要将 CPU 的高位地址线与存储器地址管脚连接。存储器需要多片,且各片的容量相等,需要 CPU 提供额外的控制管脚来选择访问存储单元的位数。电路连接有点复杂。这种情况一般要求各种类型的数据在存储时将地址对齐,否则,CPU 需要多次访问数据,并需要进行内部调整。

3. 关于 SDRAM 存储器的突发模式。

【答疑】SDRAM 的突发模式就是外界提供 1 个地址信号后,经过特定的总线时钟周期,存储器在后续的每个总线时钟周期发出 1 个字数据。这些数据的存储地址是连续的。SDRAM 在工作时需要外界提供 1 个时钟信号。SDRAM 的突发模式能够使数据传输速度加快。

4. 关于磁盘传输与磁盘存取、磁道读取。

【答疑】常规情况下,磁盘存取时间指寻道时间与旋转半周时间的和。

有的资料认为,当磁头在某个磁道时,旋转 1 周读取 1 个磁道的数据的时间,叫作传输时间或读取时间。有的资料把从寻道开始到完成读取数据的时间叫作传输时间。有的资料认为,磁盘传输时间是指磁盘通过总线往内存传输的时间。在涉及对磁盘时间的计算时,需要结合题目中的信息确定具体计算方式。

3.10 命题研究与模拟预测

3.10.1 命题研究

本章是关于内部存储器的知识,相对独立,但涉及很多知识点,是考试的重点,需要考生在记忆、理解的基础上灵活运用。

首先,考生应该掌握存储器的分类,这部分需要进行记忆。本章的知识也是围绕存储器的层次结构来讲述的,多层次的存储器存取时间的计算在全国统考中没有出现过,但需要考生掌握。这些知识难度中等。

SRAM 的知识相对简单,需要考生掌握 SRAM 的特性、管脚与容量的关系。DRAM 的特性、DRAM 的刷新知识、DRAM 的存储容量计算、DRAM 地址管脚复用等这些知识点在全国统考中出现过,这些知识难度中等,易于掌握,需要考生熟练掌握。关于 ROM 与 FLASH 的知识也曾经在全国统考中出现过。

主存与 CPU 的连接由于涉及电路,在全国统考中没有出现过。但该内容属于应用方面的知识,且难度中等,需要考生掌握。

多模块存储器在全国统考中作为综合题的小题出现过,主要考查它的原理与特点。这也需要考生掌握。

磁盘的组成、磁盘容量计算、磁盘平均存取时间的计算曾经多次出现在全国统考题目中,属于中等难度,需要考生掌握。

RAID 的概念、RAID 原理、RAID 的分类也曾经出现在全国统考题目中,但属于简单知识。考生很容易掌握。

Cache 是本章重点。Cache 的基本原理、映射方式在全国统考中多次出现,难度属于中等。但其结合 C 语言程序进行命中率的计算属于中等偏上的难度,需要考生仔细分析,进行定量计算。

虚拟存储器的概念、页式虚拟存储器在全国统考中出现过。段式虚拟存储器、段页式虚拟存储器基本没有考过,这些知识可以算进操作系统的考查范围。

TLB 的基本概念曾经考查过,需要考生掌握。

带 Cache 的虚拟存储器的工作流程曾经考查过,也需要掌握。

总之,本章的很多知识点会以单项选择、计算、问答的形式进行考查,也会结合系统总线的知识进行考查。

3.10.2 模拟预测

● 单项选择题

1. 某计算机按字节编址,采用页式虚拟存储管理方式,虚拟地址空间大小为 4GB,若 TLB 共有 128 个表项,每个表项的 Tag 占 16 位,且采用 8 路组相联映射方式,那么该虚拟空间中页大小为( )。

A. 2KB   B. 4KB   C. 6KB   D. 8KB

2. 假设用若干个 16K×8 位的芯片组成一个 64K×16 位的存储器,存储字长是 16 位,且按照字节编址,则地址 5A2F 所在的芯片的起始地址是( )。 【模考密押 2025 年】

A. 1000H   B. 2000H   C. 4000H   D. 5000H

3. 下列关于磁盘存储器的叙述中,错误的是( )。

A. 磁盘的平均寻道时间与磁头在磁盘上移动到目标轨道所需的时间有关

B. 磁盘阵列(RAID)可以提高数据的可靠性和存取速度

C. 磁盘的读写速度通常是由旋转速度和数据传输率共同决定的

D. 磁盘的坏道只影响存储区域,通常不会影响数据读取速度

4. 若计算机主存地址 32 位,按字节编址,Cache 数据区容量为 64KB,主存块大小为 64B,采用 8 路组相联、LRU 替换策略和写回策略,那么 Cache 中一行的位数至少是( )。【模考密押 2025 年】

A. 535   B. 536   C. 533   D. 532

5. 下列关于 TLB 和页表的叙述中,错误的是( )。

A. TLB 存储的数据是页表的子集   B. TLB 和页表都由 SRAM 组成

C. TLB 命中,则页表一定命中   D. 页表未命中时,会发生缺页处理

6. 某计算机系统采用异步刷新方式的 DRAM 存储器,存储阵列的行数为 1024,列数为 2048,共计 2M×8 位的存储单元。该系统要求每 8ms 内完成所有行的刷新,每次刷新操作的间隔时间可以灵活配置。如果刷新操作需要占用 50% 的时间处理存储访问请求,则最小的行刷新间隔时间应该是多少?

A. 3.9μs   B. 7.8μs   C. 15.6μs   D. 31.25μs

● 综合应用题

1. 假设计算机 M 字长 32 位,主存按字节编址,Data Cache 的数据区为 2KB,块大小为 32B,采用直接映射方式;页面大小为 4KB,虚拟地址和物理地址的长度都是 32 位。以下是实现数组复制的程序代码 A:

```
int a[128][4];
int b[128][4];
int i,j;
for(i=0;i<128;i++){
    for(j=0;j<4;j++){
    b[i][j]=a[i][j];
    }
}
```

假定 sizeof(int)=4,数组在内存按行优先方式存放。数组 a 在虚拟地址空间中的起始地址为 0x8049000,数组 b 紧接在数组 a 随后存放。已知虚拟地址 0x8049000 转换后的物理地址为 0xfa000,for 循环开始执行时 Data Cache 为空。则请回答下列问题,并给出计算过程或说明理由。

（1）数组 a 和数组 b 是否在同一个页面中？

（2）虚页号和页框号各占几位？

（3）在访问 Data Cache 时，主存地址该如何划分？

（4）执行代码段 A 时数组元素的访问 Cache 缺失率是多少？

（5）若 Data Cache 改用 2 路组相联映射方式，则执行代码段 A 时数组元素的访问缺失率是多少？

2. 某 DRAM 的存储体组织是 1024 行 256 列，数据线为 8 根。则：

（1）该存储器容量是多少字节？

（2）该 DRAM 的行地址需要几位，列地址需要几位？DRAM 采用地址复用，则该 DRAM 的地址线可能是几根？

（3）假定采用集中刷新，刷新一行需要 20ns，则该 DRAM 刷新花费的时间是多少？

3. 8 位 CPU 的地址线为 16 根。与 1 个 RAM 芯片、1 个 ROM 芯片的连接如下图所示。计算 ROM 占用的地址、RAM 占用的地址。

4. 某 32 位 RISC 的 CPU 具有内置 Cache,并且访问 Cache 的命中率是 95%。执行 Cache 内的每条指令需要 1 个 CPU 时钟周期。当访问的指令不在 Cache 中时,CPU 暂停运行,并采用突发方式从内存向 Cache 传送 1 个 64B 的信息块。该突发方式是:先花费 10 个 CPU 时钟周期向存储器发送地址与命令,此后每个 CPU 时钟周期读取 1 个字的信息。假定 CPU 的工作频率是 100MHz,计算访问 1 条指令需要的平均时间。

3.10.3　答案精解

● 单项选择题

1.【答案】 B

【精解】 虚拟地址空间为 $4GB = 2^{32}B$,且按字节编址,所以虚拟地址为 32 位;TLB 采用组相联映射,共有 $128/8 = 16 = 2^4$ 组,即组号占 4 位,那么页内地址位数 $= 32 - 4 - 16 = 12$ 位,所以页大小为 $2^{12}B = 4KB$,选项 B 正确。

2.【答案】 C

【精解】 根据题意,需要 $(64K×16)/(16K×8) = 8$ 个芯片,每 2 个芯片是一组,共 4 组,由于每个字是 16 位,所以每组并行存储 1 个字。总存储空间为 128KB,每组是 32KB,且按字节编址,所以 4 组对应的地址范围分别是:0000H~3FFFH、4000H~7FFFH、8000H~BFFFH、C000H~FFFFH,通过比较给出的地址 5A2FH(十进制 23087),位于 4000H~7FFFH 之间,所以该芯片的起始地址是 4000H,选项 C 正确。

3.【答案】 D

【精解】 A 选项正确,平均寻道时间确实与磁头在磁盘上移动到目标轨道所需的时间有关,通常是一个关键性能指标。

B 选项正确;磁盘阵列(RAID)技术通过将多个磁盘组合在一起,可以提高数据的可靠性(如通过镜像)和存取速度(如通过条带化)。

C 选项正确,磁盘的读写速度受到多个因素的影响,包括旋转速度(RPM)和数据传输率(每秒传输的数据量),二者共同决定了整体性能。

D 选项错误,坏道是指磁盘表面上的物理缺陷,会导致数据存取失败,可能会影响整个磁盘的性能和数据读取速度。如果数据存储在坏道上,系统会尝试重新分配或使用其他可用区域,这可能会导致更长的访问时间,所以选择 D。

4.【答案】B

【精解】根据题意知,主存块大小64B=2^6B,块内地址占6位;Cache容量64KB,采用8路组相联,所以共有64KB/(64B×8)=2^7个组,即组号占7位;主存地址是32位,所以标记位=32-6-7=19位。另Cache采用LRU替换策略和写回策略,即替换算法控制位占3位,修改位占1位,有效位1位,所以Cache一行的位数=1+1+3+19(标记位)+64×8(数据位)=536位,选项B正确。

5.【答案】B

【精解】页表存在于内存中,不是一个单独的硬件,所以选项B正确。

6.【答案】C

【精解】根据题意,如果不考虑占用的时间,理想情况下,每行的刷新间隔时间为8ms/1024=7.8μs,但是,题目要求刷新操作只能占用50%的时间,意味着刷新操作与其他存储访问请求共享总时间。因此,实际的刷新周期需要考虑时间的一半用于其他操作。调整后的刷新周期,由于只有50%的时间可以用于刷新操作,因此每行实际的刷新间隔需要加倍:7.8×2=15.6μs,所以正确答案:C。

● 综合应用题

1.【答案精解】

(1)由于主存按字节编址,而页面大小=4KB=2^2×2^{10}B=2^{12}B,则页内偏移地址长度为12位。数组a的起始地址为8049000H,其页内偏移部分为000H,恰好为一个页面的起始地址。又因为数组a和数组b的大小一样,都为128×4×4B=2^{7+2+2}B=2^{11}B,则数组a和数组b共占用2^{12}B的地址空间,恰好等于一个页的大小。所以数组a和数组b在一个页面中。

(2)由于页内偏移地址占12位,而虚拟地址长度为32位,则页号为32-12=20位。而物理地址同样为32位,则页框号(物理页号)32-12=20位。

(3)数据cache为2KB=2×2^{10}B=2^{11}B,而块大小为32B=2^5B,则块内偏移占5位。且可知cache中共有2^{11-5}=2^6个块,则块号占6位,则主存字块标记占32-5-6=21位。主存地址结构为:

主存字块标记(21位)	块号(6位)	块内偏移(5位)

(4)因为数组A的物理地址是0xfa000,又Cache地址结构是:

主存标记:21位	Cache块号:5位	Cache块内地址:6位

所以数组A对应的Cache块号是0,因此数组A对应的Cache块号是0-63块。

因为数组B紧接着数组A存放,所以数组B对应的Cache块号也是0-63号。

当循环进行时,a[0][0]~a[0][7]存放在Cache第0块,b[0][0]~b[0][7]也存放在Cache第0块,b会把a替换掉,所以缺失率是100%。

(5)如果cache采用2路组相联映射,则将cache块分组,每个组内有2个cache块,共分为26/2=32个组。由于数组a的元素只访问一次,所以仍然是每访问8个元素产生1次cache缺失,则访问缺失率=1/8=12.5%。

2.【答案精解】

(1)容量为1024×256bit,就是32KB。

(2)存储体有1024行,则行地址需要10位。

每行有256个位,数据线是8位,也就是每8个位可以使用1个控制信号,这样需要32个控制信号。列地址用来产生32个控制信号,这样列地址需要5位。

由于地址复用,存储器需要10根地址线。

(3)集中刷新总时间是1024×20ns=20.48μs。

3.【答案精解】

当 CPU 发出地址位的 A15、A14、A13 分别为 1、0、0 时，138 译码器才能正常工作。

当 A12、A11、A10 分别为 0、0、1 时，译码器的输出端 Y1#输出低电平，使 SRAM 的片选端 CS#有效，从而选中 SRAM 芯片。

当 A12、A11、A10 分别为 1、0、1 时，译码器的输出端 Y5#输出低电平，使 ROM 的片选端 CS#有效，从而选中 ROM 芯片。

CPU 的地址位的使用情况见下表。

A15 ~ A13	A12 A11 A10	A9 ~ A0	
100	101	00…0	选中 ROM 第 1 个单元
100	101	……	……
100	101	11…1	选中 ROM 最后的单元
100	001	00…0	选中 SRAM 第 1 个单元
100	001	……	……
100	001	11…1	选中 SRAM 最后的单元

因此，ROM 占用的地址是 9400H ~ 97FFH，SRAM 占用的地址是 8400H ~ 87FFH。

4.【答案精解】

由于 CPU 的工作频率是 100MHz，所以 1 个 CPU 时钟周期是 10ns。

未命中时，需要进行突发传输 64B 指令，需要传输的次数是 $64 \div 4 = 16$。需要的 CPU 时钟周期是 16 个。

完成 1 次突发传输需要的 CPU 时钟周期个数是 $10 + 16 = 26$，即需要 260ns。

访问 1 条指令需要的平均时间为：$0.95 \times 10 + 0.05 \times 260 = 22.5$ns。

说明：要想真正理解 Cache 的工作过程，或者准确地进行与 Cache 相关的定量计算，需要了解 Cache 的电路。但我们基本上都没见到过具体的 Cache 电路，所以在进行类似本题的定量计算时，需要根据题目的描述来考虑。但是对于同一个术语，不同的人的描述可能存在差异，导致产生一定的歧义，需要考生仔细琢磨。

第 4 章　指令系统

4.1　考点解读

本章是关于指令的知识。本章基本概念较多,知识点不算太多,需要考生记忆并理解,难度中等。本章也是第 5 章的基础。

本章考点如图 4.1 所示。本章最近 10 年统考考点题型分值统计见表 4.1。

图 4.1　本章考点导图

表 4.1　本章最近 10 年统考考点题型分值统计

年份 （年）	题型（题）		分值（分）			统考考点
	单项选择题	综合应用题	单项选择题	综合应用题	合计	
2015	0	1	0	4	4	寻址方式、指令综合
2016	1	0	2	0	2	寻址方式
2017	2	1	4	8	12	寻址方式、字长计算、指令综合计算
2018	0	0	0	0	0	无
2019	1	1	2	3	5	寻址方式、条件转移
2020	1	0	2	0	2	指令系统
2021	0	1	0	15	15	指令系统
2022	2	1	4	6	10	指令格式、ISA 指令、指令执行顺序
2023	1	1	2	9	11	数据的寻址方式、高级语言与机器码的对应
2024	1	1	2	13	15	指令格式

4.2　指令系统的基本概念

4.2.1　指令系统的发展及其性能要求

（1）指令系统的发展

机器语言是不需要经过翻译就可以被机器所理解的语言，也是计算机唯一能够识别的语言，本质上是计算机能够识别的二进制代码。它由一条条语句构成,每一条语句就是一条机器指令。机器的指令系统是指一台计算机的所有机器指令的集合。一条机器指令执行一个基本操作,如传送数据、加法运算。从这个角度来看,程序就是由一系列有序的指令构成的。高级语言要在机器上执行,需要转换为机器语言程序。

(2)指令系统的性能要求

一个完善的指令系统应具备以下特征:

完备性:要求指令种类丰富、功能齐全、数目足够使用。

高效性:要求利用该指令系统所编写的程序所占据存储空间小、执行速度快。

规整性:主要体现在对称性、匀齐性、指令格式和数据格式的一致性三个方面。

对称性:要求所有的寄存器和存储器单元都可被同等对待,所有的指令都可使用各种寻址方式。

匀齐性:要求可以支持各种数据类型。

指令格式和数据格式的一致性:通常要求指令长度和数据长度是字节的整数倍,以方便处理和存取。

兼容性:系列机各机种之间具有相同的基本结构和共同的基本指令集,使得在老旧型号的机器上运行的软件也可以在新型号的机器上运行。

4.3 指令格式

指令是控制 CPU 执行一个操作的命令。指令由 0、1 组成,也称机器指令或二进制指令。指令(instruction)不同于高级语言的语句。一个 CPU 的所有指令(或指令集合)称为指令系统或指令集(instruction set)。不同 CPU 的指令系统不一样。指令系统由 CPU 的设计者确定。

4.3.1 指令的基本格式

(1)指令格式

一条指令应该包含 CPU 执行该指令需要的所有信息。在计算机中,每条指令是一个二进制序列,这个序列分为几个字段。一条指令包含的字段有:

① 操作码(operation code):它决定要执行的操作,是指令必须有的部分,不能缺少。

② 操作数(operand):它指出操作需要的数据,或者最终结果。操作数的数量由设计者决定。指令的操作数可能有 0 个、1 个、2 个、3 个。一般在指令中,操作码在前面,后面是操作数。

例如:HLT 为某 CPU 停机指令,不需要操作数,为 0 操作数指令。

ADD R3,R2,R1 为某 CPU 加法指令,有 3 个操作数。R1~R3 为 3 个寄存器。该指令实现 R1 的内容(值)加上 R2 的内容(值),得到的和送 R3。

ADD R2,R1 为某 CPU 加法指令,有 2 个操作数。R1~R2 为 2 个寄存器。该指令实现 R1 的内容(值)加上 R2 的内容(值),得到的和送 R2。

INC R1 为某 CPU 的加 1 指令,R1 为 1 个寄存器。该指令实现 R1 的内容(值)加上 1,得到的和送 R1。

具体每条指令有几个操作数,由 CPU 的设计者决定。

对于人们来说,机器指令书写不便,修改麻烦,识别困难。例如,下面是 2 条 8086 CPU 的指令:

<u>10111000</u>0011001100100010 (用十六进制表示为 B83322H)

<u>10111011</u>0100010000110011 (用十六进制表示为 BB4433H)

每条指令前面的位(这里有下划线的位)代表操作码,后面的位是操作数。

（机器）指令是 CPU 识别的唯一语言。为方便人们正确书写、修改、识别,人们普遍采用的是用字母符号表示机器指令。汇编指令就是用字母符号表示机器指令。汇编指令用字母符号表示机器指令的操作码,例如,用 ADD 表示加法,用 SUB 表示减法,用 MUL 表示乘法,用 DIV 表示除法,LOAD 表示把存储器内的信息装载到 CPU,STORE 表示把 CPU 某个寄存器的信息（内容）保存到内存中。

上面 2 条 8086 CPU 指令对应的汇编指令为:

MOV AX, 2233H

MOV BX, 3344H

多条汇编指令构成了一个汇编源程序。用汇编指令编写程序,方便人们书写、修改、识别指令。但 CPU 不识别汇编指令,需要翻译为机器指令。现在人们基本不用机器指令编写程序。本书在后面讲解理论时,有时采用机器指令。

CPU 只能识别与执行机器指令。无论是汇编指令还是高级语言的程序,必须翻译为机器指令,并放在存储器的连续区域。每条指令包含的二进制位数是指令的长度。

一个指令系统（指令集）的每条指令的长度可能相等,也可能不相等。每条指令是 1 个二进制序列,这个序列的最前面是操作码,后面是操作数。

由于现代 CPU 最少是 8 位,并且现代的存储器按照字节编址的较多,则该条指令占用 1 个存储单元,CPU 可以通过 1 次读操作获得该指令。

一条指令通常包括操作码字段和地址码字段两部分。其中,操作码指出指令中该指令应该执行什么性质的操作以及具有何种功能。操作码是识别指令、了解指令功能及区分操作数地址内容的组成和使用方法等的关键信息。例如,指出是算术加运算还是算术减运算,是程序转移还是返回操作。

地址码给出被操作的信息（指令或数据）的地址,包括参加运算的一个或多个操作数所在的地址、运算结果的保存地址、程序的转移地址、被调用的子程序的入口地址等。

指令的长度是指一条指令中所包含的二进制代码的位数。指令字长取决于操作码的长度、操作数地址码的长度和操作数地址的个数。指令长度与机器字长没有固定的关系,它可以等于机器字长,也可以大于或小于机器字长。通常,把指令长度等于机器字长的指令称为单字长指令,指令长度等于半个机器字长的指令称为半字长指令,指令长度等于两个机器字长的指令称为双字长指令。

在一个指令系统中,若所有指令的长度都是相等的,则称为定长指令字结构。定字长指令的执行速度快,控制简单。若各种指令的长度随指令功能而异,则称为变长指令字结构。然而,因为主存一般是按字节编址的,所以指令字长多为字节的整数倍。

根据指令中操作数地址码的数目的不同,可将指令分成以下几种格式。

零地址指令

零地址: OP

只给出操作码 OP,没有显式地址。这种指令有两种可能:

① 不需要操作数的指令,如空操作指令、停机指令、关中断指令等。

② 零地址的运算类指令仅用在堆栈计算机中。通常参与运算的两个操作数隐含地从栈顶和次栈顶弹出,送到运算器进行运算,运算结果再隐含地压入堆栈。

一地址指令

一地址: OP | A₁

这种指令也有两种常见的形态,要根据操作码的含义确定究竟是哪一种。

① 只有目的操作数的单操作数指令。按 A_1 地址读取操作数,进行 OP 操作后,结果存回原地址。

指令含义:$OP(A_1) \rightarrow A_1$。

如操作码含义是加1、减1、求反、求补等。

② 隐含约定目的地址的双操作数指令。按指令地址 A_1 可读取源操作数,指令可隐含约定另一个操作数由 ACC(累加器)提供,运算结果也将存放在 ACC 中。

指令含义:$(ACC)OP(A1) \rightarrow ACC$。

若指令字长为32位,操作码占8位,1个地址码字段占24位,则指令操作数的直接寻址范围为 $2^{24} = 16M$。

二地址指令

二地址:

OP	A_1	A_2

指令含义:$(A_1)OP(A_2) \rightarrow A_1$。

对于常用的算术和逻辑运算指令,往往要求使用两个操作数,需分别给出目的操作数和源操作数的地址,其中目的操作数地址还用于保存本次的运算结果。

若指令字长为32位,操作码占8位,两个地址码字段各占12位,则指令操作数的直接寻址范围为 $2^{12} = 4K$。

三地址指令

三地址:

OP	A_1	A_2	A_3(结果)

指令含义:$(A_1)OP(A_2) \rightarrow A_3$。

若指令字长为32位,操作码占8位,3个地址码字段各占8位,则指令操作数的直接寻址范围为 $2^8 = 256$。若地址字段均为主存地址,则完成一条三地址指令需要4次访问存储器(取指令1次,取两个操作数2次,存放结果1次)。

四地址指令

四地址:

OP	A_1	A_2	A_3(结果)	A_4(下址)

指令含义:$(A_1)OP(A_2) \rightarrow A_3$,$A_4 =$ 下一条将要执行指令的地址。

若指令字长为32位,操作码占8位,4个地址码字段各占6位,则指令操作数的直接寻址范围为 $2^6 = 64$。

(2)定长操作码指令格式

在1个指令系统中,如果所有指令的长度相同,则称为等长指令。采用等长指令,会方便设计。1个指令系统,如果指令的长度不相同,则称为不等长指令。不等长指令设计麻烦,但节约存储空间。

对于等长指令系统,指令可以采用固定长度的操作码(也叫定长操作码),也可以采用长度不固定的操作码。

假定1个定长操作码的格式如图4.2所示。

图 4.2　某指令的格式

假定操作码占 m 位,则最多表示 2^m 个不同指令。

(3) 扩展操作码指令格式

定长指令采用不定长操作码,能充分利用指令固定的位数,使操作码位数随着操作数位数而变化。具体就是:当操作数需要的位数少时,就使操作码位数多一些。当操作数需要的位数多时,就使操作码位数少一些。

例如,假定某 CPU 采用定长指令,指令均为 16 位。操作数数量最多 3 个,每个操作数都是 4 位。则指令操作码的编码可以如下:

① 3 操作数指令。则操作码有 4 位,有 16 种编码,从中选取 15 种,剩下的 1 种保留,用于扩充。例如,可以选用 0000~1110 作为操作码,1111 保留。

② 2 操作数指令。操作码有 8 位,前 4 位固定为保留的 1111;后 4 位有 16 种编码,从中选取 15 种,剩下的 1 种保留,用于扩充。例如,后 4 位可以选用 0000~1110 作为操作码,1111 保留。

③ 1 操作数指令。操作码有 12 位,前 8 位固定,使用保留的 1111 1111;后 4 位有 16 种编码,从中选取 15 种,剩下的 1 种保留,用于扩充。例如,后 4 位可以选用 0000~1110 作为操作码,1111 保留。

④ 0 操作数指令。操作码有 16 位,前 12 位固定,使用保留的 1111 1111 1111,后 4 位有 16 种编码。

编码原则:每条指令的编码应该是唯一的,不能有 2 条不同指令的编码是相同的。

4.3.2　指令操作码

设计指令系统时必须考虑应提供哪些操作类型,指令操作类型按功能可分为以下几种:

(1)数据传输:传送指令通常有寄存器之间的传送(MOV)、从内存单元读取数据到 CPU 存器(LOAD)、从 CPU 寄存器写数据到内存单元(STORE)等。

(2)算术和逻辑运算:这类指令主要有加(ADD)、减(SUB)、比较(CMP)、乘(MUL)、除(DIV)、加 1(INC)、减 1(DEC)、与(AND)、或(OR)、取反(NOT)、异或(XOR)等。

(3)移位操作:移位指令主要有算法移位、逻辑移位、循环移位等。

(4)转移操作:转移指令主要有无条件转移(JMP)、条件转移(BRANCH)、调用(CALL)、返回(RET)、陷阱(TRAP)等。无条件转移指令在任何情况下都执行转移操作,而条件转移指令仅在特定条件满足时才执行转移操作,转移条件一般是某个标志位的值,或几个标志位的组合。

调用指令和转移指令的区别:执行调用指令时必须保存下一条指令的地址(返回地址),当子程序执行结束时,根据返回地址返回到主程序继续执行;而转移指令则不返回执行。

(5)输入输出操作:这类指令用于完成 CPU 与外部设备交换数据或传送控制命令及状态信息。

4.4　寻址方式

4.4.1　指令寻址

指令寻址方式有两种:一种是顺序寻址方式,另一种是跳跃寻址方式。

(1)顺序寻址方式

通过程序计数器 PC 加 1(1 个指令字长),自动形成下一条指令的地址。

(2)跳跃寻址方式

通过转移类指令实现。所谓跳跃,是指下条指令的地址不由程序计数器 PC 自动给出,而由本条指令给出下条指令地址的计算方式。而是否跳跃可能受到状态寄存器和操作数的控制,跳跃的地址分为绝对地址(由标记符直接得到)和相对地址(相对于当前指令地址的偏移量),跳跃的结果是当前指令修改 PC 值,所以下一条指令仍然通过 PC 给出。

4.4.2　数据寻址

(1)隐含寻址

这种类型的指令不明显地给出操作数的地址,而在指令中隐含操作数的地址。例如,单地址的指令格式就不明显地在地址字段中指出第二操作数的地址,而规定累加器(ACC)作为第二操作数地址,指令格式明显指出的仅是第一操作数的地址。因此,累加器(ACC)对单地址指令格式来说是隐含寻址,如图 4.3 所示。

图 4.3　隐含寻址

（2）立即数寻址

立即数寻址（immediate mode）就是指令中的操作数就是数据本身。数据是指令的一部分。这是最简单的寻址方式。CPU 读取一条指令，就得到真实操作数。这样不用再去内存找数据，速度快。

例如：指令 LOAD R0, 1000 为某 CPU 的指令，实现把真实数据 1000 送到寄存器 R0 中，R0 在 CPU 内部。

例如：指令 LOAD R0, #1000 为某 CPU 的指令，实现把真实数据 1000 送到寄存器 R0 中，R0 在 CPU 内部。

有些指令系统规定立即寻址时在真实数据前面加个固定的符号（如#）；有些指令系统规定立即寻址时，直接写上真实数据。具体由指令系统设计者决定。

这种类型的指令的地址字段指出的不是操作数的地址，而是操作数本身，又称立即数，采用补码表示。图 4.4 所示为立即寻址示意图，图中#表示立即寻址特征，A 就是操作数。

立即寻址的优点是指令在执行阶段不访问主存，指令执行时间最短；缺点是 A 的位数限制了立即数的范围。

图 4.4　立即寻址

（3）直接寻址

由于存储器的单元数量巨大，因此大部分数据存放在内存中。内存单元用地址区分。直接寻址就是在指令中用数据的存储地址表示该数据，该数据在内存中存放。

例如：指令 LOAD R0, [1000] 为某 CPU 的指令，实现把地址为 1000 的存储单元的信息（值）送到寄存器 R0 中，[1000] 表示地址 1000 的存储单元。

指令系统的设计者在设计时，需要把直接寻址的地址与立即寻址的真实数据分配为不同的表示形式,不能相同。

数据采用直接寻址时,CPU 需要到内存获取真实的数据。

指令字中的形式地址:A 是操作数的真实地址 EA,即 EA=A,如图 4.5 所示。

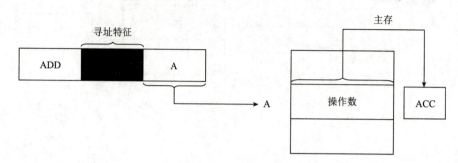

图 4.5　直接寻址

直接寻址的优点是简单,指令在执行阶段仅访问一次主存,不需要专门计算操作数的地址;缺点是 A 的位数决定了该指令操作数的寻址范围,操作数的地址不易修改。

(4)间接寻址

间接寻址就是真实数据 D1 在存储器单元 M1 中存储,该存储单元的地址 m_addr1 被存放在别的存储单元 M2 中,在指令中要表示真实数据 D1,就用 M2 的地址 m_addr2 来表示。

D1 的有效地址表示为(m_addr2)。这里括号的意思是指寄存器或存储单元的内容。

数据采用间接寻址,CPU 需要访问内存两次。第一次访问获得真实数据的内存地址,第二次访问才能获得数据本身。

间接寻址是相对于直接寻址而言的,指令的地址字段给出的形式地址不是操作数的真正地址,而是操作数有效地址所在的存储单元的地址,也就是操作数地址的地址,即 EA=(A),如图 4.6 所示。间接寻址可以是一次间接寻址,还可以是多次间接寻址。

图 4.6　间接寻址

在图 4.6 中,主存字第一位为 1 时,表示取出的仍不是操作数的地址,即多次间址;主存字第一位为 0 时,表示取得的是操作数的地址。

间接寻址的优点是可扩大寻址范围(有效地址 EA 的位数大于形式地址 A 的位数),便于编制程序(用间接寻址可方便地完成子程序返回);缺点是指令在执行阶段要多次访存(一次间接寻址需两次访存,多次间接寻址需根据存储字的最高位确定访存次数)。由于访问速度过慢,这种寻址方式并不常用。一般问到扩大寻址范围时,通常指的是寄存器间接寻址。

(5)寄存器寻址

寄存器寻址是指在指令字中直接给出操作数所在的寄存器编号,即 $EA = R_i$,其操作数在由 R_i 所指的寄存器内,如图 4.7 所示。

图 4.7　寄存器寻址

寄存器寻址的优点是指令在执行阶段不访问主存,只访问寄存器,因寄存器数量较少,对应地址码长度较小,使得指令字短且因不用访问主存,所以执行速度快,支持向量/矩阵运算;缺点是寄存器价格昂贵,计算机中的寄存器个数有限。

(6)寄存器间接寻址

寄存器间接寻址与间接寻址很类似。真实数据 D1 在存储器单元 M1 中存储,该存储单元的地址 m_addr1 被存放在 CPU 的某个寄存器 Ri 中。在指令中要表示真实数据 D1,就使用 Ri 的某种表示。寄存器寻址中 Ri 的表示应该与寄存器间接寻址中 Ri 的表示不同,以区分不同寻址方式。

D1 的有效地址表示为(Ri)。这里括号的意思是指寄存器或存储单元的内容。

数据采用寄存器间接寻址,需要两个步骤。第一个步骤,访问寄存器 Ri 获取真实数据的内存地址;第二个步骤,访问内存以获得数据本身。

寄存器间接寻址是指在寄存器 R_i 中给出的不是一个操作数,而是操作数所在主存单元的地址,即 $EA = (R_i)$,如图 4.8 所示。

图 4.8 寄存器间接寻址

寄存器间接寻址的特点是,与一般间接寻址相比速度更快,但指令的执行阶段需要访问主存(因为操作数在主存中)。

(7)相对寻址

相对寻址方式是用于改变指令执行流程的,不是一般数据的寻址方式。

前面已经描述,在 CPU 中存在 1 个寄存器,名字为程序计数器 PC,用来存放(记录)下一条要执行指令的地址。程序一般是按照指令逐条执行,但也存在当前指令执行完毕,要跳转到较远的前面指令或较远的后面指令,而不是执行下一条指令的情况。要实现这种功能,需要把目的指令(欲跳转到的指令)的地址送到 PC。

假定某 CPU 的指令为等长指令,均为 1 字节。编写的部分汇编指令如下,最左列为指令的存储地址。

```
100 MOV R0, 1
101 STEP1: MOV R0, 2
102 MOV R0, 3
103 JUMP STEP2
104 MOV R0, 4
……
200 STEP2: MOV R0, 5
201 JUMP STEP1
202 MOV R0, 100
```

当第 3 条指令 MOV R0, 3 执行时,(PC)= 103。当第 3 条指令执行完毕,CPU 用地址线发出 PC 的内容(103),欲读取内存 103 单元的指令。当 CPU 获取该指令后,PC 的内容变为 104。CPU 开始执行指令 JUMP STEP2。

需要注意的是:编程时,使用汇编指令来控制 CPU 跳转到某指令很方便,也简单。如,跳转到指令 JUMP STEP2。在操作码 JUMP 的后面写上表示目的地址的符号 STEP2(STEP2 被称为符号地址,它代表地址 200)。实际上,该条指令的机器代码中记录的不是目的地址的绝对地址(或真实地址),而是目的地址与当前 PC 内容的差。例如,指令 JUMP STEP2 的机器指令中将跳转到的地址(也可以称为操作数)为 96(200-104)。

所以,相对寻址的目的地址=(PC)+偏移量。

偏移量=目的地址-(PC)。当偏移量为负值时,CPU 跳转到当前指令前面的地址;当偏移量为正值时,CPU 跳转到当前指令后面的地址。指令中,偏移量采用补码表示。

指令 JUMP STEP1 在被翻译的机器指令中偏移量为-101(101-202)。

总结:需要注意的是,寻址方式决定了数据(或指令)在内存的地址,也决定数据的类型(占用的单元数,几个字节)。多字节的数据在内存中的存放形式与大端、小端有关。

相对寻址是把 PC 的内容加上指令格式中的形式地址 A 而形成操作数的有效地址,即 EA(PC)+A,其中 A 是相对于当前指令地址的位移量,可正可负,补码表示,如图 4.9 所示。

图 4.9　相对寻址

在图 4.9 中,A 的位数决定操作数的寻址范围。

相对寻址的优点是操作数的地址不是固定的,它随 PC 值的变化而变化,且与指令地址之间总是相差一个固定值,因此便于程序浮动。相对寻址广泛应用于转移指令。

注意,对于转移指令 JMP A,当 CPU 从存储器中取出一字节时,会自动执行(PC)+1→PC。若转移指令的地址为 X,且占 2B,在取出该指令后,PC 的值会增 2,即(PC)=X+2,这样在执行完该指令后,会自动跳转到 X+2+A 的地址继续执行。

(8)基址寻址

真实数据 D1 在存储器单元存储。基址寻址就是在指令中用 1 个偏移量 val(数值)与某个寄存器 Ri 的内容的和表示真实数据 D1 的有效地址(真实地址)。即:

EA=val+(Ri),(Ri)代表 Ri 的内容。

Ri 可以写在指令中,也可以规定一个固定(默认)的 Ri,在指令中不用写出,具体由指令系统设计者决定。这里的 Ri 也称为基址寄存器。

需要注意:有些 CPU,如 Motorla 68K 认为偏移量 val 可以是正数,也可以是负数。在指令中,偏移量 val 用补码表示。

例如,假定 16 位基址寄存器 R0 的内容是 2340H,偏移量 val 是+100,则真实地址是 2340H+(0064H)=23A4H。

例如,假定 16 位基址寄存器 R0 的内容是 2340H,偏移量 val 是−100,则真实地址是 2340H+(−100)=22DCH。

有些 CPU,如 Intel 8086 认为偏移量 val 是正数。

有些"计算机组成原理"方面的资料也提出一种编址寻址,称为变址寻址,与基址寻址十分相似,区别在于变址寻址是用另外一个寄存器 Rm 代替这里的 Ri,并且认为变址寻址与基址寻址是两种不同的寻址方式。

有些资料认为,基址寻址中,寄存器存放一个固定的值,指令中的偏移量 val 可以变化,这样基址寻址可以访问一段连续的区域。

变址寻址中,指令中的偏移量 val 为一个固定的值,变址寄存器的内容可以变化,这样变址寻址可以访问一段连续的区域。

也有资料把这两种归为一类,称为变址寻址。编者个人也倾向于这种描述。因为,无论怎样表述这两种寻址方式,它们的主要寻址过程是一样的。

基址寻址是指将 CPU 中基址寄存器(BR)的内容加上指令格式中的形式地址 A 而形成操作数的有效地址,即 $EA=(BR)+A$。其中基址寄存器既可采用专用寄存器,又可采用通用寄存器,如图 4.10 所示。

(a)采用专用寄存器BR作为基址寄存器　　　　　(b)采用通用寄存器R₀作为基址寄存器

图 4.10　基址寻址

基址寄存器是面向操作系统的,其内容由操作系统或管理程序确定,主要用于解决程序逻辑空间与存储器物理空间的无关性。在程序执行过程中,基址寄存器的内容不变(作为基地址),形式地址可变(作为偏移量)。采用通用寄存器作为基址寄存器时,可由用户决定哪个寄存器作为基址寄存器,但其内容仍由操作系统确定。

基址寻址的优点是可扩大寻址范围(基址寄存器的位数大于形式地址 A 的位数);用户不必考虑自己的程序存于主存的哪个空间区域,因此有利于多道程序设计,并可用于编制浮动程序,但偏移量(形式地址 A)的位数较短。

(9)变址寻址

变址寻址是指有效地址 EA 等于指令字中的形式地址 A 与变址寄存器 IX 的内容之和,即 $EA=(IX)+A$,其中 IX 为变址寄存器(专用),也可用通用寄存器作为变址寄存器。图 4.11 所示为采用专用寄存器 IX 的变址寻址示意图。

变址寄存器是面向用户的,在程序执行过程中,变址寄存器的内容可由用户改变(作为偏移量),形式地址 A 不变(作为基地址)。

变址寻址的优点是可扩大寻址范围(变址寄存器的位数大于形式地址 A 的位数);在数组处理过程中,可设定 A 为数组的首地址,不断改变变址寄存器 IX 的内容,便可很容易形成数组中任一数据的地址,特别适合编制循环程序。偏移量(变址寄存器 IX)的位数足以表示整个存储空间。

图 4.11　变址寻址

显然,变址寻址与基址寻址的有效地址形成过程极为相似。但从本质上讲,两者有较大区别。基址寻址面向系统,主要用于为多道程序或数据分配存储空间,因此基址寄存器的内容通常由操作系统或管理程序确定,在程序的执行过程中其值不可变,而指令字中的 A 是可变的;变址寻址立足于用户,主要用于处理数组问题,在变址寻址中,变址寄存器的内容由用户设定,在程序执行过程中其值可变,而指令字中的 A 是不可变的。

(10)堆栈寻址

堆栈是存储器(或专用寄存器组)中一块特定的、按后进先出(LIFO)原则管理的存储区,该存储区中读/写单元的地址是用一个特定的寄存器给出的,该寄存器称为堆栈指针(SP)。堆栈可分为硬堆栈与软堆栈两种。

寄存器堆栈又称硬堆栈。寄存器堆栈的成本较高,不适合进行大容量的堆栈;而从主存中划出一段区域来做堆栈是最合算且最常用的方法,这种堆栈称为软堆栈。

在采用堆栈结构的计算机系统中,大部分指令表面上都表现为无操作数指令的形式,因为操作数地址都隐含使用了 SP。通常情况下,在读/写堆栈中的一个单元的前后都会自动完成对 SP 内容的增量或减量操作。

4.5　数据的存储和排列

4.5.1　数据的对齐和存放方式

(1)大端方式和小端方式存储

在存储数据时,数据从低位到高位可以按从左到右排列,也可以按从右到左排列。因此,无法用最左或最右来表征数据的最高位或最低位,通常用最低有效字节(LSB)和最高有效字节(MSB)来分别表示数的低位和高位。例如,在 32 位计算机中,一个 int 型变量 i 的机器数为 01234567H,其最高有效字节 MSB=01H,最低有效字节 LSB=67H。

现代计算机基本上都采用字节编址,即每个地址编号中存放 1 字节。不同类型的数据占用的字节数不同,int 和 float 型数据占 4 字节,double 型数据占 8 字节等,而程序中对每个数据只给定一个地址。假设变量 i 的地址为 0800H,字节 01H、23H、45H、67H 应该各有一个内存地址,那么地址 0800H 对应 4 字节中哪一个字节的地址呢?这就是字节排列顺序问题。

多字节数据都存放在连续的字节序列中,根据数据中各字节在连续字节序列中的排列顺序不同,可以采用两种排列方式:大端方式(big endian)和小端方式(litle endian),如图4.12所示。

	0800H	0801H	0802H	0803H	
大端方式 ...	01H	23H	45H	67H	...

	0800H	0801H	0802H	0803H	
小端方式 ...	67H	45H	23H	01H	...

图4.12 采用大端方式和小端方式存储数据

大端方式按从最高有效字节到最低有效字节的顺序存储数据,即最高有效字节存放在前面;小端方式按从最低有效字节到最高有效字节的顺序存储数据,即最低有效字节存放在前面。

在检查底层机器级代码时,需要分清各类型数据字节序列的顺序,例如以下是由反汇编器(汇编的逆过程,即将机器代码转换为汇编代码)生成的一行机器级代码的文本表示:

4004d3: 01 05 64 94 04 08   add %eax, 0x8049464

其中,"4004d3"是十六进制表示的地址,"01 05 43 0b 20 00"是指令的机器代码,"add%eax,0x8049464"是指令的汇编形式,该指令的第二个操作数是一个立即数0x8049464。执行指令时,从指令代码的后4字节中取出该立即数,立即数存放的字节序列为64H、94H、04H、08H,正好与操作数的字节顺序相反,即采用的是小端方式存储,得到08049464H,去掉开头的0,得到值0x8049464,在阅读小端方式存储的机器代码时,要注意字节是按相反顺序显示的。

(2)边界对齐方式存储

假设存储字长为32位,可按字节、半字和字寻址。对于机器字长为32位的计算机,数据以边界对齐方式存放,半字地址一定是2的整数倍,字地址一定是4的整数倍,这样无论所取的数据是字节、半字还是字,均可一次访存取出。所存储的数据不满足上述要求时,通过填充空白字节使其符合要求。这样虽然浪费了一些存储空间,但可提高取指令和取数的速度。

数据不按边界对齐方式存储时,可以充分利用存储空间,但半字长或字长的指令可能会存储在两个存储字中,此时需要两次访存,并且对高低字节的位置进行调整、连接之后才能得到所要的指令或数据,从而影响了指令的执行效率。

例如,"字节1、字节2、字节3、半字1、半字2、半字3、字1"的数据按序存放在存储器中,按边界对齐方式和不对齐方式存放时,格式分别如图4.13和图4.14所示。

图4.13 边界对齐方式   图4.14 边界不对齐方式

边界对齐方式相对边界不对齐方式是一种空间换时间的思想。精简指令系统计算机RISC通常采用边界对齐方式,因为对齐方式取指令时间相同,因此能适应指令流水。

4.6 CISC 和 RISC 的基本概念

4.6.1 复杂指令系统计算机(CISC)

随着 VLSI 技术的发展,硬件成本不断下降,软件成本不断上升,促使人们在指令系统中增加更多、更复杂的指令,以适应不同的应用领域,这样就构成了复杂指令系统计算机(CISC)。

CISC 的主要特点如下:

指令系统复杂庞大,指令数目一般为 200 条以上。

指令的长度不固定,指令格式多,寻址方式多。

可以访存的指令不受限制。

各种指令使用频度相差很大。

各种指令执行时间相差很大,大多数指令需多个时钟周期才能完成。控制器大多数采用微程序控制。有些指令非常复杂,以至于无法采用硬连线控制,难以通过优化编译生成高效的目标代码程序。

如此庞大的指令系统,对指令的设计提出了极高的要求,研制周期变得很长。后来人们发现,一味地追求指令系统的复杂和完备程度不是提高计算机性能的唯一途径。对传统 CISC 指令系统的测试表明,各种指令的使用频率相差悬殊,大概只有 20% 的比较简单的指令被反复使用,约占整个程序的 80%;而 80% 左右的指令则很少使用,约占整个程序的 20%。从这一事实出发,人们开始了对指令系统合理性的研究,于是 RISC 随之诞生。

4.6.2 精简指令系统计算机(RISC)

(1)RISC 的主要特点

为减少设计控制器的复杂程度,希望简化设计控制器。这导致精简指令计算机 RISC(Reduced Instruction Set Computer)的出现。

精简指令计算机 RISC 的主要特点有:

① 指令数量相对少,寻址方式相对少。

② 指令格式相对少,指令为等长指令。这使 RISC 指令适合进行流水线(pipelined)操作。

③ 读取存储器使用 LOAD 指令,写存储器使用 STORE 指令。

④ CPU 内部的寄存器相对多,用于暂存数据。所有操作在寄存器进行,大大减少访问存储器的操作。

⑤ 控制器的设计采用硬件布线。

上面的特点导致 RISC 的控制器设计简单,占用芯片空间减小,指令执行速度更快。因此,RISC 适合使用于高性能应用场合,比如嵌入式系统。

由于 RISC 的指令功能简单,指令数量少,因此完成 1 条 CISC 指令的功能,用 RISC 的指令来完成的话,需要 2 条、3 条或更多条。这样一来,同样是完成一个功能,RISC 程序代码更长,需要更多的存储器空间。

(2)CISC 和 RISC 的比较

和 CISC 相比,RISC 的优点主要体现在以下几点:

RISC 更能充分利用 VLSI 芯片的面积。CISC 的控制器大多采用微程序控制,其控制存储器在 CPU 芯片内所占的面积达 50% 以上,而 RISC 控制器采用组合逻辑控制,其硬布线逻辑只占 CPU 芯片面积的 10% 左右。

RISC 更能提高运算速度。RISC 的指令数、寻址方式和指令格式种类少,又设有多个通用寄存器,采用流水线技术,所以运算速度更快,大多数指令在一个时钟周期内完成。

RISC 便于设计,可降低成本,提高可靠性。RISC 指令系统简单,因此机器设计周期短;其逻辑简单,因此可靠性高。

RISC 有利于编译程序代码优化。RISC 指令类型少,寻址方式少,使编译程序容易选择更有效的指令和寻址方式,并适当地调整指令顺序,使得代码执行更高效化。

CISC 和 RISC 的对比见表 4.2。

表 4.2 CISC 与 RISC 比较

对比项目 \ 类别	CISC	RISC
指令系统	复杂,庞大	简单,精简
指令数目	一般大于 200 条	一般小于 100 条
指令字长	不固定	定长
可访存指令	不加限制	只有 Load/Store 指令
各种指令执行时间	相差较大	绝大多数在一个周期内完成
各种指令使用频度	相差很大	都比较常用
通用寄存器数量	较少	多
目标代码	难以用优化编译生成高效的目标代码程序	采用优化的编译程序,生成代码较为高效
控制方式	绝大多数为微程序控制	绝大多数为组合逻辑控制
指令流水线	可以通过一定方式实现	必须实现

4.7 程序的机器级表示

4.7.1 常用汇编指令介绍

(1)相关寄存器

x86 处理器中有 8 个 32 位的通用寄存器,各寄存器及说明如图 4.15 所示。为了向后兼容,EAX、EBX、ECX 和 EDX 的高两位字节和低两位字节可以独立使用,E 为 Extended,表示 32 位的寄存器。例如,EAX 的低两位字节称为 AX,而 AX 的高低字节又可分别作为两个 8 位寄存器,分别称为 AH 和 AL。寄存器的名称与大小写无关,既可以用 EAX,又可以用 eax。

通用寄存器

31	16 15	8 7	0	16bit	32bit	说明
		AH	AL	AX	EAX	累加器(Accumulator)
		BH	BL	BX	EBX	基地址寄存器(Base Register)
		CH	CL	CX	ECX	计数寄存器(Count Register)
		DH	DL	DX	EDX	数据寄存器(Data Register)
	ESI				ESI	变址寄存器(Index Register)
	EDI				EDI	
	EBP				EBP	堆栈基指针(Base Pointer)
	ESP				ESP	堆栈顶指针(Stack Pointer)

图 4.15 采用大端方式和小端方式存储数据

除 EBP 和 ESP 外,其他几个寄存器的用途是比较任意的。

(2)汇编指令格式

使用不同的编程工具开发程序时,用到的汇编程序也不同,一般有两种不同的汇编格式:AT&T 格式和 Intel 格式。它们的区别主要体现如下:

AT&T 格式的指令只能用小写字母,而 Intel 格式的指令对大小写不敏感。

在 AT&T 格式中,第一个为源操作数,第二个为目的操作数,方向从左到右,比较自然;在 Intel 格式中,第一个为目的操作数,第二个为源操作数,方向从右到左。

在 AT&T 格式中,寄存器需要加前缀"%",立即数需要加前缀" $ ";在 Intel 格式中,寄存器和立即数都不需要加前缀。

在内存寻址方面,AT&T 格式使用"("和")",而 Intel 格式使用"["和"]"。

在处理复杂寻址方式时,例如 AT&T 格式的内存操作数"disp(base,index,scale)"分别表示偏移量、基址寄存器、变址寄存器和比例因子,如"8(%edx,%eax,2)"表示操作数为 M[R[edx]+R[eax]*2+8],其对应的 Intel 格式的操作数为"[edx+eax*2+8]"。

在指定数据长度方面,AT&T 格式指令操作码的后面紧跟一个字符,表明操作数大小,用"b"表示 byte(字节)、"w"表示 word(字)或"l"表示 long(双字)。Intel 格式也有类似的语法,它在操作码后面注明 byte ptr、word ptr 或 dword ptr。

注意:由于 32 或 64 位体系结构都是由 16 位扩展而来的,因此用 word(字)表示 16 位。

表 4.3 展示了两种格式的几条不同指令。其中,mov 指令用于在内存和寄存器之间或者寄存器之间移动数据;lea 指令用于将一个内存地址(而不是其所指的内容)加载到目的寄存器。

表 4.3　AT&T 格式指令和 Intel 格式指令的对比

AT&T 格式	Intel 格式	含义
moy s100,%eax	mov eax,100	100→R[eax]
mov %eax,%ebx	mov ebx,eax	R[eax]→R[ebx]
mov %eax,(%ebx)	mov [ebx],eax	R[eax]→M[R[ebx]]
mov %eax,-8(%ebp)	mov [ebp-8],eax	R[eax]→M[R[ebp]-8]
lea 8(%edx,%eax,2),%eax	lea eax,[edx+eax*2+8]	R[edx]+R[eax]*2+8→R[eax]
movl %eax,%ebx	mov dword ptr ebx,eax	长度为 4 字节的 R[eax]→R[ebx]

注:R[r]表示寄存器 r 的内容,M[addr]表示主存单元 addr 的内容,→表示信息传送方向。

在本节介绍常用指令时,使用 Intel 格式;在后面介绍具体结构的机器级表示时,使用 AT&T 格式。读者在学习时可以尝试自行转换。

(3)常用指令

汇编指令通常可以分为数据传送指令、逻辑计算指令和控制流指令,下面以 Intel 格式为例,介绍一些重要的指令。下面用于操作数的标记分别表示寄存器、内存和常数。

<reg>:表示任意寄存器。若其后带有数字,则指定其位数,如<reg32>表示 32 位寄存器(eax、ebx、ecx、edx、esi、edi、esp 或 ebp);<reg16>表示 16 位寄存器(ax、bx、cx 或 dx);<reg8>表示 8 位寄存器(ah、al、bh、bl、ch、cl、dh、dl)。

<mem>:表示内存地址(如[eax]、[var+4]或 dword ptr[eax+ebx])。

<con>:表示 8 位、16 位或 32 位常数。<con8>表示 8 位常数;<con16>表示 16 位常数;<con32>

表示 32 位常数。

x86 中的指令机器码长度为 1 字节,对同一指令的不同用途有多种编码方式,比如 mov 指令就有 28 种机内编码,用于不同操作数类型或用于特定寄存器,例如:

mov<con16>, ax	#机器码为 B8H
mov<con8>, al	#机器码为 B0H
mov<reg16>, <reg16>/<mem16>	#机器码为 89H
mov<reg8>/<mem8>, <reg8>	#机器码为 8AH
mov<reg16>/<mem16>, <reg16>	#机器码为 8BH

① 数据传输指令

A. mov 指令:将第二个操作数(寄存器的内容、内存中的内容或常数值)复制到第一个操作数(寄存器或内存)。但不能用于直接从内存复制到内存。

其语法如下:

```
mov <reg>, <reg>
mov <reg>, <mem>
mov <mem>, <reg>
mov <reg>, <con>
mov <mem>, <con>
```

举例:

mov eax, ebx	#将 ebx 值复制到 eax
mov byte ptr[var], 5	#将 5 保存到 var 值指示的内存地址的一字节中

B. push 指令:将操作数压入内存的栈,常用于函数调用。ESP 是栈顶,压栈前先将 ESP 值减 4(栈增长方向与内存地址增长方向相反),然后将操作数压入 ESP 指示的地址。

其语法如下:

```
push <reg32>
push <mem>
push <con32>
```

举例(注意,栈中元素固定为 32 位):

push eax	#将 eax 值压栈
push [var]	#将 var 值指示的内存地址的 4 字节值压栈

C. pop 指令:与 push 指令相反,pop 指令执行的是出栈工作,出栈前先将 ESP 指示的地址中的内容出栈,然后将 ESP 值加 4。

其语法如下:

pop edi	#弹出栈顶元素送到 edi
pop [ebx]	#弹出栈顶元素送到 ebx 值指示的内存地址的 4 字节中

② 算术和逻辑运算指令

A. add/sub 指令:add 指令将两个操作数相加,相加的结果保存到第一个操作数中。sub 指令用于两个操作数相减,相减的结果保存到第一个操作数中。

它们的语法如下:

```
add <reg>,  <reg>  /  sub <reg>,  <reg>
add <reg>,  <mem>  /  sub <reg>,  <mem>
add <mem>,  <reg>  /  sub <mem>,  <reg>
add <reg>,  <con>  /  sub <reg>,  <con>
add <mem>,  <con>  /  sub <mem>,  <con>
```

举例:

```
sub eax,10                    #eax←eax-10
add byte ptr［var］, 10        #10 与 var 值指示的内存地址的一字节值相加,并将结果
                              保存在 var 值指示的内存地址的字节中
```

B. inc/dec 指令:inc、dec 指令分别表示将操作数自加 1、自减 1。

它们的语法如下:

```
inc <reg>  / dec <reg>
inc <mem> / dec <mem>
```

举例:

```
dec eax                       #eax 值自减 1
inc dword ptr［var］           #var 值指示的内存地址的 4 字节值自加 1
```

C. imul 指令:带符号整数乘法指令。它有两种格式:两个操作数,将两个操作数相乘,将结果保存在第一个操作数中,第一个操作数必须为寄存器;三个操作数,将第二个和第三个操作数相乘,将结果保存在第一个操作数中,第一个操作数必须为寄存器。

其语法如下:

```
imul <reg32>, <reg32>
imul <reg32>, <mem>
imul <reg32>, <reg32>, <con>
imul <reg32>, <mem>, <con>
```

举例:

```
imul eax,［var］               #eax←eax * ［var］
imul esi, edi, 25             #esi←edi * 25
```

乘法操作结果可能溢出,则编译器置溢出标志 OF=1,以使 CPU 调出溢出异常处理程序。

D. idiv 指令:带符号整数除法指令,它只有一个操作数,即除数,而被除数则为 edx:eax4 中的内容(64 位整数),操作结果有两部分:商和余数,商送到 eax,余数则送到 edx。

其语法如下:

```
idiv <reg32>
idiv <mem>
```

举例:

```
idiv ebx
idiv dword ptr［var］
```

E. add/or/xor 指令：and、or、xor 指令分别是逻辑与、逻辑或、逻辑异或操作指令，用于操作数的位操作，操作结果放在第一个操作数中。

它们的语法如下：

```
and <reg>,   <reg>   /  or <reg>,   <reg>   /  xor <reg>,   <reg>
and <reg>,   <mem>  /  or <reg>,   <mem>  /  xor <reg>,   <mem>
and <mem>, <reg>   /  or <mem>, <reg>   /  xor <mem>, <reg>
and <reg>,   <con>   /  or <reg>,   <con>   /  xor <reg>,   <con>
and <mem>, <con>   /  or <mem>, <con>   /  xor <mem>, <con>
```

举例：

```
and eax, 0fH                        #将 eax 中的前 28 位全部置为 0,最后 4 位保持不变
xor edx, edx                        #置 edx 中的内容为 0
```

F. not 指令：位翻转指令，将操作数中的每一位翻转，即 $0 \rightarrow 1$、$1 \rightarrow 0$。

其语法如下：

```
not <reg>
not <mem>
```

举例：

```
not byte ptr [var]                  #将 var 值指示的内存地址的一字节的所有位翻转
```

G. neg 指令：取负指令。

其语法如下：

```
neg <reg>
neg <mem>
```

举例：

```
neg eax                             #eax←-eax
```

H. shl/shr 指令：逻辑移位指令，shl 为逻辑左移，shr 为逻辑右移，第一个操作数表示被操作数，第二个操作数指示移位的位数。

它们的语法如下：

```
shl <reg>,   <con8>   /   shr <reg>,   <con8>
shl <mem>, <con8>   /   shr <mem>, <con8>
shl <reg>,   <cl>   /   shr <reg>,   <cl>
shl <mem>, <cl>   /   shr <mem>, <cl>
```

举例：

```
shl eax, 1                          #将 eax 值左移 1 位,相当于乘以 2
shr ebx,cl                          #将 ebx 值右移 n 位(n 为 cl 中的值),相当于除以 $2^n$
```

③ 控制流指令

x86 处理器维持着一个指示当前执行指令的指令指针（IP），当一条指令执行后，此指针自动指向下一条指令。IP 寄存器不能直接操作，但可以用控制流指令更新。通常用标签（label）指示程序

中的指令地址,在 x86 汇编代码中,可在任何指令前加入标签。例如,

```
                    mov esi, [ebp+8]
begin:              xor ecx, ecx
                    mov eax, [esi]
```

这样就用 begin 指示了第二条指令,控制流指令通过标签就可以实现程序指令的跳转。

A. jmp 指令:jmp 指令控制 IP 转移到 label 所指示的地址(从 label 中取出指令执行)。

其语法如下:

```
jmp <label>
```

举例:

```
jmp begin                        #转跳到 begin 标记的指令执行
```

B. jcondition 指令:条件转移指令,依据 CPU 状态字中的一系列条件状态转移。CPU 状态字中包括指示最后一个算术运算结果是否为 0,运算结果是否为负数等。

其语法如下:

```
je <label> (jump when equal)
jne <label> (jump when not equal)
jz <label> (jump when last result was zero)
jg <label> (jump when greater than)
jge <label> (jump when greater than or equal to)
jl <label> (jump when less than)
jle <label> (jump when less than or equal to)
```

举例:

```
cmp eax, ebx
jle done   #如果 eax 的值小于等于 ebx 值,跳转到 done 指示的指令执行,否则执行下一条指令。
```

C. cmp/test 指令:cmp 指令用于比较两个操作数的值,test 指令对两个操作数进行逐位与运算,这两类指令都不保存操作结果,仅根据运算结果设置 CPU 状态字中的条件码。

其语法如下:

```
cmp <reg>,  <reg>  /  test <reg>,  <reg>
cmp <reg>,  <mem>  /  test <reg>,  <mem>
cmp <mem>,  <reg>  /  test <mem>, <reg>
cmp <reg>,  <con>  /  test <reg>,  <con>
```

cmp 和 test 指令通常和 jcondition 指令搭配使用,举例:

```
cmp dword ptr [var], 10          #将 var 指示的主存地址的 4 字节内容,与 10 比较
jne loop                         #如果相等则继续顺序执行;否则跳转到 loop 处执行
test eax, eax                    #测试 eax 是否为零
jz xxxx                          #为零则置标志 ZF 为 1,转跳到 xxxx 处执行
```

D. call/ret 指令:分别用于实现子程序(过程、函数等)的调用及返回。

其语法如下:

```
call <label>
ret
```

call 指令首先将当前执行指令地址入栈,然后无条件转移到由标签指示的指令。与其他简单的跳转指令不同,call 指令保存调用之前的地址信息(当 cal 指令结束后,返回调用之前的地址)。ret 指令实现子程序的返回机制,ret 指令弹出栈中保存的指令地址,然后无条件转移到保存的指令地址执行。call 和 ret 是程序(函数)调用中最关键的两条指令。

理解上述指令的语法和用途,可以更好地帮助读者解答相关题型。读者在上机调试 C 程序代码时,也可以尝试用编译器调试,以便更好地帮助理解机器指令的执行。

4.7.2 选择结构的机器级表示

(1)选择结构语句的机器级表示

例如,有以下程序:

```
int main ( ) {
    int x,y;
    x=5;
    if(x>3)
        y=x +1;
    else
        y=x-1;
    return 0;
}
```

上述代码在 64 位机器上的 16 位汇编语言代码片段如下:

```
0x40101538<+8>:call          0X4020f0 <_ _ main>
=>0x40153d<+13>: mov         DWORD PTR[rbp-0×4],0×5
0×401544 <+20>: cmp          DWORD PTR[rbp-0×4],0×3
0x401548<+24>: jle           0x401555 <main( ) +37>
0×40154a <+26 >:mov          eax,DWORD PTR[rbp-0×4]
0x40154d <+29>:add           eax,0×1
0x401550 <+32>: mov          DWORD PTR[rbp-0×8],eax
0x401553<+35>: jmp           0x40155e <main( ) +46>
0x401555 <+37>: mov          eax, DWORD PTR[ rbp-ox4]
0x1558<+40>:sub              eax,0x1
0x40155b <+43>: mov          DWORD PTR[rbp-0×8],eax
0x40155e<+46>: mov           eax,0x0;结束
```

可以看出:

① 在 32 位机器上,int 型变量 x,y 被分配的字节数为 4,存储地址分别为[rbp-0x4]和[rbp-0x8]。

②if…else…语句通过如下两条汇编语言指令实现:

```
cmp    DWORD PTR [rbp-0×4],0×3
jle      0x401555<main( ) +37>
```

（2）选择结构语句运行的基本过程

常见的选择结构语句有 if-then、if-then-else、case（或 switch）等。编译器通过条件码（标志位）设置指令和各类转移指令来实现程序中的选择结构语句。

① 条件码（标志位）

除了整数寄存器，CPU 还维护一组条件码（标志位）寄存器，它们描述了最近的算术或逻辑运算操作的属性。可以检测这些寄存器来执行条件分支指令，最常用的条件码如下：

CF：进（借）位标志。最近无符号整数加（减）运算后的进（借）位情况。有进（借）位时，CF = 1；否则 CF = 0。

ZF：零标志。最近的操作的运算结果是否为 0。若结果为 0，ZF = 1；否则 ZF = 0。

SF：符号标志。最近的带符号数运算结果的符号。若为负，SF = 1；否则 SF = 0。

OF：溢出标志。最近的带符号数运算结果是否溢出。若溢出，OF = 1；否则 OF = 0。

可见，OF 和 SF 对无符号数运算来说没有意义，而 CF 对带符号数运算来说没有意义。常见的算术逻辑运算指令（add、sub、imul、or、and、shl、inc、dec、not、sal 等）会设置条件码。但有两类指令只设置条件码而不改变任何其他寄存器：cmp 指令和 sub 指令的行为一样，test 指令与 and 指令的行为一样，但是它们只设置条件码，而不更新目的寄存器。

之前介绍的 jcondition 条件转跳指令，就是根据条件码 ZF 和 SF 来实现转跳的。

② if 语句

if-else 语句的通用形式如下：

```
if (test_expr)
    then_statement
else
    else_statement
```

这里的 test_expr 是一个整数表达式，它的取值为 0（假），或为非 0（真）。两个分支语句（then_statement 或 else_statement）中只会执行一个。

这种通用形式可以被翻译成如下所示的 goto 语句形式：

```
    t = test_expr;
    if (! t)
        goto false;
    then_statement
    goto done;
false:
    else_statement
done:
```

对于下面的 C 语言函数：

```
int get_cont (int * pl, int * p2) {
    if (p1>p2)
        return * p2;
    else
        return * pl;
}
```

已知 p1 和 p2 对应的实参已被压入调用函数的栈帧,它们对应的存储地址分别为 R[ebp]+8、R[ebp]+12(EBP 指向当前栈帧底部),返回结果存放在 EAX 中。对应的汇编代码为:

```
movl      8(%ebp),%eax        #R[eax]←M[R[ebp]+8],即 R[eax]=p1
movl      12(%ebp),%edx       #R[edx]←M[R[ebp]+12],即 R[edx]=p2
cmpl      %edx,%eax           #比较 p1 和 p2,即根据 p1-p2 的结果置标志
jbe   .L1                     #若 p1<=p2,则转标记 L1 处执行
movl      (%edx),%eax         #R[eax]←M[R[edx]],即 R[eax]=M[p2]
jmp   .L2                     #无条件跳转到标记 L2 执行
.L1:
movl      (%eax),%eax         #R[eax]←M[R[eax]],即 R[eax]=M[p1]
.L2:
```

p1 和 p2 是指针型参数,故在 32 位机中的长度后缀是 l,比较指令 cmpl 的两个操作数都应来自寄存器,故应先将 p1 和 p2 对应的实参从栈中取到通用寄存器,比较指令执行后得到各个条件标志位,然后根据各条件标志值的组合选择执行不同的指令,因此需要用到条件转移指令。

③ switch 语句

通常用 switch 语句来实现多路选择功能,它可以直接跳到某个条件处的语句执行,而无须一一测试条件。图 4.16(a)是一个 switch 语句的过程,图 4.16(b)是其对应的汇编代码和转跳表。switch 语句共有 6 个 case 分支,在汇编代码中分别用标号.L1、L2、L3、L3、L4、L5 标识,分别对应条件 a=15、a=10、a=12、a=17、a=14 和其他情况,其中 a=15 时执行的语句(.L1 分支)包含了 a=10 时的语句(.L2 分支);a=12 和 a=17 时执行的语句相同(.L3 分支);default(.L5 分支)时包含了 a<10 或 a=11、a=13、a=16 或 a>17 的几种情况。

因此,可以用图 4.16(b)中右边的跳转表来实现 a 的取值与跳转标号之间的对应关系。跳转表属于只读数据,即数据段属性为".rodata",并且跳转表中的每个跳转地址都必须在 4 字节边界上,即"align 4"方式,每个表项的偏移量分别为 0、4、8、12、16、20、24 和 28,即偏移量等于"索引值×4"。这个偏移量与跳转表的首地址(.L8 指定)相加就是转移目标地址。将 a 的值减去 10 之后,再与 7 比较,若比 7 大就转跳到 L5;若为负数,由于是无符号的转跳,a−10 的结果会非常大(1 开头)。因此,可以将 a−10 得到的值存放到寄存器 EAX 中,作为跳转表的索引。图 4.16(b)中第 5 行指令"jmp *.L8(,%eax,4)"用于实现直接跳转。从上述示例可以看出,对 switch 语句进行编译转换的关键是构造跳转表,并正确设置索引值。

然而,当 case 的条件值相差较大时,如 case 10、case 100、case 1000 等,构建这样的转跳表很不划算,此时编译器会生成 if−else−if 分段转跳代码,而不再构造转跳表。

```
int switch_test (int a, int b, int c)          movl    8(%ebp), %eax            .section    .rodata
{                                              subl    $10, %eax                .align      4
    int result;                                cmpl    $7, %eax                 .L8
    switch (a) {                               ja      .L5                          .long    .L2
    ease 15:                                   jmp     *.L8(, %eax, 4)              .long    .L5
        c=b&0x0f,                          .L1:                                     .long    .L3
    ease 10:                                   movl    12(%ebp), %eax               .long    .L5
        result=c+50;                           andl    $15, %eax                    .long    .L4
        break;                                 movl    %eax, 16(%ebp)               .long    .L1
    ease 12:                               .L2:                                     .long    .L5
    ease 17:                                   movl    16(%ebp), %eax               .long    .L3
        result=b+50,                           andl    $50, %eax
        break;                                 jmp     .L7
    ease 14:                               .L3:
        result=b                               movl    12(%ebp), %eax
        break;                                 andl    $50, %eax
    default:                                   jmp     .L7
        result=a;                          .L4:
    }                                          movl    12(%ebp), %eax
    return result;                             jmp     .L7
}                                          .L5:
                                               andl    $10, %eax
                                           .L7:
```

(a) switch 语句所在的函数   (b) switch 语句对应的汇编代码表示

图 4.16　switch 语句与对应的汇编表示

4.7.3　循环结构的机器级表示

(1) 循环结构语句的机器级表示

例如,用 for 循环求和 $1+2+\cdots+10$。

```
#include <stdio. h>
int main ( ){
    int i, sum= 0;
    int a[10];
    for (i=0;i<10;i++)
        a[i]=i+1;
    return 0;
}
```

上述代码的 16 位汇编语言代码片段如下:

```
先给两个局部变量 i 和 sum 赋值
0x40153d <+13>: mov              DWORD PTR[rbp-0×8],0x0
0x401544 <+20>: mov              DWORD PTR[rbp-0x4],0x0
跳到测试循环结束条件处 Ux401560<+48>
0x40154D<+27>: Jmp               0x401560 <main( )+48>
循环次数小于设定值时,执行循环体,完成求和。
0x40154d <+29>: mov              eax,DWORD PTR[rbp-0x4]
0x401550<+32>: lea               edx,[rax+0x1]
```

```
0x401553 <+35>: mov          eax,DWORD PTR［rbp-0x4］
0x401556<+38>:cdqe
0x401558<+40>: mov           DWORD PTR［rbp+rax ＊ 4-0x30］,edx
0x40155C<+44>:add            DWORD PTR［rbp-0x4］,0x1
0x401560<+48>:cmp            DWORD PTR［rbp-0x4］,0x9
0x401564 <+52>:jle           0×40154d <main() +29>
```

（2）循环结构语句运行的基本过程

常见的循环结构语句有 while、for 和 do-while。汇编中没有相应的指令存在,可以用条件测试和转跳组合起来实现循环的效果,大多数编译器将这三种循环结构都转换为 do-while 形式来产生机器代码。在循环结构中,通常使用条件转移指令来判断循环条件的结束。

① do-while 循环

do-while 语句的通用形式如下:

```
do
    body_statement
while (test_expr);
```

这种通用形式可以被翻译成如下所示的条件和 goto 语句:

```
loop:
    body_statement
    t=test_expr;
    if (t)
        goto loop;
```

也就是说,每次循环,程序会执行循环体内的语句,body_statement 至少会执行一次,然后执行测试表达式。如果测试为真,就继续执行循环。

② while 循环

while 语句的通用形式如下:

```
while (test_expr)
    body_statement
```

与 do-while 的不同之处在于,第一次执行 body_statement 之前,就会测试 test_expr 的值,循环有可能中止。GCC 通常会将其翻译成条件分支加 do-while 循环的方式。

用如下模板来表达这种方法,将通用的 while 循环格式翻译成 do-while 循环:

```
    t=test_expr;
    if (! t)
        goto done;
    do
        body_statement
    while (test_expr);
done:
```

相应地,进一步将它翻译成 goto 语句:

```
        t = test_expr;
        if（！t）
                goto done;
loop：
        body_statement
        t = test_expr;
        if（t）
                goto loop;
done：
```

③ for 循环

for 循环的通用形式如下：

```
        for（init_expr; test_expr; update_expr）
                body_statement
```
这个 for 循环的行为与下面这段 while 循环代码的行为一样：
```
        init_expr;
        while（test_expr）{
                body_statement
                update_expr;
        }
```

进一步把它翻译成 goto 语句：

```
        init_expr;
        t = test_expr;
        if（！t）
                goto done;
loop：
        body_statement
        update_expr;
        t = test_expr;
        if（t）
                goto loop;
done：
```

下面是一个用 for 循环写的自然数求和的函数：

```
int nsum_for（int n）{
        int i;
        int result = 0;
        for（i = 1; i <= n; i++）
                result   += i;
        return result;
}
```

这段代码中的 for 循环的不同组成部分如下：

init_expr	i = 1
test_expr	i < = n
update_expr	i++
body_statement	result + = i

通过替换前面给出的模板中的相应位置,很容易将 for 循环转换为 while 或 do-while 循环。将这个阶乘函数翻译为 goto 语句代码后,不难得出其过程体的汇编代码：

movl	8 (%ebp), %ecx	#R[ecx]←M[R[ebp]+8], 即 R[ecx]=n
movl	$0, %eax	#R[eax]←0, 即 result=0
movl	$1, %edx	#R[edx]←1, 即 i=1
cmp	%ecx, %edx	#Compare R[ecx]: R[edx], 即比较 i:n
jg .L2		#If greater, 转跳到 L2 执行
.L1:		#loop:
addl	%edx, %eax	#R[eax]←R[eax]+R[edx], 即 result += i
addl	$1, %edx	#R[edx]←R[edx]+1, 即 i++
cmpl	%ecx, %edx	#比较 %ecx 和 %edx, 即比较 i:n
jle .L1		#If less or equal, 转跳到 L1 执行
.L2:		

已知 n 对应实参已被压入调用函数的栈帧,其对应的存储地址为 R[ebp]+8,过程 nsum_for 中的局部变量 i 和 result 被分别分配到寄存器 EDX 和 EAX 中,返回参数在 EAX 中。

4.7.4 过程调用的机器级表示

(1)过程调用的执行步骤

上面提到的 call/ret 指令主要用于过程调用,它们都属于一种无条件转移指令。

假定过程 P(调用者)调用过程 Q(被调用者),过程调用的执行步骤如下：

① P 将入口参数(实参)放在 Q 能访问到的地方。

② P 将返回地址存到特定的地方,然后将控制转移到 Q。

③ Q 保存 P 的现场(通用寄存器的内容),并为自己的非静态局部变量分配空间执行过程 Q。

④ Q 恢复 P 的现场,将返回结果放到 P 能访问到的地方,并释放局部变量所占空间。

⑤ Q 取出返回地址,将控制转移到 P。

步骤②是由 call 指令实现的,步骤⑤通过 ret 指令返回到过程 P。在上述步骤中,需要为入口参数、返回地址、过程 P 的现场、过程 Q 的局部变量、返回结果找到存放空间。但用户可见寄存器数量有限,为此需要设置一个专门的存储区域来保存这些数据,这个存储区域就是栈。寄存器 EAX、ECX 和 EDX 是调用者保存寄存器,其保存和恢复的任务由过程 P 负责,当 P 调用 Q 时,Q 就可以直接使用这三个寄存器。寄存器 EBX、ESI、EDI 是被调用者保存寄存器,Q 必须先将它们的值保存在栈中才能使用它们,并在返回 P 之前先恢复它们的值。

每个过程都有自己的栈区,称为栈帧,因此,一个栈由若干栈帧组成。帧指针寄存器 EBP 指示栈帧的起始位置(栈底),栈指针寄存器 ESP 指示栈顶,栈从高地址向低地址增长,因此当前栈帧的范围在帧指针 EBP 和 ESP 指向的区域之间。

(2)过程调用的机器级表示

C 语言函数调用在机器语言层面遵循以下原则：

① C 程序的每个函数是一个独立的代码段,调用函数和被调函数拥有各自的堆栈(栈帧)。

② 函数调用时参数以及局部变量被分配在堆栈中,堆栈的访问通过指针 rbp 和 rsp 进行。

③ 调用函数通过堆栈传递参数,保存返回地址。

④ 被调函数保存调用函数的堆栈指针,同时建立被调函数的堆栈,并且可以通过自己的指针 rbp 访问调用函数传递的参数。

⑤ 调用函数通过 call 指令转入被调函数内部执行。

⑥ 被调函数通过 ret 指令返回调用函数。

例如下面的 C 源程序：

```
int sumFun( int n){
    int s,i;
    for(s=0,i=l;i<=n; i++)
        s=s+i;
    return s;
}
int main( ){
    int s, a;
    S=sumFun ( 10);
    a=S;
    return 0;
}
```

汇编语言代码如下：

```
int sumFun (int n){
被调函数入口,保存调用函数的堆栈指针
00401020        push        ebp
设置新的堆栈指针(建立栈帧)
00401021        mov         ebp,esp
00401023        sub         esp,48h
保护现场
00401026        push        ebx
00401027        push        esi
00401028        push        edi
函数体
….
return s;
通过寄存器 eax 保存返回值
00401064        mov         eax,dword ptr[ebp-4]
恢复现场及调用函数的堆栈指针
00401067        pop         edi
```

```
00401068        pop         esi
00401069        pop         ebx
0040106A        mov         esp, ebp
0040106C        pop         ebp
返回
0040106D        ret


调用函数
int main( )
（省略）
s＝sumFun(10)；
函数调用,将参数 10 放入堆栈
004010AF        push        0Ah
通过 call 指令调用函数 sumFun( ),跳到其入口 0x00401020
004010B1    call@ ILT＋ 5（sumFun）（0040100a）
```

4.8　重难点答疑

1. 在一条转移指令中,如何计算程序计数器 PC 的当前值?

【答疑】首先,每条指令都有自己的存储地址,转移指令也不例外。假定该转移指令的地址是 N,转移指令的长度是 m 个字节。当 CPU 开始读取该转移指令时,PC 的值是 N。从内存读取该指令,并存放在 CPU 内部的指令寄存器 IR 后,CPU 修改 PC 的值为(N+m),即 PC 指向该转移指令后续的那条指令。然后,CPU 进入指令执行阶段,此时 PC 的当前值就是(N+m)。

2. 指令中一个多字节操作数的存储顺序。

【答疑】指令存储时,首先存储操作码,后面是操作数。多字节操作数的存储顺序可以采用大端存储方式,或者采用小端存储方式。

例如,假定汇编指令 MOV　AX, 2233H 的功能是把 16 位数据 2233H 传送到寄存器 AX。指令中的 2233H 就是立即数方式,占用地址为 45、46 的存储单元。

如果采用小端存储方式,则把 22H 存储在地址为 46 的存储单元,把 33H 存储在地址为 45 的存储单元。

如果采用大端存储方式,则把 22H 存储在地址为 45 的存储单元,把 33H 存储在地址为 46 的存储单元。

4.9　命题研究与模拟预测

4.9.1　命题研究

本章的内容不算多,考试的分值不多。全国统考考查过的知识点有:指令格式、数据寻址方式、指令寻址(PC 的变化)、RISC 与 CISC 的特点。这 3 个考点是本章的主要内容,这些考点的知识需要考生记忆,能够进行简单计算,也需要考生灵活应用。在 2022 年新考纲中新增了高级语言与机器代码之间的对应,在最近两三年的考试中,综合题出现过,需要考生特别注意,关键是理解汇编指令的格式和意思。

由于只有在理解指令基础上才能讲解第 5 章,所以在命制综合应用题时,会把指令的知识与控制器的设计联系在一起进行综合考查。

总体上,本章的知识点难度中等,相对独立。考生通过一定的练习应该能掌握本章内容。

4.9.2 模拟预测

● 单项选择题

1. 指令中操作数的寻址方式种类繁多,通过以下哪种方式取到操作数需要 2 次访问内存?( )。

    A. 直接寻址   B. 先间址再变址   C. 寄存器寻址   D. 变址寻址

2. 某计算机按字节编址,某 int 型数组 F 的首地址为 7000H,程序使用基址寻址方式访问数组 F,基址寄存器的内容为 7020H,偏移量保存在变址寄存器中。假设某次循环中,访问数组 F 的元素地址为 70A4H,且每次访问时,变址寄存器的内容自动增加 4,则进入该次循环时,变址寄存器的初始内容是( )。

    A. 60H   B. 64H   C. 70H   D. 80H

3. 某计算机采用大端(Big Endian)方式存储数据,假设 C 语言中定义了如下结构体,并将其存储在地址 0x1000 处:

```
struct {
    char a;
    int b;
    short c;
    char d;
} myStruct;
```

其中,char 占 1 字节,int 占 4 字节,short 占 2 字节,并且各字段按类型边界对齐。若字段 b 的值为 0x12345678,c 的值为 0x9ABC,则存储单元 0x1009 中存放的值是( )。

    A. 12H   B. 34H   C. 78H   D. BCH

4. 下面关于 RISC 和 CISC 的描述中,正确的是( )。   【模考密押 2025 年】

    A. CISC 有大量的通用寄存器,执行速度要比 RISC 快。

    B. CISC 的指令功能强大、寻址方式种类多,更便于编译。

    C. RISC 指令种类、寻址方式少,指令长度固定,不便于编译。

    D. RISC 多数指令能够在一个机器周期内完成,不适合流水线工作。

5. 某计算机主存空间为 4GB,字长为 32 位,按字节编址,采用 32 位定长指令字格式。若指令按字边界对齐存放,则程序计数器(PC)和指令寄存器(IR)的位数至少分别是( )。

    A. 30、30   B. 30、32   C. 32、30   D. 32、32

6. 设相对寻址的转移指令占两个字节,第 1 个字节是操作码,第 2 个字节是相对位移量(用补码表示)。每当 CPU 从存储器取出第 1 个字节时,即自动完成(PC)+1→PC。若当前 PC 的内容为 3008H,要求转移到 3000H,则该转移指令第 2 字节的内容应为( )。

    A. 08H   B. 09H   C. F7H   D. F6H

● 综合应用题

1. 某计算机的指令格式为变长格式,包含操作码字段和多个地址字段。假设该计算机有以下两类指令:零地址指令:操作数在栈顶,操作数和结果都存放在栈中。三地址指令:每条指令包含 3

个操作数地址,用于从寄存器或主存中读取操作数,并将计算结果写入指定的寄存器或主存单元。

已知在该机器上执行以下代码片段:

x = a+b * c−d

其中变量 a、b、c、d 和 x 都存放在主存中。

(1)使用零地址指令和栈结构的方式完成以上代码片段的计算,给出执行上述计算的指令序列。

(2)对于三地址指令的方式,给出执行上述计算的指令序列。

2. 计算机的相对转移指令长度是 3 字节,该指令的地址是 123695。假定该指令中偏移量是 −75,计算该指令执行时跳转到的目的地址。

3. 1 条 PC 相对转移指令长度为 2 字节,在内存中的地址为 1500,转移的目的地址是 100,该指令的操作数占用 12 位,则指令中的操作数是多少?

4. 假定某计算机的部分汇编代码如下面所示,其中左列代表指令的存储地址。

```
1000    mov ax, 1
1002    mov bx, 99
1004    cmp ax, bx
1007    jbe next
1010    mov cx, 100
……    ……
2000    next: mov dx, 500
```

已知 jbe 指令为单操作数指令,操作数是采用相对寻址方式,且假定操作码占用 8 位。那么汇编指令 jbe next 的操作数是多少(用十六进制表示)? 假定该指令操作码是 7AH,操作数采用小端方式存储,则该指令的机器码表示是什么?

4.9.3 答案精解

● 单项选择题

1.【答案】B

【精解】A 选项直接寻址,地址码字段即有效地址,根据有效地址访存取出操作数,共有 1 次访存;B 选项先间址,访存 1 次得到变址的形式地址,再变址(加上变址寄存器中内容)得到有效地址,取出操作又 1 次访存,共有 2 次;C 选项寄存器寻址,操作数存储在寄存器中,所以访存次数为 0;D 选项变址寻址, 变址后得到有效地址,再取操作数共 1 次访存, 所以 B 选项正确。

2.【答案】D

【精解】根据题意,基址寄存器的内容为 7020H,访问的元素地址为 70A4H,地址差为:70A4H−7020H = 84H(即 132 字节),即实际的偏移量 = 84H = 132 字节,由于每次访问时,变址寄存器的内容增加 4,并且 int 型元素占用 4 字节,因此进入该次循环时,变址寄存器的值为:初始偏移量 = 132 字节−4 字节 = 128 字节 = 80H。所以进入该次循环时,变址寄存器的内容是 80H,所以正确选项是 D。

3.【答案】D

【精解】根据题意,结构体按大端方式存储,且根据 C 语言的对齐规则,各类型数据会根据其字节数对齐到相应地址边界上:

char a 占 1 字节,放在 0x1000;

int b 占 4 字节,按 4 字节对齐,放在 0x1004 起始处;

short c 占 2 字节,按 2 字节对齐,放在 0x1008 起始处;

char d 占 1 字节,跟随在 0x100A。

数据存储分析:

结构体中字段 b 的值是 0x12345678,按大端方式存储:

0x1004:12H

0x1005:34H

0x1006:56H

0x1007:78H

结构体中字段 c 的值是 0x9ABC,按大端方式存储:

0x1008:9AH

0x1009:BCH

所以 D 选项正确。

4.【答案】A

【精解】B 选项中,CISC 应该是不便于编译。

C 选项中,RISC 应该是便于编译。

D 选项中,RISC 应该是适合流水线工作。

所以是 A 选项正确。

5.【答案】B

【精解】程序计数器(PC)给出下一条指令字的访存地址(指令在内存中的地址),取决于存储器的字数(4GB/32bit=2³⁰),故程序计数器(PC)的位数至少是 30 位;指令寄存器(IR)用于接收取得的指令,取决于指令字长(32 位),故指令寄存器(IR)的位数至少为 32 位。

6.【答案】D

【精解】由于转移指令占两个字节,当 PC 的内容为 3008H 时,取出转移指令后 PC 的内容 = 3008H+2 = 300AH,所以有 3000H−300AH = −AH,即 −1010,用 8 位补码表示为 11110110 = F6H。

● 综合应用题

1.【答案精解】

给定代码片段为:

x = a+b * c−d

我们需要使用两种指令格式来实现该运算:零地址指令和三地址指令。

(1)使用零地址指令。

零地址指令方式使用栈进行操作,所以操作数需要先入栈,然后在栈顶进行计算,结果再存回栈顶。假设操作符 PUSH 用于将变量压入栈,MUL、ADD 和 SUB 分别为乘法、加法和减法指令。

代码执行顺序为 x = a+(b * c)−d,根据此顺序,指令序列如下:

指令	说明
PUSH b;	将 b 压入栈
PUSH c;	将 c 压入栈
MUL;	计算 b * c,结果存放在栈顶
PUSH a;	将 a 压入栈
ADD;	计算 a+(b * c),结果存放在栈顶
PUSH d;	将 d 压入栈
SUB;	计算 a+(b * c)−d,结果存放在栈顶
POP x;	将结果弹出栈,存入变量 x

零地址指令在栈顶进行操作,因此我们按顺序将变量依次压入栈,然后使用栈顶指令计算。PUSH 用于压栈,POP 用于出栈,将最终结果存入 x。

(2)使用三地址指令。

三地址指令允许每条指令包含 3 个操作数地址,适合直接从主存或寄存器中读取数据并存储计算结果。假设 MUL R1, b, c 表示将 b*c 的结果存入 R1 寄存器,ADD R2, a, R1 表示将 a+R1 的结果存入 R2 寄存器,最终的结果放入 x。

指令序列如下:

MUL R1, b, c;	R1 = b * c
ADD R2, a, R1;	R2 = a + (b * c)
SUB x, R2, d;	x = R2 - d

地址指令直接操作寄存器或内存,因此可以减少指令数量。该方法将中间结果保存在寄存器中,并在最后一步计算出最终结果并存入 x。

2.【答案精解】

该指令执行时,PC 的内容为 123698(123695+3)。该指令中偏移量是−75,则该指令执行时跳转到的目的地址是:123698−75 = 123623。

3.【答案精解】

该指令执行时 PC 为 1502(1500+2),目的地址是 100,则指令中偏移量为 100−1502 = −1402,用 12 位存储,则为 A86H。

4.【答案精解】

当指令 jbe next 执行时,PC 的值是下条指令的地址,即 1010。目的地址 next 是 2000,所以指令 jbe next 的操作数(偏移量)是:2000−1010 = 990。由于该指令长度是 3 字节,操作码占用 1 字节,因此操作数占用 2 字节,操作数表示为 03DEH。

该指令的机器码表示是:7A DE 03H。

第5章 中央处理器(CPU)

5.1 考点解读

本章内容包含:CPU 的组成、CPU 工作过程、CPU 数据通路、CPU 硬布线、微程序、流水线技术。CPU 的组成、CPU 工作过程、CPU 数据通路、CPU 硬布线、微程序是密切联系的内容,需要考生掌握。流水线技术是高级 CPU 相关的技术,是稍微独立的部分。这章的内容相比前面第 3 章内部存储器的内容要简单很多。本章的知识属于必考范围,考查难度属于中等,考生多加练习就能掌握。

本章考点如图 5.1 所示。本章最近 10 年统考考点题型分值统计见表 5.1。

图 5.1　本章考点导图

表 5.1　本章最近 10 年统考考点题型分值统计

| 年份 | 题型(题) | | 分值(分) | | | 统考考点 |
(年)	单项选择题	综合应用题	单项选择题	综合应用题	合计	
2015	0	2	0	17	17	CPU 内部结构、器件、信号、执行过程
2016	3	0	6	0	6	CPU 内部器件、流水线、执行过程
2017	3	1	6	2	8	超标量流水、微程序控制存储器、流水线通路、标志位
2018	2	0	4	0	4	标志位设置、流水线时钟
2019	3	1	6	4	10	脉冲信号、指令执行、流水线数据冲突、标志位与溢出处理
2020	2	1	4	8	12	CPU 内部结构、指令流水线、指令的执行周期
2021	2	0	4	0	4	数据通路、寄存器的类型
2022	0	1	0	15	15	CPU 内部结构、寄存器、取指周期
2023	0	0	4	0	4	数据通路、流水线的冒险
2024	1	0	2	0	2	流水线的冒险

5.2 CPU 的功能和基本结构

5.2.1 CPU 的功能

CPU 的功能是：从内存获取指令并执行指令。

中央处理器(CPU)由运算器和控制器组成。其中,控制器的功能是负责协调并控制计算机各部件执行程序的指令序列,包括取指令、分析指令和执行指令;运算器的功能是对数据进行加工。CPU 的具体功能包括：

① 指令控制:完成取指令、分析指令和执行指令的操作,即对程序的顺序控制。

② 操作控制:一条指令的功能往往由若干操作信号的组合来实现。CPU 管理并产生由内存取出的每条指令的操作信号,把各种操作信号送往相应的部件,从而控制这些部件按指令的要求进行动作。

③ 时间控制:对各种操作加以时间上的控制。时间控制要为每条指令按时间顺序提供应有的控制信号。

④ 数据加工:对数据进行算术和逻辑运算。

⑤ 中断处理:对计算机运行过程中出现的异常情况和特殊请求进行处理。

5.2.2 CPU 的基本结构

在计算机系统中,中央处理器主要由运算器和控制器两大部分组成,如图 5.2 所示。

图 5.2　中央处理器的组成

（1）寄存器

CPU 内部寄存器大致可分为两类:一类是用户可见的寄存器,可对这类寄存器编程,如通用寄存器组、程序状态字寄存器;另一类是用户不可见的寄存器,对用户是透明的,不可对这类寄存器编程,如存储器地址寄存器、存储器数据寄存器、指令寄存器。

（2）运算器

运算器接收从控制器送来的命令并执行相应的动作,对数据进行加工和处理。运算器是计算机对数据进行加工处理的中心,它主要由算术逻辑单元(ALU)、暂存寄存器、累加寄存器(ACC)、通用寄存器组、程序状态字寄存器(PSW)、移位器、计数器(CT)等组成。

① 算术逻辑单元:主要功能是进行算术/逻辑运算。

② 暂存寄存器:用于暂存从主存读来的数据,该数据不能存放在通用寄存器中,否则会破坏其原有内容。暂存寄存器对应用程序员是透明的。

③ 累加寄存器:它是一个通用寄存器,用于暂时存放 ALU 运算的结果信息,可以作为加法运

算的一个输入端。

④ 通用寄存器组:如 AX、BX、CX、DX、SP 等,用于存放操作数(包括源操作数、目的操作数及中间结果)和各种地址信息等。SP 是堆栈指针,用于指示栈顶的地址。

⑤ 程序状态字寄存器:保留由算术逻辑运算指令或测试指令的结果而建立的各种状态信息,如溢出标志(OF)、符号标志(SF)、零标志(ZF)、进位标志(CF)等。PSW 中的这些位参与并决定微操作的形成。

⑥ 移位器:对操作数或运算结果进行移位运算。

⑦ 计数器:控制乘除运算的操作步数。

(3)控制器

控制器是整个系统的指挥中枢,在控制器的控制下,运算器、存储器和输入/输出设备等功能部件构成一个有机的整体,根据指令的要求指挥全机协调工作。控制器的基本功能是执行指令,每条指令的执行是由控制器发出的一组微操作实现的。控制器有硬布线控制器和微程序控制器两种类型。

控制器由程序计数器(PC)、指令寄存器(IR)、指令译码器、存储器地址寄存器(MAR)、存储器数据寄存器(MDR)、时序系统和微操作信号发生器等组成。

① 程序计数器:用于指出下一条指令在主存中的存放地址。CPU 根据 PC 的内容去主存中取指令。因程序中指令(通常)是顺序执行的,所以 PC 有自增功能。

② 指令寄存器:用于保存当前正在执行的那条指令。

③ 指令译码器:仅对操作码字段进行译码,向控制器提供特定的操作信号。

④ 存储器地址寄存器:用于存放要访问的主存单元的地址。

⑤ 存储器数据寄存器:用于存放向主存写入的信息或从主存读出的信息。

⑥ 时序系统:用于产生各种时序信号,它们都由统一时钟(CLOCK)分频得到。

⑦ 微操作信号发生器:根据 IR 的内容(指令)、PSW 的内容(状态信息)及时序信号,产生控制整个计算机系统所需的各种控制信号,其结构有组合逻辑型和存储逻辑型两种。

控制器的工作原理是,根据指令操作码、指令的执行步骤(微命令序列)和条件信号来形成当前计算机各部件要用到的控制信号。计算机整机各硬件系统在这些控制信号的控制下协同运行,产生预期的执行结果。

5.3 指令执行过程

5.3.1 指令周期概念

CPU 简单的指令处理过程是:读取指令,执行指令,循环该过程,如图 5.3 所示。

图 5.3 CPU 的简单的工作流程

开机后,PC 有初始值。假定为 N。

CPU 读取指令的过程,可以分为下面 4 个步骤:

① 把 PC 的内容 N 送 MAR。

② 发出"读内存"控制信号。

③ 把 MDR 中的信息送 IR(假定存储器已经把信息送入 MDR)。

④ 更新 PC,使它记录下一条指令的地址。

这 4 个步骤实现了指令的读取。每个步骤花费的时间相等,是 CPU 最小的时间单位,称为 CPU 时钟周期。这个时钟信号由 CPU 外的时钟电路提供。CPU 时钟周期是该时钟的频率的倒数。在第 1 章的内容中,该时钟的频率也称为计算机主频。

读取指令需要 4 个步骤,故花费 4 个时钟周期,这段时间被称为读取指令周期。

那么,指令的长度不一样,取指令周期如何保持一致?

解决方法:

A. 采用等长指令,使所有指令长度相等,并且等于 CPU 字长。这样,每次只读取 1 个字。

B. 采用不等长指令。指令至少是字长的倍数,则在取指令阶段,只读取指令 1 个字长,这 1 个字的部分指令包含操作码。这样一来,取指令的时间就都相等。随后根据操作码,再读取指令的剩余部分,把这算作指令执行部分。

指令在 IR 后,指令的操作码送入 1 个译码器,产生 1 个有效信号,送入控制器。

有些资料把这个过程叫作指令译码。最多分配指令译码占用 1 个 CPU 时钟周期,称为译码周期。有些资料认为该过程的时间很短,不需要单独分配 1 个 CPU 时钟周期。

控制器是 1 个时序逻辑电路,接收指令译码器输入的若干脉冲信号,按顺序产生执行该指令的信号。

把指令译码器的输出送入控制器到控制器完成该指令的执行,这个阶段称为指令执行阶段,花费的时间称为指令执行周期。指令执行周期也是 CPU 时钟周期的整数倍。有些 CPU 设计者规定所有指令的执行周期相等,有些 CPU 设计者规定不同指令的执行周期不相等。

总结:

一个总的指令处理(process)过程包含:读取指令,对指令译码,执行(execute)指令。分别占用的时间为:取指令周期、指令译码周期、指令执行周期。如前文所述,有些资料把指令译码周期与指令执行周期合在一起,统一称为指令执行周期。

有些资料把取指令周期、指令译码周期、指令执行周期合称为指令执行周期。这样的描述会导致混乱。为进行区分,可以把总的时间称为指令处理(process)周期。

总体来看:

指令处理周期=取指令周期+指令译码周期+指令执行周期。

5.3.2 指令周期的数据流

(1)取指周期

取指周期的任务是根据 PC 中的内容从主存中取出指令代码并存放在 IR 中。取指周期的数据流如图 5.4 所示。PC 中存放的是指令的地址,根据此地址从内存单元中取出的是指令,并放在指令寄存器 IR 中,取指令的同时,PC 加 1。

取指周期的数据流向如下:

Ⅰ. PC $\xrightarrow{①}$ MAR $\xrightarrow{②}$ 地址总线 $\xrightarrow{③}$ 主存。

Ⅱ. CU 发出读命令 $\xrightarrow{④}$ 控制总线 $\xrightarrow{⑤}$ 主存。

Ⅲ. 主存 $\xrightarrow{⑥}$ 数据总线 $\xrightarrow{⑦}$ MDR $\xrightarrow{⑧}$ IR(存放指令)。

Ⅳ. CU 发出控制信号 $\xrightarrow{⑨}$ PC 内容加 1。

图 5.4 取指令周期的数据流

（2）间址周期

间址周期的任务是取操作数有效地址。以一次间址为例（图 5.5），将指令中的地址码送到 MAR 并送至地址总线，此后 CU 向存储器发读命令，以获取有效地址并存至 MDR。

图 5.5 一次间址周期的数据流

间址周期的数据流向如下：

Ⅰ. Ad(IR)（或 MDR）$\xrightarrow{①}$ MAR $\xrightarrow{②}$ 地址总线 $\xrightarrow{③}$ 主存。

Ⅱ. CU 发出读命令 $\xrightarrow{④}$ 控制总线 $\xrightarrow{⑤}$ 主存。

Ⅲ. 主存 $\xrightarrow{⑥}$ 数据总线 $\xrightarrow{⑦}$ MDR（存放有效地址）。

其中，Ad(IR) 表示取出 IR 中存放的指令字的地址字段。

（3）执行周期

执行周期的任务是取操作数，并根据 IR 中的指令字的操作码通过 ALU 操作产生执行结果。不同指令的执行周期操作不同，因此没有统一的数据流向。

（4）中断周期

中断周期的任务是处理中断请求。假设程序断点存入堆栈中，并用 SP 指示栈顶地址，而且进栈操作是先修改栈顶指针，后存入数据，则数据流如图 5.6 所示。

中断周期的数据流向如下：

Ⅰ. CU 控制将 SP 减 1，SP $\xrightarrow{①}$ MAR $\xrightarrow{②}$ 地址总线 $\xrightarrow{③}$ 主存。

Ⅱ. CU 发出写命令 $\xrightarrow{④}$ 控制总线 $\xrightarrow{⑤}$ 主存。

Ⅲ. PC $\overset{⑥}{\longrightarrow}$ MDR $\overset{⑦}{\longrightarrow}$ 数据总线 $\overset{⑧}{\longrightarrow}$ 主存(程序断点存入主存)。

Ⅳ. CU(中断服务程序的入口地址) $\overset{⑨}{\longrightarrow}$ PC。

图 5.6　中断周期的数据流

5.4　数据通路的功能和基本结构

数据通路就是在 CPU 内部,一个器件把信息传送到另外一个器件的线路或过程。

CPU 内部有若干个器件,如果采用器件互相连接的方式,会使控制这些信息的流动很麻烦,增加器件或删除器件也不方便。为此,CPU 内部的器件采用总线方式,就是器件都连接到公共的总线上。这个公共的总线传输的信息有:数据信息、地址信息。

控制 CPU 内部总线的原则是:在某一个时刻只能有 1 个器件发出信息,最多有 1 个器件接收信息。2 个器件完成信息的传送后,与总线处于断开状态。

为加快信号传输速率,可以对 CPU 内部总线的控制原则做修改。可以是:在某一个时刻只能有 1 个器件发出信息,可以有多个器件接收信息。2 个器件完成信息的传送后,与总线处于断开状态。

直观上看,CPU 内部器件似乎都连接在总线上。但实际上哪 2 个器件构成 1 个发送与接收通路,是由控制器实现的。

5.4.1　数据通路的功能

数据在功能部件之间传送的路径称为数据通路,包括数据通路上流经的部件,如 ALU、通用寄存器、状态寄存器、异常和中断处理逻辑等。数据通路描述了信息从什么地方开始,中间经过哪个寄存器或多路开关,最后传送到哪个寄存器,这些都需要加以控制。

数据通路由控制部件控制,控制部件根据每条指令功能的不同生成对数据通路的控制信号。数据通路的功能是实现 CPU 内部的运算器与寄存器及寄存器之间的数据交换。

5.4.2　数据通路的基本结构

(1)CPU 内部单总线方式

将所有寄存器的输入端和输出端都连接到一条公共通路上,这种结构比较简单,但数据传输存在较多的冲突现象,性能较低。连接各部件的总线只有一条时,称为单总线结构;CPU 中有两条或更多的总线时,构成双总线结构或多总线结构。图 5.7 所示为 CPU 内部总线的数据通路和控制信号。

在图 5.7 中,规定各部件用大写字母表示,字母加"in"表示该部件的允许输入控制信号;字母加"out"表示该部件的允许输出控制信号。

图 5.7　CPU 内部总线的数据通路和控制信号

（2）CPU 内部三总线方式

将所有寄存器的输入端和输出端都连接到多条公共通路上，相比之下单总线中一个时钟内只允许传一个数据，因而指令执行效率很低，因此采用多总线方式，同时在多个总线上传送不同的数据，提高效率。

（3）专用数据通路方式

根据指令执行过程中的数据和地址的流动方向安排连接线路，避免使用共享的总线，性能较高，但硬件量大。

内部总线是指同一部件，如 CPU 内部连接各寄存器及运算部件之间的总线；系统总线是指同一台计算机系统的各部件，如 CPU、内存、通道和各类 I/O 接口间互相连接的总线。

5.5　控制器的功能和工作原理

控制器就是产生不同的控制信号，实现"读取指令""执行指令""检测中断"的循环操作。

控制器的设计方法有两种：硬布线控制器、微程序控制器。

5.5.1　控制器的结构和功能

从图 5.8 可以看到计算机硬件系统的五大功能部件及其连接关系。它们通过数据总线、地址总线和控制总线连接在一起，其中虚线框内的是控制器部件。

现对其主要连接关系简单说明如下：

① 运算器部件通过数据总线与内存储器、输入设备和输出设备传送数据。

② 输入设备和输出设备通过接口电路与总线相连接。

③ 内存储器、输入设备和输出设备从地址总线接收地址信息，从控制总线得到控制信号通过数据总线与其他部件传送数据。

④ 控制器部件从数据总线接收指令信息，从运算器部件接收指令转移地址，送出指令地址到地址总线，还要向系统中的部件提供它们运行所需要的控制信号。

图 5.8 计算机硬件系统和控制器部件的组成

控制器是计算机系统的指挥中心,控制器的主要功能有:

① 从主存中取出一条指令,并指出下一条指令在主存中的位置。

② 对指令进行译码或测试,产生相应的操作控制信号,以便启动规定的动作。

③ 指挥并控制 CPU、主存、输入和输出设备之间的数据流动方向。

根据控制器产生微操作控制信号的方式的不同,控制器可分为硬布线控制器和微程序控制器,两类控制器中的 PC 和 IR 是相同的,但确定和表示指令执行步骤的办法以及给出控制各部件运行所需要的控制信号的方案是不同的。

5.5.2 硬布线控制器

(1)硬布线控制器的内部结构

硬布线控制器的基本原理是根据指令的要求、当前的时序及外部和内部的状态,按时间的顺序发送一系列微操作控制信号。它由复杂的组合逻辑门电路和一些触发器构成,因此又称组合逻辑控制器。

指令的操作码是决定控制单元发出不同操作命令(控制信号)的关键。为了简化控制单元(CU)的逻辑,将指令的操作码译码和节拍发生器从 CU 分离出来,便可得到简化的控制单元图,如图 5.9 所示。

图 5.9 带指令译码器和节拍输入的控制单元图

CU 的输入信号来源如下:

① 经指令译码器译码产生的指令信息。现行指令的操作码决定了不同指令在执行周期所需完成的不同操作,因此指令的操作码字段是控制单元的输入信号,它与时钟配合产生不同的控制信号。

② 时序系统产生的机器周期信号和节拍信号。为了使控制单元按一定的先后顺序、一定的节奏发出各个控制信号,控制单元必须受时钟控制,即一个时钟脉冲使控制单元发送一个操作命令,或发送一组需要同时执行的操作命令。

③ 来自执行单元的反馈信息即标志。控制单元有时需依赖 CPU 当前所处的状态产生控制信号,如 BAN 指令,控制单元要根据上条指令的结果是否为负来产生不同的控制信号。

图 5.9 中,节拍发生器产生各机器周期中的节拍信号,使不同的微操作命令(控制信号)按时间的先后发出。个别指令的操作不仅受操作码控制,还受状态标志控制,因此 CU 的输入来自操作码译码电路 ID、节拍发生器及状态标志,其输出到 CPU 内部或外部控制总线上。

(2)硬布线控制器的时序系统及微操作

① 时钟周期:用时钟信号控制节拍发生器,可以产生节拍,每个节拍的宽度正好对应一个时钟周期。在每个节拍内机器可完成一个或几个需同时执行的操作。

② 机器周期:机器周期可视为所有指令执行过程中的一个基准时间。不同指令的操作不同,指令周期也不同。访问一次存储器的时间是固定的,因此通常以存取周期作为基准时间,即内存中读取一个指令字的最短时间作为机器周期。在存储字长等于指令字长的前提下,取指周期也可视为机器周期。在一个机器周期里可完成若干微操作,每个微操作都需一定的时间,可用时钟信号来控制产生每个微操作命令。

③ 指令周期:指令周期见 5.3.1。

④ 微操作命令分析:控制单元具有发出各种操作命令(控制信号)序列的功能。这些命令与指令有关,而且必须按一定次序发出,才能使机器有序地工作。

执行程序的过程中,对于不同的指令,控制单元需发出各种不同的微操作命令。一条指令分为3 个工作周期:取指周期、间址周期和执行周期。下面分析各个子周期的微操作命令。

Ⅰ.取指周期的微操作命令。无论是什么指令,取指周期都需有下列微操作命令:

PC→MAR	现行指令地址→MAR
1→R	命令存储器读
M(MAR)-MDR	现行指令从存储器中读至 MDR
MDR→IR	现行指令→IR
OP(IR)→CU	指令的操作码→CU 译码
(PC)+1→PC	形成下一条指令的地址

Ⅱ.间址周期的微操作命令。间址周期完成取操作数地址的任务,具体微操作命令如下:

Ad(IR)→MAR	将指令字中的地址码(形式地址)→MAR
1→R	命令存储器读
M(MAR)→MDR	将有效地址从存储器读至 MDR

Ⅲ.执行周期的微操作命令。执行周期的微操作命令视不同指令而定。

a.非访存指令。

CLA	清 ACC	$0 \rightarrow ACC$
COM	取反	$\overline{ACC} \rightarrow ACC$
SHR	算术右移	$L(ACC) \rightarrow R(ACC), ACC_0 \rightarrow ACC_0$
CSL	循环左移	$R(ACC) \rightarrow L(ACC), ACC_0 \rightarrow ACC_n$
STP	停机指令	$0 \rightarrow G$

b. 访存指令。

ADD X　　　　　　　　加法指令

Ad(IR)→MAR,1→R

M(MAR)→MDR

(ACC)+(MDR)→ACC

STA X　　　　　　　　存数指令

Ad(IR)→MAR,1→W

ACC→MDR

MDR→M(MAR)

LDA X　　　　　　　　取数指令

Ad(IR)→MAR,1→R

M(MAR)→MDR

MDR→ACC

c. 转移指令。

JMP X　　　　　　无条件转移　　　　　Ad(IR)→PC

BAN X　　　　　　条件转移(负则转)　　$A_0 \cdot Ad(IR) + \overline{A_0} \cdot (PC) \to PC$

(3) CPU 的控制方式

控制单元控制一条指令执行的过程,实质上是依次执行一个确定的微操作序列的过程。由于不同指令所对应的微操作数及复杂程度不同,因此每条指令和每个微操作所需的执行时间也不同。主要有以下 3 种控制方式。

① **同步控制方式**:所谓同步控制方式,是指系统有一个统一的时钟信号,所有的控制信号均来自这个统一的时钟信号。通常以最长的微操作序列和最烦琐的微操作作为标准,采取完全统一的、具有相同时间间隔和相同数目的节拍作为机器周期来运行不同的指令。

同步控制方式的优点是控制电路简单,缺点是运行速度慢。

② **异步控制方式**:异步控制方式不存在基准时标信号,各部件按自身固有的速度工作,通过应答方式进行联络。

异步控制方式的优点是运行速度快,缺点是控制电路比较复杂。

③ **联合控制方式**:联合控制方式是介于同步、异步之间的一种折中。这种方式对各种不同的指令的微操作实行大部分采用同步控制、小部分采用异步控制的办法。

(4) 硬布线控制单元的设计步骤

硬布线控制单元设计步骤包括:

① 列出微操作命令的操作时间表。先根据微操作节拍安排,列出微操作命令的操作时间表。操作时间表中包括各个机器周期、节拍下的每条指令完成的微操作控制信号。表 5.1 列出了 CLA、COM、SHR 等 10 条机器指令微操作命令的操作时间表。表中 FE、IND 和 EX 为 CPU 工作周期标志,$T_1 \sim T_2$ 为节拍,I 为间址标志,在取指周期的 T_2 时刻,若测得 I=1,则 IND 触发器置"1",标志进入间址周期;若 I=0,则 EX 触发器置"1",标志进入执行周期。同理,在间址周期的 T_2 时刻,若测得 IND=0(表示一次间接寻址),则 EX 触发器置"1",进入执行周期;若测得 IND=1(表示多次间接寻址),则继续间接寻址。在执行周期的 T_2 时刻,CPU 要向所有中断源发中断查询信号,若检测到有中断请求并满足响应条件,则 INT 触发器置"1",标志进入中断周期。表中未列出 INT 触发器置

"1"的操作和中断周期的微操作。表中第一行对应 10 条指令的操作码。代表不同的指令。若某指令有表中所列出的微操作命令，其对应的单元格内为 1。

② 进行微操作信号综合。在列出微操作时间表后，即可对它们进行综合分析、归类，根据微操作时间表可写出各微操作控制信号的逻辑表达式并进行适当的简化。表达式一般包括下列因素：

微操作控制信号 = 机器周期^节拍^脉冲^操作码^机器状态条件

根据表 5.2 便可列出每个微操作命令的初始逻辑表达式，经化简、整理可获得能用现有门电路实现的微操作命令逻辑表达式。

表 5.2　操作时间表

工作周期标记	节拍	状态条件	微操作命令信号	CLA	COM	SHR	CSL	STP	ADD	STA	LDA	JMP	BAN
FE 取值	T0		PC→MAR	1	1	1	1	1	1	1	1	1	1
			1→R	1	1	1	1	1	1	1	1	1	1
	T1		M(MAR)→MDR	1	1	1	1	1	1	1	1	1	1
			(PC)+1→PC	1	1	1	1	1	1	1	1	1	1
FE 取值	T2		MDR→IR	1	1	1	1	1	1	1	1	1	1
			OP(IR)→ID	1	1	1	1	1	1	1	1	1	1
		I	1→IND						1	1	1	1	
		$\bar{I}$	1→EX	1	1	1	1	1					1
IND 间接寻址	T0		Ad(IR)→MAR						1	1	1	1	
			1→R						1	1	1	1	
IND 间接寻址	T1		M(MAR)→MDR						1	1	1	1	
	T2		MDR→Ad(IR)						1	1	1	1	
		$\overline{IND}$	1→EX						1	1	1	1	
EX 执行	T0		Ad(IR)→MAR						1	1	1		
			1→R						1		1		
			1→W							1			
	T1		M(MAR)→MDR						1		1		
			AC→MDR							1			
	T2		(AC)+(MDR)→AC						1				
			MDR→M(MAR)							1			
EX 执行	T2		MDR→AC								1		
			0→AC	1									
			$\overline{AC}$→AC		1								
			L(AC)→R(AC)，AC$_0$不变			1							
			ρ^{-1}(AC)				1						
			Ad(IR)→PC									1	
		A0	Ad(IR)→PC										1
			0→G					1					

③ 画出微操作命令的逻辑图。根据逻辑表达式可画出对应每个微操作信号的逻辑电路图,并用逻辑门电路实现。

5.5.3 微程序控制器

(1)微程序控制的基本概念

微程序设计思想就是将每条机器指令编写成一个微程序,每个微程序包含若干微指令,每条微指令对应一个或几个微操作命令。这些微程序可以存到一个控制存储器中,用寻址用户程序机器指令的办法来寻址每个微程序中的微指令。目前,大多数计算机都采用微程序设计技术。

微程序设计技术涉及的基本术语如下:

① 微命令与微操作:一条机器指令可以分解成一个微操作序列,这些微操作是计算机中最基本的、不可再分解的操作。在微程序控制的计算机中,将控制部件向执行部件发出的各种控制命令称为微命令,它是构成控制序列的最小单位。例如,打开或关闭某个控制门的电位信号、某个寄存器的打入脉冲等。微命令和微操作是一一对应的。微命令是微操作的控制信号,微操作是微命令的执行过程。微命令有相容性和互斥性之分。相容性微命令是指那些可以同时产生、共同完成某一些微操作的微命令;而互斥性微命令是指在机器中不允许同时出现的微命令。相容和互斥都是相对的,一个微命令可以和一些微命令相容,和另一些微命令互斥。

② 微指令与微周期:微指令是若干微命令的集合。存放微指令的控制存储器的单元地址称为微地址。一条微指令通常至少包含两大部分信息:

操作控制字段,又称微操作码字段,用于产生某一步操作所需的各种操作控制信号。

顺序控制字段,又称微地址码字段,用于控制产生下一条要执行的微指令地址。

微周期通常指从控制存储器中读取一条微指令并执行相应的微操作所需的时间。

③ 主存储器与控制存储器:主存储器用于存放程序和数据,主存储器由 ROM 和 RAM 实现;控制存储器(CM)用于存放微程序,在 CPU 内部,用 ROM 实现。

④ 程序与微程序:程序是指令的有序集合,用于完成特定的功能;微程序是微指令的有序集合,一条指令的功能由一段微程序来实现。

微程序和程序是两个不同的概念。微程序是由微指令组成的,用于描述机器指令。微程序实际上是机器指令的实时解释器,是由计算机设计者事先编制好并存放在控制存储器中的,一般不提供给用户。对于程序员来说,计算机系统中微程序的结构和功能是透明的,无须知道而程序最终由机器指令组成,是由软件设计人员事先编制好并存放在主存或辅存中的。

读者应注意区分以下寄存器:

地址寄存器(MAR)。用于存放主存的读/写地址。

微地址寄存器(CMAR)。用于存放控制存储器的读/写微指令的地址。

指令寄存器(IR)。用于存放从主存中读出的指令。

微指令寄存器(CMDR 或 μIR)。用于存放从控制存储器中读出的微指令。

(2)微程序控制器的基本组成

图 5.10 所示为一个微程序控制器的基本结构,主要画出了微程序控制器比组合逻辑控制器多出的部件,包括:

① 控制存储器:它是微程序控制器的核心部件,用于存放各指令对应的微程序,控制存储器可用只读存储器 ROM 构成。

② 微指令寄存器:用于存放从 CM 中取出的微指令,它的位数同微指令字长相等。

③ 微地址形成部件：用于产生初始微地址和后继微地址，以保证微指令的连续执行。

④ 微地址寄存器：接收微地址形成部件送来的微地址，为在 CM 中读取微指令作准备。

图 5.10 微程序控制器的基本结构

（3）微程序控制器的工作过程

微程序控制器的工作过程实际上就是在微程序控制器的控制下计算机执行机器指令的过程，这个过程可以描述如下：

① 执行取微指令公共操作。具体的执行是：在机器开始运行时，自动将取指微程序的入口地址送入 CMAR，并从 CM 中读出相应的微指令送入 CMDR。取指微程序的入口地址一般为 CM 的 0 号单元，当取指微程序执行完后，从主存中取出的机器指令就已存入指令寄存器中。

② 由机器指令的操作码字段通过微地址形成部件产生该机器指令所对应的微程序的入口地址，并送入 CMAR。

③ 从 CM 中逐条取出对应的微指令并执行。

④ 执行完对应于一条机器指令的一个微程序后，又回到取指微程序的入口地址，继续第一步，以完成取下一条机器指令的公共操作。

以上是一条机器指令的执行过程，如此周而复始，直到整个程序执行完毕。

（4）微指令的编码方式

微指令的编码方式又称微指令的控制方式，是指如何对微指令的控制字段进行编码，以形成控制信号。编码的目标是在保证速度的情况下，尽量缩短微指令字长。

① 直接编码（直接控制）方式：微指令的直接编码方式如图 5.11 所示。直接编码法无须进行译码，微指令的微命令字段中每位都代表一个微命令。设计微指令时，选用或不选用某个微命令，只要将表示该微命令的对应位设置成 1 或 0 即可。每个微命令对应并控制数据通路中的一个微操作。

这种编码的优点是简单、直观，执行速度快，操作并行性好；缺点是微指令字长过长，n 个微命令就要求微指令的操作字段有 n 位，造成控制存储器容量极大。

图 5.11 微指令的直接编码方式

② 字段直接编码方式:将微指令的微命令字段分成若干小字段,把互斥性微命令组合在同一字段中,把相容性微命令组合在不同字段中,每个字段独立编码,每种编码代表一个微命令且各字段编码含义单独定义,与其他字段无关,这就是字段直接编码方式,如图 5.12 所示。

图 5.12　微指令的字段直接编码方式

这种方式可以缩短微指令字长,但因为要通过译码电路后再发出微命令,因此比直接编码方式慢。

微命令字段分段的原则:

A. 互斥性微命令分在同一段内,相容性微命令分在不同段内。

B. 每个小段中包含的信息位不能太多,否则将增加译码线路的复杂性和译码时间。

C. 一般每个小段还要留出一个状态,表示本字段不发出任何微命令。因此,当某字段的长度为 3 位时,最多只能表示 7 个互斥的微命令,通常用 000 表示不操作。

③ 字段间接编码方式:一个字段的某些微命令需由另一个字段中的某些微命令来解释,由于不是靠字段直接译码发出的微命令,因此称为字段间接编码,又称隐式编码。这种方式可进一步缩短微指令字长,但因削弱了微指令的并行控制能力,因此通常作为字段直接编码方式的一种辅助手段。

（5）微指令的格式

微指令格式与微指令的编码方式有关,通常分水平型微指令和垂直型微指令两种。

① 水平型微指令:从编码方式看,直接编码、字段直接编码、字段间接编码和混合编码都属于水平型微指令。水平型微指令的基本指令格式如图 5.13 所示,指令字中的一位对应一个控制信号,有输出时为 1,否则为 0。一条水平型微指令定义并执行几种并行的基本操作。

A1	A2	…	An−1	An	判断测试字段	后继地址字段
操作控制					顺序控制	

图 5.13　水平型微指令格式

水平型微指令的优点是微程序短,执行速度快;缺点是微指令长,编写微程序较麻烦。

② 垂直型微指令:垂直型微指令的特点是采用类似机器指令操作码的方式,在微指令中设置微操作码字段,采用微操作码编译法,由微操作码规定微指令的功能,其基本的指令格式如图 5.14 所示。一条垂直型微指令只能定义并执行一种基本操作。

μOP	Rd	Rs
微操作码	目的地址	源地址

图 5.14　垂直型微指令格式

垂直型微指令格式的优点是微指令短、简单、规整,便于编写微程序;缺点是微程序长,执行速度慢,工作效率低。

③ 混合型微指令:在垂直型的基础上增加一些不太复杂的并行操作。微指令较短,仍便于编

写:微程序也不长,执行速度加快。

④ 水平型微指令和垂直型微指令的区别:水平型微指令并行操作能力强、效率高、灵活性强;垂直型微指令则较差。

水平型微指令执行一条指令的时间短:垂直型微指令执行的时间长。

由水平型微指令解释指令的微程序,具有微指令字较长但微程序短的特点;垂直型微指令则与之相反,其微指令字较短而微程序长。

水平型微指令用户难以掌握,而垂直型微指令与指令比较相似,相对容易掌握。

(6)微程序控制单元的设计步骤

微程序控制单元设计的主要任务是编写各条机器指令所对应的微程序。具体的设计步骤如下:

① 写出对应机器指令的微操作命令及节拍安排。无论是组合逻辑设计还是微程序设计,对应相同的 CPU 结构,两种控制单元的微操作命令和节拍安排都是极相似的。如微程序控制单元在取指阶段发出的微操作命令及节拍安排如下:

T0   PC→MAR,1→R

T1   M(MAR)→MDR,(PC)+1→PC

T2   MDR→IR,OP(IR)→微地址形成部件

与硬布线控制单元相比,只在 T2 节拍内的微操作命令不同。微程序控制单元在 T2 节拍内要将指令的操作码送至微地址形成部件,即 OP(IR)→微地址形成部件,以形成该条机器指令的微程序首地址。而硬布线控制单元在 T2 节拍内要将指令的操作码送至指令译码器,以控制 CU 发出相应的微命令,即 OP(IR)→ID。

若把一个节拍 T 内的微操作安排在一条微指令中完成,上述微操作对应 3 条微指令。但由于微程序控制的所有控制信号都来自微指令,而微指令又存在控制存储器中,因此欲完成上述这些微操作,必须先将微指令从控制存储器中读出,即必须先给出这些微指令的地址。在取指微程序中,除第一条微指令外,其余微指令的地址均由上一条微指令的下地址字段直接给出,因此上述每条微指令都需增加一个将微指令下地址字段送至 CMAR 的微操作,记为 Ad(CMDR)→CMAR。取指微程序的最后一条微指令,其后继微指令的地址是由微地址形成部件形成的,即微地址形成部件→CMAR。为了反映该地址与操作码有关,因此记为 OP(IR)→微地址形成部件→CMAR。

综上所述,考虑到需要形成后继微指令地址,上述分析的取指操作共需 6 条微指令完成:

T0   PC→MAR,1→R

T1   Ad(CMDR)→CMAR

T2   M(MAR)→MDR,(PC)+1→PC

T3   Ad(CMDR)→CMAR

T4   MDR→IR

T5   OP(IR)→微地址形成部件→CMAR

执行阶段的微操作命令及节拍安排,分配原则类似。与硬布线控制单元微操作命令的节拍安排相比,多了将下一条微指令地址送至 CMAR 的微操作命令,即 Ad(CMDR)→CMAR。其余的微操作命令与硬布线控制单元相同。

② 确定微指令格式。微指令格式包括微指令的编码方式、后继微指令地址的形成方式和微指令字长等。

根据微操作个数决定采用何种编码方式,以确定微指令的操作控制字段的位数。由微指令数

确定微指令的顺序控制字段的位数。最后按操作控制字段位数和顺序控制字段位数就可确定微指令字长。

③ 编写微指令码点。根据操作控制字段每位代表的微操作命令,编写每条微指令的码点。

(7)硬布线和微程序控制器的特点与比较

① 硬布线控制器的特点:硬布线控制器的优点是由于控制器的速度取决于电路延迟,所以速度快;缺点是由于将控制部件视为专门产生固定时序控制信号的逻辑电路,所以把用最少元件和取得最高速度作为设计目标,一旦设计完成,就不可能通过其他额外修改添加新功能。

② 微程序控制器的特点:微程序控制器的优点是同组合逻辑控制器相比,微程序控制器具有规整、灵活、可维护等一系列优点;缺点是由于微程序控制器采用了存储程序原理,所以每条指令都要从控制存储器中取一次,影响速度。

为便于比较,下面以表格的形式对比二者的不同,见表 5.3。

表 5.3　微程序控制器与硬布线控制器的对比

对比项目＼类别	微程序控制器	硬布线控制器
工作原理	微操作控制信号以微程序的形式存放在控制存储器中,执行指令时读出即可	微操作控制信号由组合逻辑电路根据当前的指令码、状态和时序,即时产生
执行速度	慢	快
规整性	较规整	烦琐、不规整
应用场合	CISC CPU	RISC CPU
易扩充性	易扩充修改	困难

5.6　异常和中断机制

5.6.1　异常和中断的基本概念

由 CPU 内部产生的意外事件被称为异常,有些教材中也称内中断。由来自 CPU 外部的设备向 CPU 发出的中断请求被称为中断,通常用于信息的输入和输出,有些教材中也称外中断。异常是 CPU 执行一条指令时,由 CPU 在其内部检测到的、与正在执行的指令相关的同步事件。中断是一种典型的由外部设备触发的、与当前正在执行的指令无关的异步事件。

异常和中断处理过程的大致描述如下:当 CPU 在执行用户程序的第 i 条指令时检测到一个异常事件,或者在执行第 i 条指令后发现一个中断请求信号,则 CPU 打断当前用户程序,然后转到相应的异常或中断处理程序去执行。若异常或中断处理程序能够解决相应的问题,则在异常或中断处理程序的最后,CPU 通过执行异常或中断返回指令,回到被打断的用户程序的第 i 条指令或第 i+1 条指令继续执行;若常或中断处理程序发现是不可恢复的致命错误,则终止用户程序。通常情况下,对异常和中断的具体处理过程由操作系统(和驱动程序)完成。

异常和中断的处理过程基本是相同的。

5.6.2　异常和中断的分类

(1)异常的分类

异常是由 CPU 内部产生的意外事件,分为硬故障中断和程序性异常。硬故障中断是由硬连线出现异常引起的,如存储器校验错误、总线错误等。程序性异常也称软件中断,是指在 CPU 内部因执行指令而引起的异常事件,如整除 0、溢出、断点、单步跟踪、非法指令、栈溢出、地址越界、缺页等。按异常发生原因和返回方式的不同,可分为故障、自陷和终止。

① 故障(Fault):指在引起故障的指令启动后、执行结束前被检测到的异常事件。例如,指令译码时,出现"非法操作码";取数据时,发生"缺段"或"缺页";执行整数除法指令时,发现"除数为 0"等。对于"缺段""缺页"等异常事件,经处理后,可将所需的段或页面从磁盘调入主存,回到发生故障的指令继续执行,断点为当前发生故障的指令;对于"非法操作码""除数为 0"等,因为无法通过异常处理程序恢复故障,因此不能回到原断点执行,必须终止进程的执行。

② 自陷(Trap):自陷也称陷阱或陷入,它是预先安排的一种"异常"事件,就像预先设定的"陷阱"样。通常的做法是:事先在程序中用一条特殊指令或通过某种方式设定特殊控制标志来人为设置一个"陷阱",当执行到被设置了"陷阱"的指令时,CPU 在执行完自陷指令后,自动根据不同"陷阱"类型进行相应的处理,然后返回到自陷指令的下一条指令执行。注意,当自陷指令是转移指令时,并不是返回到下一条指令执行,而是返回到转移目标指令执行。

在 x86 机器中,用于程序调试"断点设置"和单步跟踪的功能就是通过陷阱机制实现的。此外,系统调用指令、条件自陷指令(如 MIPS 中的 teq、tegi、tne、tnei 等)等都属于陷阱指令,执行到这些指令时,无条件或有条件地自动调出操作系统内核程序并执行。

故障异常和自陷异常属于程序性异常(软件中断)。

③ 终止(Abort):如果在执行指令的过程中发生了使计算机无法继续执行的硬件故障,如控制器出错、存储器校验错等,那么程序将无法继续执行,只能终止,此时,调出中断服务程序来重启系统。这种异常与故障和自陷不同,不是由特定指令产生的,而是随机发生的。

终止异常和外中断属于硬件中断。

(2)中断的分类

中断是指来自 CPU 外部、与 CPU 执行指令无关的事件引起的中断,包括 I/O 设备发出的 I/O 中断(如键盘输入、打印机缺纸等),或发生某种特殊事件(如用户按 Esc 键、定时器计数时间到)等。外部 I/O 设备通过特定的中断请求信号线向 CPU 提出中断请求,CPU 每执行完条指令就检查中断请求信号线,如果检测到中断请求,则进入中断响应周期。

中断可分为可屏蔽中断和不可屏蔽中断。

① 可屏蔽中断:指通过可屏蔽中断请求线 INTR 向 CPU 发出的中断请求。CPU 可以通过在中断控制器中设置相应的屏蔽字来屏蔽它或不屏蔽它,被屏蔽的中断请求将不被送到 CPU。

② 不可屏蔽中断:指通过专门的不可屏蔽中断请求线 NMI 向 CPU 发出的中断请求,通常是非常紧急的硬件故障,如电源掉电等。这类中断请求信号不可被屏蔽,以让 CPU 快速处理这类紧急事件。

中断和异常在本质上是一样的,但它们之间有以下两个重要的不同点:

A. "缺页"或"溢出"等异常事件是由特定指令在执行过程中产生的,而中断不和任何指令相关联,也不阻止任何指令的完成。

B. 异常的检测由 CPU 自身完成,不必通过外部的某个信号通知 CPU。对于中断,CPU 必须通过中断请求线获取中断源的信息,才能知道哪个设备发生了何种中断。

5.7 指令流水线

5.7.1 指令流水线的基本概念

（1）指令流水线的定义

一条指令的执行过程可分解为若干阶段，每个阶段由相应的功能部件完成。如果将各阶段视为相应的流水段，则指令的执行过程就构成了一条指令流水线。

假设一条指令的执行过程分为下面 5 个阶段（也称功能段或流水段）：

① 取指（IF）：从指令存储器或 Cache 中取指令。

② 译码/读寄存器（ID）：操作控制器对指令进行译码，同时从存器堆中取操作数。

③ 执行/计算地址（EX）：执行运算操作或计算地址。

④ 访存（MEM）：对存储器进行读写操作。

⑤ 写回（WB）：将指令执行结果写回寄存器堆。

把 k+1 条指令的取指阶段提前到第 k 条指令的译码阶段，从而将第 k+1 条指令的译码阶段与第 k 条指令的执行阶段同时进行，如图 5.15 所示。

图 5.15　一个 5 段指令流水线

从图 5.16 看出，理想情况下，每个时钟周期都有一条指令进入流水线，每个时钟周期都有一条指令完成，每条指令的时钟周期数（即 CPI）都为 1。

流水线设计的原则是，指令流水段个数以最复杂指令所用的功能段个数为准；流水段的长度以最复杂的操作所花的时间为准。假设某条指令的 5 个阶段所花的时间分别如下。取指：200ps；译码：100ps；执行：150ps；访存：200ps；写回：100ps，该指令的总执行时间为 750ps。按照流水线设计原则，每个流水段的长度为 200ps，所以每条指令的执行时间为 1ns，反而比串行执行时增加了 250ps。假设某程序中有 N 条指令，单周期处理机所用的时间为 N×750ns，而流水线处理机所用的时间为（N+4）×200ns。由此可见，流水线方式并不能缩短单条指令的执行时间，但对于整个程序来说，执行效率得到了大幅增高。

为了利于实现指令流水线，指令集应具有如下特征：

① 指令长度应尽量一致，有利于简化取指令和指令译码操作。否则，取指令所花时间长短不一，使取指部件极其复杂，且也不利于指令译码。

② 指令格式应尽量规整，尽量保证源寄存器的位置相同，有利于在指令未知时就可取寄存器操作数，否则须译码后才能确定指令中各寄存器编号的位置。

③ 采用 Load/Store 指令，其他指令都不能访问存储器，这样可把 Load/Store 指令的地址计算和运算指令的执行步骤规整在同一个周期中，有利于减少操作步骤。

④ 数据和指令在存储器中"对齐"存放。这样，有利于减少访存次数，使所需数据在一个流水段内就能从存储器中得到。

(2)指令流水线的表示方法

通常用时空图来直观地描述流水线的执行情况,如图 5.16 所示。

在时空图中,横坐标表示时间,它被分割成长度相等的时间段 T;纵坐标为空间,表示当前指令所处的功能部件。在图 5.16 中,第一条指令在 I1 时刻 0 进入流水线,在时刻 5T 流出流水线。第二条指令 I2 在时刻 T 进入流水线,在时刻 6T 流出流水线。以此类推,每隔一个时间 T 就有一条指令进入流水线,从时刻 5T 开始每隔一个时间 T 就有一条指令流出流水线。

图 5.16　一个 5 段指令流水线时空图

从图中可看出,在时刻 10T 时,流水线上便有 6 条指令流出。若采用串行方式执行,在时刻 10T 时,只能执行 2 条指令,可见使用流水线方式成倍地提高了计算机的速度。

只有大量连续任务不断输入流水线,才能充分发挥流水线的性能,而指令的执行正好是连续不断的,非常适合采用流水线技术。对于其他部件级流水线,如浮点运算流水线,同样也仅适合于提升浮点运算密集型应用的性能,对于单个运算是无法提升性能的。

5.7.2　指令流水线的基本实现

在单周期实现中,这 5 个功能段是串连在一起的,如图 5.17 所示。将程序计数器(PC)的值送入 IF 段取指令,然后依次进入 ID、EX、MEM、WB 段。虽然不是所有指令都必须经历完整的 5 个阶段,但只能以执行速度最慢的指令作为设计其时钟周期的依据,单周期 CPU 的时钟频率取决于数据通路中的关键路径(最长路径),因此单周期 CPU 指令执行效率不佳。

图 5.17　单周期处理机的逻辑构架图

(1)流水线的数据通路

一个 5 段流水线数据通路如图 5.18 所示。其中,正 IF 段包括程序计数器(PC)、指令存储器、下条指令地址的计算逻辑;ID 段包括操作控制器、取操作数逻辑、立即数符号扩展模块;EX 段主要包括算术逻辑单元(ALU)、分支地址计算模块;MEM 段主要包括数据存储器读写模块;WB 段主要包括寄存器写入控制模块。每个流水段后面都需要增加一个流水寄存器,用于锁存本段处理完成的数据和控制信号,以保证本段的执行结果能在下个时钟周期给下一流水段使用,图中增加了 4 个流水寄存器,并根据其所连接的功能段来命名。各种寄存器和数据存储器均采用统一时钟 CLK 进行同步,每来一个时钟,就会有一条新的指令进入流水线 IF 段;同时流水寄存器会锁存前段加工处理完成的数据和控制信号,为下一段的功能部件提供数据输入。

图 5.18　一个 5 段流水线数据通路(及控制信号)

不同流水寄存器锁存的数据不相同,如图 5.18 中的实线表示。IF/ID 流水寄存器需要锁存从指令存储器取出的指令字,以及 PC+4 的值;ID/EX 流水寄存器需要锁存从寄存器堆中取出的两个操作数 RS 和 RT(指令中两个操作数字段对应的寄存器值)与写寄存器编号 WriteReg#,以及立即数符号扩展的值、PC+4 等后段可能用到的操作数;EX/MEM 流水寄存器需要锁存 ALU 运算结果、数据存储器待写入数据 WriteData、写寄存器编号 WriteReg#等数据;MEM/WB 流水寄存器需要锁存ALU 运算结果、数据存储器读出数据、写寄存器编号 WriteReg#等数据。

(2)流水线的控制信号

上节描述了数据通过流水寄存器进行传递的情况。但是在某一时刻,每个流水段执行不同指令的某个阶段,每个流水段还需要正在执行指令的对应功能段的控制信号。

图 5.18 中的控制信号(虚线表示)见表 5.4。控制信号的来源并不一致,如 IF 段的分支转跳信号 BranchTaken 来源于 EX 段,ID 段的 RegWrite 信号来源于 WB 段。其他控制信号通过控制器产生,由 ID 段负责译码生成控制信号,并分别在随后的各个时钟周期内使用。

表 5.4　图 5.18 中的控制信号分类

控制信号	位置	来源	功能说明
BranchTaken	IF	EX	分支跳转信号,为 1 表示跳转,由 EX 段的 Branch 信号与 equal 标志进行逻辑与生成
RegDst	ID	ID	写入目的寄存器选择,为 1 时目的寄存器为 rd 寄存器,为 0 时为 rt 寄存器
RegWrite	ID	WB	控制寄存器堆写操作,为 1 时数据需要写回寄存器堆中的指定寄存器
AluSre	EX	EX	ALU 的第二输入选择控制,为 0 时输入寄存器 rt,为 1 时输入扩展后的立即数
AluOp	EX	EX	控制 ALU 进行不同运算,具体取值和位宽与 ALU 的设计有关
MemWrite	MEM	MEM	控制数据存储器写操作,为 0 时进行读操作,为 1 时进行写操作
MemToReg	WE	WB	为 1 时将数据存储器读出数据写回寄存器堆,否则将 ALU 运算结果写回

控制器的输入主要是 IF/ID 流水寄存器锁存的指令字中的 OP 字段,输出为 7 个控制信号。其中 RegDst 信号在 ID 段使用,其他 6 个后段使用的控制信号输出到 ID/EX 流水寄存器中并依次向后传递,以供后续各流水段使用。RegWrite 信号必须传递至 WB 段后才能反馈到 ID 段的寄存器堆的写入控制段 WE;条件分支译码信号 Branch 也需要传递到 EX 段,与 ALU 运算的标志 equal 信号进行逻辑与操作后,反馈到 IF 段控制多路选择器进行分支处理。

综上所述,每个流水寄存器中保存的信息包括:①后面流水段需要用到的所有数据信息,包括 PC+4、指令、立即数、目的寄存器、ALU 运算结果、标志信息等,它们是前面阶段在数据通路中执行的结果。②前面传递过来的后面各流水段要用到的所有控制信号。

(3)流水线的执行过程

由于流水线的特殊结构,所有指令都需要完整经过流水线的各功能段,只不过某些指令在某些功能段内没有任何实质性的操作,只是等待一个时钟周期,这也就意味着单条指令的执行时间还是 5 个功能段时间延迟的总和。下面简单描述图 5.18 中各流水段的执行过程。

① 取指(IF):将 PC 值作为地址从指令寄存器中取出第一条指令字;并计算 PC+4,送入 PC 输入端,以便在下一个时钟周期取下条指令,这些功能由取指部件完成。取出的指令字通过 RD 输出端送入 IF/ID 流水寄存器,PC+4 也要送入 IF/ID 流水寄存器,以备后续可能使用(如相对转移指令)。只要是后续功能段有可能要用到的数据和控制信号,都要向后传递。时钟到来时将更新后的 PC 值和指令字锁存到 IF/ID 流水寄存器中;本条指令 I_1 进入 ID 段,IF 段取出下条指令 I_2。

② 译码/读寄存器(ID):由控制器根据 IF/ID 流水寄存器中的指令字生成后续各段需要的控制信号。对于 lw 访存指根据指令字中的 rs、rt 取出寄存器堆中的值 RS 和 RT;符号扩展单元会将指令字中的 16 位立即数符号扩展为 32 位;多路选择器根据指令字生成指令可能的写寄存器编号 WiteReg#。时钟到来时,这些数据和控制信号,连同顺序指令地址 PC+4,都会锁存到 ID/EX 流水寄存器中;指令 I_1 进入 EX 段,同时下条指令 I_2 进入 ID 段,下下条指令 I_3 进入 IF 段。

③ 执行/计算地址(EX):EX 段功能由具体指令确定,不同指令经 ID 段译码后得到不同的控制信号。对于 lw 指令,EX 主要用来计算访存地址,将 ID/EX 流水寄存器中的 RS 值与符号扩展后的立即数相加得到的访存地址送入 EX/MEM 流水存器。EX 段可能还要计算分支地址,生成分支转跳信号 BranchTaken。RT 的值可能会在 MEM 段作为写入数据使用,所以 RT 会作为写入数据 WriteData 送入 EX/MEM 流水寄存器;ID/EX 流水存器中的写寄存器编号 WiteReg#也将直接传送给 EX/MEM 流水寄存器。时钟到来后,这些数据和后段需要的控制信号都会锁存到 EX/MEM 流水寄存器中;指令 I_1 进入 MEM 段,后续指令 I_2、I_3、I_4 分别进入 EX、ID、IF 段。

④ 访存(MEM):MEM 段的功能也由具体指令确定。对于 lw 指令,主要是根据 EX/MEM 流水寄存器中锁存的访存地址,写入数据和内存读写控制信号 MemWrite 对存储器进行读或写操作。EX/MEM 流水寄存器中的访存地址、WriteReg#、数据存储器读出的数据都会送入 MEM/WB 流水寄存器,以备后续可能使用。时钟到来后,这些数据和后段需要的控制信号都会锁存到 MEM/WB 流水寄存器中;指令 I_1 进入 WB 段,后续指令 I_2、I_3、I_4、I_5 分别进入 MEM、EX、ID、IF 段。

⑤ 写回(WB):WB 段的功能也由具体指令确定。将 MEM/WB 流水寄存器中数据存储器读出的数据写回指定寄存器 WriteReg#。时钟到来时会完成数据写入寄存器,指令 I_1 离开流水线。此时,指令 I_2 进入最后的 WB 段,指令 I_3、I_4、I_5 分别进入 MEM、EX、ID 段,指令 I_6 进入 IF 段。

(4)流水线的性能指标

① 流水线的吞吐率:流水线的吞吐率是指在单位时间内流水线所完成的任务数量,或输出结果的数量。

流水线吞吐率(TP)的最基本公式为

$$TP = \frac{n}{T_k}$$

式中,n 是任务数,T_k 是处理完 n 个任务所用的总时间。设 k 为流水段的段数,$\triangle t$ 为时钟周期。在输入流水线中的任务连续的理想情况下,一条 k 段流水线能在 k+n-1 个时钟周期内完成 n 个任务。得出流水线的吞吐率为

$$TP = \frac{n}{(k+n-1)\triangle t}$$

连续输入的任务数 n→∞ 时,得最大吞吐率为 $TP_{max} = 1/\triangle t$。

② 流水线的加速比:完成同样一批任务,不使用流水线与使用流水线所用的时间之比。

流水线加速比(S)的基本公式为

$$S = \frac{T_0}{T_k}$$

式中,T_0 表示不使用流水线的总时间;T_k 表示使用流水线的总时间。一条 k 段流水线完成 n 个任务所需的时间为 $T_k = (k+n-1) \cdot \triangle t$。顺序执行 n 个任务时,所需的总时间为 $T_0 = kn\triangle t$。将 T_0 和 T_k 值代入上式,得出流水线的加速比为

$$S = \frac{kn\triangle t}{(k+n-1)\triangle t} = \frac{kn}{k+n-1}$$

连续输入的任务数 n→∞ 时,得最大加速比为 $S_{max} = k$。

5.7.3 流水线的冒险与处理

在指令流水线中,可能会遇到一些情况使得流水线无法正确执行后续指令而引起流水线阻塞或停顿,这种现象称为流水线冒险。根据导致冒险的原因不同主要有 3 种:结构冒险(资源冲突)、数据冒险(数据冲突)和控制冒险(控制冲突)。

(1)结构冒险

由于多条指令在同一时刻争用同一资源而形成的冲突,也称为资源冲突,即由硬件资源竞争造成的冲突,有以下两种解决办法:

① 前一指令访存时,使后一条相关指令(以及其后续指令)暂停一个时钟周期。

② 单独设置数据存储器和指令存储器,使取数和取指令操作各自在不同的存储器中进行。事实上,现代计算机都引入了 Cache 机制,而 L1 Cache 通常采用数据 Cache 和指令 Cache 分离的方式,因而也就避免了资源冲突的发生。

(2)数据冒险

在一个程序中,下一条指令会用到当前指令计算出的结果,此时这两条指令发生数据冲突。当多条指令重叠处理时就会发生这种冲突,称为数据冒险。数据冒险可分为三类:

① 写后读(Read Afer Write,RAW)相关:表示当前指令将数据写入寄存器后,下一条指令才能从该寄存器读取数据。否则,先读后写,读到的就是错误(旧)数据。

② 读后写(Write Afer Read,WAR)相关:表示当前指令读出数据后,下一条指令才能写该寄存器。否则,先写后读,读到的就是错误(新)数据。

③ 写后写(Write Afer Write,WAW)相关:表示当前指令写入寄存器后,下一条指令才能写该寄存器。否则,下一条指令在当前指令之前写,将使寄存器的值不是最新值。

解决的办法有以下几种:

① 把遇到数据相关的指令及其后续指令都暂停一至几个时钟周期,直到数据相关问题消失后再继续执行,可分为硬件阻塞(stall)和软件插入"NOP"指令两种方法。

② 设置相关专用通路,即不等前一条指令把计算结果写回寄存器组,下一条指令也不再读寄存器组,而直接把前一条指令的 ALU 的计算结果作为自己的输入数据开始计算过程,使本来需要暂停的操作变得可以继续执行,这称为数据旁路技术。

③ 通过编译器对数据相关的指令编译优化的方法,调整指令顺序来解决数据相关。

(3)控制冒险

指令通常是顺序执行的,但是在遇到改变指令执行顺序的情况,例如执行转移、调用或返回等指令时,会改变 PC 值,会造成断流,从而引起控制冒险。解决的办法有以下几种:

① 对转移指令进行分支预测,尽早生成转移目标地址。分支预测分为简单(静态)预测和动态预测。静态预测总是预测条件不满足,即继续执行分支指令的后续指令。动态预测根据程序执行的历史情况,进行动态预测调整,有较高的预测准确率。

② 预取转移成功和不成功两个控制流方向上的目标指令。

③ 加快和提前形成条件码。

④ 提高转移方向的猜准率。

Cache 缺失的处理过程也会引起流水线阻塞。在不过多增加硬件成本的情况下,如何尽可能地提高指令流水线的运行效率是选用指令流水线技术必须解决的关键问题。

5.7.4 超标量和动态流水线的基本概念

超标量技术就是 CPU 内配备多个执行部件,能够同时进行多条指令的取指令、译码、执行。现在的许多高性能 CPU 就是超标量 CPU。

多数流水线的每个步骤实际需要的时间不到分配时间段的一半,因此,增加 1 个内部时钟,它的频率是原时钟信号的 2 倍。使指令的每个步骤按照这个内部时钟信号运行,这种流水线方式叫作超流水线技术(superpipelining)。

流水线技术、超标量技术、超流水线技术的原理如图 5.19 所示。

图 5.19 几种流水线工作原理

超流水和超标量技术结合可以构造超标量超流水处理器,如图 5.20 所示。

图 5.20　超标量超流水工作原理

超长指令字技术(Very Long Instruction Word,VLIW)经过编译优化,将多条能够并行执行的指令合并成一条具有多个操作码的超长指令。以一条长指令来实现多个操作的并行执行,以减少对存储器的访问。

5.8　多处理器基本概念

5.8.1　计算机体系结构分类

(1)SISD:单指令流单数据流

SISD 是传统的串行计算机结构,这种计算机通常仅包含一个处理器和一个存储器,处理器在一段时间内仅执行一条指令,按指令流规定的顺序串行执行指令流中的若干条指令。为了提高速度,有些 SISD 计算机采用流水线的方式,因此,SISD 处理器有时会设置多个功能部件,并且采用多模块交叉方式组织存储器。本书前面介绍的内容多属于 SISD 结构。

(2)SIMD:单指令流多数据流

SIMD 是指一个指令流同时对多个数据流进行处理,一般称为数据级并行技术。这种结构的计算机通常由一个指令控制部件、多个处理单元组成。每个处理单元虽然执行的都是同一条指令,但是每个单元都有自己的地址寄存器,这样每个单元就都有不同的数据地址,因此,不同处理单元执行的同一条指令所处理的数据是不同的。一个顺序应用程序被编译后,可能按 SISD 组织并运行于串行硬件上,也可能按 SIMD 组织并运行于并行硬件上。

SIMD 在使用 for 循环处理数组时最有效,比如,一条分别对 16 对数据进行运算的 SIMD 指令如果在 16 个 ALU 中同时运算,则只需要一次运算时间就能完成运算。SIMD 在使用 case 或 switch 语句时效率最低,此时每个执行单元必须根据不同的数据执行不同的操作。

(3)MIMD:多指令流多数据流

MIMD 是指同时执行多条指令分别处理多个不同的数据,MIMD 分为多计算机系统和多处多计算机系统中的每个计算机节点都具有各自的私有存储器,并且具有独立的主存理器系统。地址空间不能通过存取指令来访问不同节点的私有存储器,而要通过消息传递进行数据传送,也称消息传递 MIMD。多处理器系统是共享存储多处理器(SMP)系统的简称,它具有共享的单一地址空间,通过存取指令来访问系统中的所有存储器,也称共享存储 MIMD。

(4)向量处理器

向量处理器是 SIMD 的变体,是一种实现了直接操作一维数组(向量)指令集的 CPU,而串行处理器只能处理单一数据集。其基本理念是将从存储器中收集的一组数据按顺序放到一组向量寄存器中,然后以流水化的方式对它们依次操作,最后将结果写回寄存器。向量处理器在特定工作环境中极大地提升了性能,尤其是在数值模拟或者相似的领域中。

SIMD 和 MIMD 是两种并行计算模式,其中 SIMD 是一种数据级并行模式,而 MIMD 是一种并行程度更高的线程级并行或线程级以上并行计算模式。

5.8.2 硬件多线程

由硬件实现的多个线程并行执行的技术。

软件编程领域的线程切换一般由操作系统实现,系统会保存线程的上下文。

硬件多线程的切换由硬件自行完成,速度与效率要远高于软件多线程,这两者有概念上的区别,注意区分。

处理器发现一个线程的 cache miss,则会主动切换到另一个线程去执行,中间不需要操作系统的干预。

在每个 Cycle,CPU 会发射与执行不同线程的指令,这是超线程的基础。

5.8.3 多核处理器

多核处理器是指在一枚处理器中集成两个或多个完整的计算引擎(内核),此时处理器能支持系统总线上的多个处理器,由总线控制器提供所有总线控制信号和命令信号。

优点:多线程,在一个时钟周期内能处理更多的任务,多任务处理、大缓存、高总线,这是单核处理器所达不到的。

缺点:功耗较大,需要特定平台支持;需要大容量内存跟进;一般的软件最多支持到两线程(双核);价格高。

5.8.4 共享内存多处理器(SMP)

共享内存多处理器是指在一个计算机上汇集了一组处理器,各 CPU 之间共享内存子系统以及总线结构。它是相对非对称多处理技术而言的、应用十分广泛的并行技术。

共有三种类型的共享内存多处理器:

(1)UMA(统一内存访问)

在这种类型的多处理器中,所有处理器共享唯一的集中式内存,以便每个 CPU 具有相同的内存访问时间。

(2)NUMA(非统一内存访问)

在 NUMA 多处理器模型中,访问时间随存储字的位置而变化。在这里,共享内存在物理上分布在所有称为本地内存的处理器之间。因此,我们可以称其为分布式共享内存处理器。

(3)COMA(仅缓存内存)

COMA 模型是非均匀内存访问模型的特例;在这里,所有分布式本地内存都转换为高速缓存。数据可以迁移并可以在各种内存中复制,但是不能永久或临时存储。

5.9 重难点答疑

1. 实现一个功能的 CPU 内部的数据通路及微操作步骤问题。

【答疑】如何确定完成一个功能的数据通路与 CPU 内部各个器件连接到总线的方式有关,需要结合 CPU 的结构图或者组成原理图来具体处理,但遵循的一个原则应该是:每个时间段,只能有 1 个器件发出信息,可以允许多个器件同时接收(最好还是只有 1 个器件接收)信号。

实现一个功能,需要确定分为哪些步骤,及每个步骤的数据通路,或者需要确定哪些控制信号有效。有时候,划分的步骤数目不是唯一的,操作步骤也不是唯一的。例如,一个操作至少需要 4 步,那么如果用 5 步也是可以实现的。

2. 关于微程序的知识。

【答疑】高级语言的程序由许多指令构成。采用硬布线设计控制器的思想是:用电路产生需要的步骤,在每个步骤产生需要的控制信号,当几个步骤产生完毕时,宏观上,就完成了一个任务。一条指令采用微程序设计控制器的思想是:把每个步骤的控制信号用对应的位表示,那么每个步骤就编码为若干个位的序列,这就叫作微指令。依次读取各个微指令,就顺序发出需要的控制信号,也在宏观上完成一个任务。当然,实现微程序的方法也需要有逻辑电路的支持,但这些支持电路的设计相对简单多了。

3. 关于流水线的知识。

【答疑】很多教材简略叙述了关于流水线的知识,包含流水线的概念、性能计算、流水线的数据冲突(数据风险)导致的推迟、解决方法。想要深入掌握这个知识点或者说弄懂流水线技术,我们需要阅读很多资料。本书在讲解流水线部分的内容时,也只是结合例子具体而简要地叙述了相关概念、性能计算、数据冲突情况以及常见的解决方法。对于跳转(分支)导致的延迟情况的解决方法没有叙述。考生如果想要了解这个知识点,需要参考其他资料。

5.10 命题研究与模拟预测

5.10.1 命题研究

本章讲解了 CPU 的组成、CPU 工作过程、CPU 内部数据通路、控制器的设计,是本课程的重点知识。

CPU 工作过程的相关知识在第 1 章也详细讲解过,对于这一部分内容考生需要结合第 1 章相关内容来学习。

CPU 执行过程与数据通路是密切联系的,实际上就是一个问题。只要把 CPU 的所有操作的各个步骤分解后,就可以得到各个步骤的控制信号,就能设计出控制器。

得到各个步骤的控制信号,就可以得出控制器的硬布线逻辑,同样,也就得到每个微程序。这两个知识点难度中等,易于掌握。

CPU 运行时间、标志位设置、指令周期、指令执行过程等知识点在考试中多次出现过,需要考生掌握。

流水线技术是高级 CPU 的特性。流水线的概念、流水线冲突、冲突解决方法、超标量流水概念等知识点考试也多次考查过。这个知识点相对独立,考查的分值与难度不会太大。如果想深入讲解这个知识点,会涉及很多复杂的知识,所以从考查的角度来说,考试也不会进行很深入的考查。

2022 年考纲新增多处理器基本概念这一考点,而且在 2022 年考题中出现题目,需要考生注意,记住概念即可。

5.10.2 模拟预测

● 单项选择题

1. 下列关于多处理器的叙述中,不正确的是(   )。

A. 传统的串行计算机结构属于 SISD 结构

B. SIMD 结构实现了数据级并行技术

C. 多核处理器一般都有各自独立的主存储器

D. 共享地址多处理器(SMP)共享同一主存储器

2. 在以下情况中,不会引起指令流水线阻塞的是(   )。 【模考密押 2025 年】

A. 数据相关性　　　B. 结构冲突　　　C. 分支预测失败　　　D. 超标量执行

3. 以下对所有用户透明的是(   )。

A. 程序计数器 PC　　　　　　　　　B. 累加器 ACC

C. 程序状态字寄存器 PSW　　　　　　D. 控制存储器 CM

4. 下列关于指令流水线处理方式的叙述中,正确的是(   )。

A. 流水线每一级处理的都是相同类型的操作

B. 数据相关性不会影响指令流水线的执行效率

C. 流水线冲突可能通过引入流水线暂停(stall)来解决

D. 流水线技术只能用于提升单周期指令执行速度

5. 下列关于微程序控制器的叙述中,错误的是(   )。

A. 微程序控制器通过微指令来生成控制信号

B. 微程序控制器的控制存储器存放的是机器指令

C. 微程序控制器可以通过微地址寄存器(μMAR)来选择微指令

D. 微程序控制器的设计具有较高的灵活性,便于修改和扩展控制功能

6. 某 CPU 的标志位有 CF(进位或借位)、ZF(是否为零)、OF(溢出标志)、SF(最高位,当看作有符号数时,就是符号位)。执行指令 CMP R1, R2 后,再执行条件转移指令 jae(有符号整数比较大于时转移)的转移条件是(   )。

A. $(SF \oplus OF) = 1$　　B. $(SF \oplus OF) = 0$　　C. $ZF \lor (SF \oplus OF) = 1$　　D. $ZF \lor (SF \oplus OF) = 0$

7. 某 CPU 的标志位有 CF(进位或借位)、ZF(是否为零)、OF(溢出标志)、SF(最高位,当看作有符号数时,就是符号位)。执行指令 CMP R1, R2 后,再执行条件转移指令 jae(有符号整数比较大于等于时转移)的转移条件是(   )。

A. $(SF \oplus OF) = 1$　　　　　　　B. $(SF \oplus OF) = 0$

C. $ZF \lor (SFO \oplus F) = 1$　　　　　　D. $ZF \lor (SF \oplus OF) = 0$

8. 假定某 8 位 CPU 的某条指令的长度是 3 字节,该指令的操作码为 1 字节。该指令的 2 个操作数各占 1 字节,源操作数采用寄存器间接寻址方式,目的操作数采用寄存器寻址方式。则处理该指令需要读内存的次数是(   )。

A. 3　　　　　　　　B. 4　　　　　　　　C. 5　　　　　　　　D. 6

● 综合应用题

1. 某 CPU 有 3 条指令 W1、W2、W3。每条指令执行、取指令的步骤与控制信号如下所示。

步骤	W1	W2	W3	取指令
1	D、B、E	F、G	E、B	A、D、E
2	C、A、D	F	B、C、D	B、C
3	G、E	A、B	D	F、B
4				A、C
5				D

假定采用微程序设计控制器,从 ROM 的 0 地址开始存放取指令、W1、W2、W3 的微程序。控制位采用水平编码方式,在同一个微程序中,每条微指令指出下条微指令地址。写出各个微程序。

2. 若干指令如下,采用流水线运行,每条指令的处理分为 4 个步骤:取指令、译码、执行、写结果。假定每个步骤占用 $1\mu s$。计算加速比与吞吐量。

Z1:	Load 1, R1	$//1 \longrightarrow R1$
Z2:	Load 2, R2	$//2 \longrightarrow R2$
Z3:	Sub R2, 3, R2	$//((R2)-3 \longrightarrow R2$
Z4:	Add R1, R2, R3	$//(R1)+(R2) \longrightarrow R3$

5.10.3 答案精解

● 单项选择题

1.【答案】C

【精解】A 选项正确,串行计算机通常包含一个处理器和一个存储器,在一段时间内仅执行一条指令,属于单指令流单数据流结构(SISD);B 选项正确,一个指令流同时对多个数据流进行处理,就是数据级并行;C 选项错误,多核处理器共享主存储器,一般有各自的 Cache;D 选项正确,SMP 为所有处理器提供单一的物理地址空间,所以选择 C。

2.【答案】D

【精解】A 选项数据相关性会导致流水线的某个指令等待另一个指令的执行结果,因此可能引起流水线的阻塞;B 选项结构冲突是指多个指令在同一个时钟周期中争用相同的硬件资源(如内存、寄存器等),这会导致流水线的阻塞;C 选项在遇到分支指令时,CPU 通过分支预测来猜测程序流。如果分支预测失败,CPU 需要丢弃已经在流水线中执行的指令,从而导致阻塞;D 选项超标量执行是指 CPU 在每个时钟周期中能够发射多条指令到不同的功能单元,并行执行;这种技术旨在提高指令执行效率,反而能够减少阻塞而不是引发阻塞,所以 D 选项正确。

3.【答案】D

【精解】对所有用户透明(不可见)的是控制存储器,微程序控制器整个结构对用户来说都是不可见的。

4.【答案】C

【精解】A 选项错误，指令流水线的每一级执行的操作类型不一定相同。例如，一级流水线可能负责取指令，另一级可能负责执行算术运算，各级的操作是不同的；B 选项错误，数据相关性（如指令间的数据依赖）会影响流水线的执行效率，可能导致流水线的暂停或数据冒险，从而降低性能；C 选项正确，为了应对流水线中的冲突（如数据冒险、控制冒险等），常见的处理方式包括引入流水线暂停（stall），即暂停流水线的某些阶段来等待相关数据的准备。D 选项错误，流水线技术不仅用于单周期指令执行速度的提升，也用于提高多周期或多指令的并行执行效率。它的作用是在不同指令或操作间并行处理多个步骤，以提高指令吞吐率。因此正确答案是 C。

5.【答案】B

【精解】A 选项正确，微程序控制器通过存储在控制存储器中的微指令生成相应的控制信号来控制处理器各部分的工作；B 选项错误，微程序控制器的控制存储器存放的是微指令，而不是机器指令。机器指令是由微指令解释和执行的，微指令属于更底层的控制信息；C 选项正确，微地址寄存器用于存储当前要执行的微指令的地址，微指令的地址选择由该寄存器负责；D 选项正确，微程序控制器的设计较为灵活，能够通过修改微程序存储器中的微指令实现控制功能的修改或扩展，适应不同指令集或新功能的需求。所以正确答案是 B。

6.【答案】D

【精解】考点为标志位的用途。

假定有符号数为 4 位，数值范围是 $-8 \sim +7$。

两个数不等，则 $ZF = 0$。

$(+7) - (+5) = (+2)$，则 $SF = 0, OF = 0$。

$(+7) - (-4) = +11$，则 $SF = 1, OF = 1$。

$(+3) - (-4) = +7$，则 $SF = 0, OF = 0$。

所以答案为 D。

7.【答案】B

【精解】考点为标志位的用途。

假定有符号数为 4 位，数值范围是 $-8 \sim +7$。

两个数相等，则 $ZF = 1$。

$(+7) - (+5) = +2$，则 $SF = 0, OF = 0, ZF = 0$。

$(+7) - (-4) = +11$，则 $SF = 1, OF = 1, ZF = 0$。

$(+3) - (-4) = +7$，则 $SF = 0, OF = 0, ZF = 0$。

所以答案为 B。

8.【答案】B

【精解】考点为指令的处理过程。

获取该指令需要访问 3 次内存，访问源操作数需要 1 次。总共需要 4 次读内存。

所以答案为 B。

● 综合应用题

1.【答案精解】

采用水平编码。每条微指令格式是：控制位（ABCDEFG）、下条微指令地址。

取指令微程序：5 条微指令。

0	1001100 1
1	0110000 2
2	0100010 3
3	1010000 4
4	0001000 ×

最后一条微指令包含的地址是×,意思是任意值。因为本微指令运行完毕,就读取了 1 条指令,下个微操作应该是被读取指令开始执行。所以本条微指令中的地址无意义,可以取任意值,通常取值为 0。

W1 微程序:由 3 条微指令组成。

5	0101100 6
6	1011000 7
7	0000101 0

W1 的最后一条微指令包含的地址是 0。因为该微指令运行完毕,相当于 1 条指令执行完毕,下个步骤应该是取指令。取指令微程序的开始地址是 0。

W2 微程序:由 3 条微指令组成。

8	0000011 9
9	0000010 10
10	1100000 0

W2 的最后一条微指令包含的地址是 0。因为该微指令运行完毕,相当于 1 条指令执行完毕,下个步骤应该是取指令。取指令微程序的开始地址是 0。

W3 微程序:由 3 条微指令组成。

11	0100100 12
12	0111000 13
13	0001000 0

W3 的最后一条微指令包含的地址是 0。因为该微指令运行完毕,相当于 1 条指令执行完毕,下个步骤应该是取指令。取指令微程序的开始地址是 0。

2.【答案精解】

为避免冲突,运行情况如下:

T1	T2	T3	T4	T5	T6	T7	T8	T9
Z1 取指	Z1 译码	Z1 执行	Z1 写结果					
	Z2 取指	Z2 译码	Z2 执行	Z2 写结果				
		Z3 取指	Z3 译码		Z3 执行	Z3 写结果		
			Z4 取指	Z4 译码			Z4 执行	Z4 写结果

顺序运行这 4 条指令需要 16 个时间段。流水线运行需要 9 个时间段。

加速比为:16/9=1.78。

吞吐量为:4÷9μs=444444 条/s。

第6章 总 线

6.1 考点解读

本章内容包含:总线的概念、总线应用。关于总线的概念这部分内容,大多属于记忆、理解的范围,计算题主要涉及总线的性能指标、如总线速率、总线带宽等;有时会结合 CPU 的工作,或者结合存储器访问,或者结合 I/O 访问,出现在综合应用题中。

本章的内容不多,出题难度属于中等。但有些知识点比较抽象,需要结合时序图才能准确理解。

本章考点如图 6.1 示。本章最近 10 年统考考点题型分值统计见表 6.1。

图 6.1 本章考点导图

表 6.1 本章最近 10 年统考考点题型分值统计

年份 (年)	题型(题)		分值(分)			统考考点
	单项选择题	综合应用题	单项选择题	综合应用题	合计	
2015	1	0	2	0	2	总线同步与异步特点
2016	1	1	2	3	5	总线概念、串行异步计算
2017	1	0	2	0	2	总线知识
2018	1	0	2	0	2	总线速率
2019	1	0	2	0	2	总线带宽
2020	1	0	2	0	2	总线宽度
2021	1	0	2	0	2	总线
2022	0	1个考点	0	4	4	单总线结构

(续)

年份	题型(题)		分值(分)			统考考点
(年)	单项选择题	综合应用题	单项选择题	综合应用题	合计	
2023	1	0	2	0	2	总线的性能指标
2024	1	0	2	0	2	总线的性能指标

6.2 总线概述

6.2.1 总线的基本概念

(1)总线的定义

总线是一组能为多个部件分时共享的公共信息传送线路。分时和共享是总线的两个特点。分时是指同一时刻只允许有一个部件向总线发送信息,若系统中有多个部件,则它们只能分时地向总线发送信息。共享是指总线上可以挂接多个部件,各个部件之间互相交换的信息都可通过这组线路分时共享,多个部件可同时从总线上接收相同的信息。

(2)总线的特性

总线特性是指机械特性(尺寸、形状)、电气特性(传输方向和有效的电平范围)、功能特性(每根传输线的功能)和时间特性(信号和时序的关系)。

6.2.2 总线的组成及性能指标

(1)总线的分类

按照总线连接的部件性质或总线的位置不同,总线可以分类为:

① 片内总线:芯片内部的总线。主要指 CPU 内部各个部件连接的线路。

② 系统总线:指计算机内部各个部分的连接线路。它连接 CPU、存储器、I/O 接口。一般意义上的总线,主要是指系统总线。

按照所传输信息的作用,系统总线可以划分为:

A. 数据总线(data bus)。传输的信息代表数据。

B. 地址总线(address bus)。传输的信息代表从设备的 1 个地址。

C. 控制总线(control bus)。传输主设备要进行的操作信息,如读、写、中断等。

③ 通信总线或外部总线:把计算机看作独立的设备,与其他设备连接的线路就是通信总线。

通信总线分为并行通信方式与串行通信方式。

A. 并行通信方式。一般并行通信是以字节为单位的,每个通信的位使用 1 根传输线,各个数据位同时传输,传输速度快,相当于公路上给每辆汽车分配 1 条道路。由于传输线较多,连接不太方便。另外,由于一般直接传输 0、1 信号,当传输距离超过一定长度时,传输信号就会失真,导致信息错误。因此,并行通信距离有限。并行通信的典型例子就是早期打印机与计算机的连接。计算机内部的系统总线也是并行传输。

B. 串行通信方式。就是所有位使用 1 根传输线分时传输,这样传输速度慢,相当于公路上所有汽车使用 1 个车道依次通行。除了传输数据的线,也需要传输控制信号的线,一般没有地址线。该方式总线数较少,布线方便,经济成本也低。

串行通信方式有两种:同步分式、异步方式。

串行同步通信与后面描述的总线同步技术有相同的地方,工作原理这里不再叙述。串行同步通信的速度高于串行异步传输。

串行异步通信原来速度慢(4800bps、9600bps),现在有很大提高(19200bps、38400bps、57600bps、115200bps),其电路简单,价格低,因而在实际中得到普遍应用。

串行异步传输的原理为:

当没有数据传输时,数据线为高电平,代表线路处于空闲状态。

当发送方发送数据时,数据线从高电平变为低电平,代表通信开始,先传输 1 个 0 作为开始位,然后传输需要的 1 个字符数据,该字符包含 5~8 个位(程序员决定具体的位数),传输从字符的最低位开始,最后是最高位。然后传输 1 个校验位(可以选择有校验位,一般是奇偶校验方法,也可以选择不要校验位),最后传输的是停止位或者结束位,代表 1 次传输完成,占用 1~2 位(程序员决定具体的位数)。

1 个字符传输完毕,如果没有新的字符需要传输,线路回到高电平,处于空闲状态。如果有新的数据要传输,可以立即开始下一次传输过程。可见串行异步通信是以字符为单位。异步的意思是:通信双发不需要遵守一个共同的时钟信号来传输。

每个位在线路上的通信时间是传输速率的倒数。串行异步通信传输速率也叫作波特率,单位是位/秒(bps,bits per seconds),就是每秒钟传输多少个位。

例如:计算机与设备 A 采用串行异步通信。双发约定:波特率 1000bps,数据采用 8 位,采用 1 个奇校验,2 个停止位。现在发送字符"A","A"的 ASCII 码为 41H,则传输线的传输波形如图 6.2 所示。

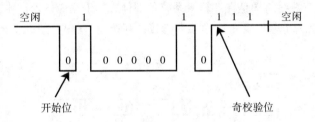

图 6.2　某串行异步传输波形

由于波特率是 1000bps,那么每个位的传输时间是 1ms。或者说图中每个位的长度是 1 毫秒(ms)。发送该字符共需要发送 12(1+8+1+2)位。

最快情况下,1 个字符发送结束,立即发送下个字符,则发送速率是每秒 83.3(1000÷12)个字符。如果需要每秒传输更多字符,可以采用更高的通信波特率。

④ I/O 总线:I/O 总线主要用于连接中低速的 I/O 设备,通过 I/O 接口与系统总线相连接,目的是将低速设备与高速总线分离,以提升总线的系统性能,常见的有 USB、PCI 总线。

(2)系统总线的结构

① 单总线结构:单总线结构将 CPU、主存、I/O 设备(通过 I/O 接口)都挂在一组总线上,允许 I/O 设备之间、I/O 设备与主存之间直接交换信息,如图 6.3 所示。CPU 与主存、CPU 与外设之间可直接进行信息交换,而无须经过中间设备的干预。

图 6.3　单总线结构

注意,单总线并不是指只有一根信号线,系统总线按传送信息的不同可细分为地址总线数据总线和控制总线。

优点:结构简单,成本低,易于接入新的设备。

缺点:带宽低、负载重,多个部件只能争用唯一的总线,且不支持并发传送操作。

② 双总线结构:双总线结构有两条总线:一条是主存总线,用于在 CPU、主存和通道之间传送数据;另一条是 I/O 总线,用于在多个外部设备与通道之间传送数据,如图 6.4 所示。

优点:将低速 I/O 设备从单总线上分离出来,实现了存储器总线和 I/O 总线分离。

缺点:需要增加通道等硬件设备。

图 6.4　双总线结构

③ 三总线结构:三总线结构是在计算机系统各部件之间采用 3 条各自独立的总线来构成信息通路,这 3 条总线分别为主存总线、I/O 总线和直接内存访问(DMA)总线,如图 6.5 所示。

图 6.5　三总线结构

主存总线用于在 CPU 和内存之间传送地址、数据和控制信息。I/O 总线用于在 CPU 和各类外设之间通信。DMA 总线用于在内存和高速外设之间直接传送数据。

优点:提高了 I/O 设备的性能,使其更快地响应命令,提高系统吞量。

缺点:系统工作效率较低。

(3)常见的总线标准

总线标准是国际上公布的互连各个模块的标准,是把各种不同的模块组成计算机系统时必须遵守的规范。典型的总线标准有 ISA、EISA、VESA、PCI、AGP、PCI-Express、USB 等。它们的主要区别是总线宽度、带宽、时钟频率、寻址能力、是否支持突发传送等。

① ISA,Industry Standard Architecture,工业标准体系结构。是最早出现的微型计算机的系统总线标准,应用在 IBM 的 AT 机上。

② EISA,Extended Industry Standard Architecture,扩展的 ISA。是为配合 32 位 CPU 而设计的扩展总线标准,EISA 对 ISA 完全兼容。

③ VESA,Video Electronics Standards Association,视频电子标准协会。该协会制定的总线标准

是一个 32 位的局部总线,是针对多媒体 PC 要求高速传送活动图像的大量数据而推出的。

④ PCl,Peripheral Component Interconnect,外部设备互连。是高性能的 32 位或 64 位总线标准,是专为高度集成的外围部件、扩充插板和处理器/存储器系统设计的互连机制。目前常用的 PCI 适配器有显卡、声卡、网卡等。PCI 总线支持即插即用。PCI 总线是一个与处理器时钟频率无关的高速外围总线,属于局部总线。

⑤ AGP,Accelerated Graphics Port,加速图形接口。是一种视频接口标准,专用于连接主存和图形存储器,用于传输视频和三维图形数据,属于局部总线。

⑥ PCI-E,PCI-Express。是最新的总线接口标准,它将全面取代现行的 PCI 和 AGP。

⑦ RS-232C。是由美国电子工业协会(EIA)推荐的一种串行通信总线标准,是应用于串行二进制交换的数据终端设备(DTE)和数据通信设备(DCE)之间的标准接口。

⑧ USB,Universal SerialBus,通用串行总线。是一种连接外部设备的 I/O 总线标准,属于设备总线。具有即插即用、热插拔等优点,有很强的连接能力。

⑨ PCMCIA,Personal Computer Memory Card International Association。广泛应用于笔记本电脑的一种接口标准,是一个用于扩展功能的小型插槽。具有即插即用功能。

⑩ IDE,Integrated Drive Electronics,集成设备电路。更准确的名称为 ATA,是一种 IDE 接口磁盘驱动器接口类型,硬盘和光驱通过 IDE 接口与主板连接。

⑪ SCS1Small Computer System Interface,小型计算机系统接口。是一种用于计算机和智能设备之间(硬盘、软驱)系统级接口的独立处理器标准。

⑫ SATA,Serial Advanced Technology Attachment,串行高级技术附件。是一种基于行业标准的串行硬件驱动器接口,是由 Intel、IBM、Dell 等公司共同提出的硬盘接口规范。

(4)总线的性能指标

① 总线传输周期:指一次总线操作所需的时间,包括申请阶段、寻址阶段、传输阶段和结束阶段。总线传输周期通常由若干总线时钟周期构成。

② 总线时钟周期:即机器的时钟周期。计算机有一个统一的时钟,以控制个计算机的名个部件,总线也要受此时钟的控制,

③ 总线工作频率:总线上各种操作的频率,为总线周期的倒数。实际上指 1 秒内传送几次数据。若总线周期=N 个时钟周期,则总线的工作频率=时钟频率/N。

④ 总线宽度:又称总线位宽,它是总线上同时能够传输的数据位数,通常指数据总线的根数,如 32 根称为 32 位总线。

⑤ 总线带宽:可理解为总线的最大数据传输率,即单位时间内总线上最多可传输数据的位数,通常用每秒传送信息的字节数来衡量,单位可用字节/秒(B/s)表示。总线带宽=总线工作频率×(总线宽度/8)

总线带宽和总线宽度应加以区别。

⑥ 总线复用:总线复用是指一种信号线在不同的时间传输不同的信息,因此可以使用较少的线传输更多的信息,从而节省空间和成本。

⑦ 信号线数:地址总线、数据总线和控制总线 3 种总线数的总和称为信号线数。其中,总线的最主要性能指标为总线宽度、总线(工作)频率、总线带宽,总线带宽是指总线本身所能达到的最高传输速率,它是衡量总线性能的重要指标。

三者关系:总线带宽=总线宽度×总线频率。

6.3 总线事务和定时

一个完整的总线操作过程如下：

① 主设备发出使用总线的请求。

② 主设备的请求得到同意，被总线控制器(总线仲裁器)允许使用总线。

③ 主设备发出地址信息，用于选择从设备。

④ 根据地址信息，从设备被确定。

⑤ 主设备进行数据传输。

⑥ 从设备接收数据。

⑦ 主设备释放总线。

6.3.1 总线事务

从请求总线到完成总线使用的操作序列称为总线事务，它是在一个总线周期中发生的一系列活动。典型的总线事务包括请求操作、仲裁操作、地址传输、数据传输和总线释放。

① 请求阶段：主设备(CPU 或 DMA)发出总线传输请求，并且获得总线控制权。

② 仲裁阶段：总线仲裁机构决定将下一个传输周期的总线使用权授予某个申请者。

③ 寻址阶段：主设备通过总线给出要访问的从设备地址及有关命令，启动从模块。

④ 传输阶段：主模块和从模块进行数据交换，可单向或双向进行数据传送。

⑤ 释放阶段：主模块的有关信息均从系统总线上撤除，让出总线使用权。

在总线事务的传输阶段，主、从设备之间一般只能传输一个字长的数据。

突发(猝发)传送方式能够进行连续成组数据的传送，其寻址阶段发送的是连续数据单元的首地址，在传输阶段传送多个连续单元的数据，每个时钟周期可以传送一个字长的信息，但是不释放总线，直到一组数据全部传送完毕后，再释放总线。

6.3.2 同步定时方式

在同步方式下，总线有：数据总线(传输数据)、控制总线(传输控制信号)、1 个时钟信号线。这个时钟信号叫作总线时钟信号，可以是单独提供的，也可以是主设备提供的。主设备与从设备根据这个总线时钟信号来决定什么时间往总线上发送数据，什么时间从总线上接收数据。1 个总线传输花费的时间是若干个总线时钟周期。

例如，主设备在第 1 个总线时钟周期往总线上发出地址与数据，发出有效的控制信号。从设备可以在第 1 个总线时钟周期从总线上获取地址，决定自己是否被选中。如果被选中，从设备在第 2 个总线时钟周期从数据总线上读取数据或向总线上发送数据。

可以看出，主设备与从设备根据总线时钟信号来确定自己的时间。

同步总线操作简单，也容易实现，但当总线上设备的速度差异大时，总线时钟信号的频率需要适应低速的设备。

有资料介绍了半同步技术。假定正常同步操作时，CPU 向内存发送数据需要 3 个总线周期 T1～T3。在 T1 周期内，CPU 发出内存地址，内存接收地址，选中某个单元。在 T2 时刻，CPU 发出数据，发出写命令。内存接收数据与写命令，开始将数据写入选中单元。在 T3 时刻，CPU 撤销写命令与数据。内存完成数据存入工作。

如果内存的写入速度慢，在 1 个总线周期内不能完成写入数据的任务，那么内存在 T3 周期内 CPU 不能撤销数据与写命令。这时需要采用半同步技术，就是内存在 T3 时刻向 CPU 发出"数据未写完"的信号,CPU 接收到该信号,就等待 1 个总线周期,在 T4 周期再次检测是否有"数据未写完"的信号。如果内存在 T4 周期内完成数据写入工作,就发出"数据已写完"的信号,CPU 就在 T4 周期撤销数据与写命令;如果 CPU 仍然检测到"数据未写完"的信号,则 CPU 继续给内存延迟 1 个总线周期。可见,这里既使用了总线时钟信号进行同步,也使用了 1 个反馈信号,保证操作正确进行。

6.3.3　异步定时方式

在异步总线方式中,总线上没有时钟信号,信息发送方与信息接收方通过"握手信号(handshaking)"来确保信息传输的正确。

（1）完全握手方式/完全互锁方式

下面是一个典型的异步总线操作过程。这里的"数据准备好"信号与"数据已接收"信号就是两个应答信号。在这个总线操作过程中应答信号进行两次应答,这种异步总线操作被称作完全握手方式或完全互锁方式。该过程的信号变化如图 6.6 所示。

图 6.6　总线异步工作原理

① 主设备占用总线后,向数据总线发送数据,同时使控制总线的"数据准备好"信号有效（图中 1 时刻）,该信号的作用是告诉从设备:数据已经发到总线上。

② 从设备检测到总线的"数据准备好"信号有效,就认为数据总线上的数据是有效的,就从设备接收数据,并发出"数据已接收"信号（图中 2 时刻）,该信号的作用是告诉主设备:数据已经被接收。

③ 主设备检测到"数据已接收"信号有效,就认为已经从设备接收了数据总线的数据,就使"数据准备好"信号无效（图中 3 时刻）。

④ 从设备检测到"数据准备好"信号无效,就使"数据已接收"信号无效（图中 4 时刻）。

（2）其他握手方式

有些资料认为也存在其他的握手方式:不互锁方式、半互锁方式。描述如下。

① 不互锁方式

A. 主设备发出数据后,使"数据准备好"信号有效。不等待"数据已接收"信号,而是经过特定的时间后,使"数据准备好"信号无效。

B. 从设备检测到"数据准备好"信号有效,就从总线接收数据,并使"数据已接收"信号有效。经过特定的时间后,使"数据已接收"信号无效。

② 半互锁方式

A. 主设备发出数据后,使"数据准备好"信号有效。等待从设备的"数据已接收"信号有效。

B. 从设备检测到"数据准备好"信号有效,就从总线接收数据,并使"数据已接收"信号有效。从设备不再等待"数据准备好"信号无效,而是经过特定的时间后,使"数据已接收"信号无效。

C. 主设备检测到"数据已接收"信号有效,就使"数据准备好"信号无效。

异步总线操作更适合速度差异较大的设备进行传输。

6.4 重难点答疑

总线时钟周期、CPU 时钟周期。

【答疑】CPU 时钟周期是 CPU 工作的基准信号,当它与存储器、I/O 接口传输数据时,CPU 时钟信号就是总线时钟信号。

如果 1 个总线不是 CPU 占用,那么此时总线的时钟信号就不是 CPU 时钟信号了,而是由占用总线的主设备提供时钟信号,或者总线上控制器提供信号。同步方式下,主设备与从设备传输以总线时钟信号为基准。此外,具体的传输过程由双方决定。有的传输情况可能是主设备在每个时钟信号周期发送 1 个字数据,从设备接收数据;有的传输情况可能是主设备每发送 1 个字数据,需要几个总线时钟周期。

6.5 命题研究与模拟预测

6.5.1 命题研究

本章内容不多,相对独立。从全国统考试题来看,本章内容在每年的考题会出 1 道或 2 道单选择题,偶尔作为综合应用题中的小题出现,分值最多为 5 分,难度算中等。

总线的特性、总线的分类、总线性能指标属于基本知识,曾经以单项选择题型式出现,属于记忆或计算范围。这些知识属于基本知识,需要考生掌握。

异步串行传输曾经作为综合题的小题出现过,难度中等,易于掌握,需要考生掌握。

总线同步操作会结合第 7 章 I/O 控制考查定量计算。由于实际的总线同步操作计算需要结合总线时序来进行,而考试题目经常使用文字来描述总线操作过程,容易导致歧义,所以进行定量计算的难度属于中等偏上。

总线的异步操作在全国统考中基本没有出现过,但需要考生理解它的含义与过程。

常用的总线标准在全国统考中曾经出现过,这部分知识简单,需要考生熟练掌握。

总之,本章的内容不多,大部分属于中等难度,也易于掌握。

6.5.2 模拟预测

● 单项选择题

1. 某存储器总线的时钟频率为 500MHz,总线宽度 32 位,每个时钟周期传送一次数据或地址,其总线事务不支持突发传送,则读取一个 64B 主存块需要耗时( )。 **【模考密押 2025 年】**

A. 26ns   B. 64ns   C. 48ns   D. 128ns

2. 下列关于总线事务的叙述中,错误的是( )。

A. 总线事务通常包括地址传输、数据传输和控制信号的传递

B. 在总线事务中,主设备可以在任意时间发起请求,而从设备必须等待主设备的指令

C. 突发传输模式允许主设备在一个总线事务中连续传输多个数据,减少了总线的使用时间开销

D. 总线事务的效率与总线宽度、时钟频率和设备响应时间等因素有关

3. 下列关于计算机总线结构的叙述中,错误的是( )。

A. 在单一总线系统中,所有设备共享同一总线,这可能导致总线带宽瓶颈

B. 存储器总线和 I/O 总线通常通过桥接器相连以解决速率不匹配问题

C. 在使用突发传送方式时,总线控制信号每次只需传输一次,数据则可以连续传输多个字

D. 异步总线的传输速率通常比同步总线高,因为异步总线无需依赖全局时钟信号

4. 关于总线定时的描述,下列说法中正确的是(   )。

A. 同步总线的所有传输都依赖于时钟信号,因此数据传输速率不受设备速度限制

B. 异步总线通过握手信号进行协调,传输速率仅由时钟频率决定

C. 同步总线适用于速度相近的设备通信,异步总线适用于速度差异较大的设备之间的通信

D. 在异步总线中,传输一次数据需要多个时钟周期来完成

5. 下列关于计算机总线结构的叙述中,错误的是(   )。

A. 在单一总线系统中,所有设备共享同一总线,这可能导致总线带宽瓶颈

B. 存储器总线和 I/O 总线通常通过桥接器相连以解决速率不匹配问题

C. 在使用突发传送方式时,总线控制信号每次只需传输一次,数据则可以连续传输多个字

D. 异步总线的传输速率通常比同步总线高,因为异步总线无需依赖全局时钟信号

6. 关于总线定时的描述,下列说法中正确的是(   )。

A. 同步总线的所有传输都依赖于时钟信号,因此数据传输速率不受设备速度限制

B. 异步总线通过握手信号进行协调,传输速率仅由时钟频率决定

C. 同步总线适用于速度相近的设备通信,异步总线适用于速度差异较大的设备之间的通信

D. 在异步总线中,传输一次数据需要多个时钟周期来完成

7. 串行异步通信的波特率是 9600bps。通信格式是:字符采用 8 个数据位、1 个校验位、2 个停止位。则最快情况下,每秒钟传输的字符数是(   )个。

A. 800   B. 872   C. 1066   D. 1200

8. 某总线采用同步传输,每个总线时钟信号的高电平时间是 300ns,低电平时间是 200ns。数据线是 16 位,发送方在每个上升沿发出数据,接收方利用下降沿接收数据。该总线最大数据传输速率是每秒钟传输(   )。

A. 4MB   B. 6.6MB   C. 10MB   D. 20MB

9. 某总线采用同步传输,数据线是 16 位,发送方在每个上升沿发出数据,要求 2 个上升沿间隔至少 100ns。接收方利用下降沿接收数据,要求 2 个下降沿间隔至少 400ns。该总线最大数据传输速率是每秒钟传输(   )。

A. 5MB   B. 20MB   C. 25MB   D. 40MB

● 综合应用题

某同步存储器采用 4 个存储体构成,存储体数据宽度是 16 位。该存储器可以采用突发传输,每个突发传输需要 6 个总线周期(T1~T6)。在第 1 个总线周期 T1 存储器从总线接收地址,在第 2 个总线周期 T2 存储器从总线接收读信号,在 T3~T6 的每个总线周期存储器分别发送 4 个存储体的 1 个字。总线时钟频率为 10MHz。计算存储器每秒最大发送数据量。

6.5.3 答案精解

● 单项选择题

1.【答案】B

【精解】根据题意可知,总线事务不支持突发式传输,那么每次传输时都需要先进行地址发送、总线仲裁、握手等操作,然后传输数据,所以完整传送一次数据需要 2T 时间,读取一个主存块需要 $64B/32b = 16$ 次,总耗时就为 $16 \times 2T = 64ns$,B 选项正确。

2.【答案】B

【精解】A 选项正确,总线事务通常由地址传输、数据传输和控制信号传递三个部分组成,这些都是完成一次数据传输所需的步骤。

B 选项错误,虽然主设备通常发起总线事务,但在某些情况下,从设备也可能会主动发起请求,例如在响应中断时。因此,从设备并不总是必须等待主设备的指令。

C 选项正确,突发传输模式使得主设备在一次总线事务中可以连续传输多个数据,减少了请求总线的时间开销,从而提高传输效率。

D 选项正确,总线事务的效率确实受到多种因素的影响,包括总线的宽度(每次可以传输的数据量)、时钟频率(数据传输速率)和设备响应时间(设备对总线请求的响应速度)。所以选择 B。

3.【答案】D

【精解】D 选项错误,异步总线的传输速率通常低于同步总线,因为异步总线依赖于双方的握手信号来确认数据传输的完成,每次传输都需要等待信号响应。而同步总线由于依赖统一的时钟信号,可以在每个时钟周期内持续传输数据,因此传输速率通常更高,正确答案是 D。

4.【答案】C

【精解】A 项错误,同步总线确实依赖时钟信号,但数据传输速率仍可能受到设备速度的影响。如果某个设备速度较慢,它可能无法在每个时钟周期内完成传输,进而影响总线的总体传输效率。

B 项错误,异步总线不依赖时钟信号,传输速率由握手信号协调,传输过程不依赖于固定的时钟频率,因此与时钟频率无关。

C 项正确,同步总线使用统一的时钟信号,适用于各设备速度相对接近的场合,而异步总线通过握手信号协调,适用于速度差异较大的设备之间进行通信。

D 项错误,异步总线不依赖时钟周期,传输过程依靠握手信号来确认,时钟周期与数据传输过程无关,所以正确答案是 C。

5.【答案】D

【精解】D 选项错误,异步总线的传输速率通常低于同步总线,因为异步总线依赖于双方的握手信号来确认数据传输的完成,每次传输都需要等待信号响应。而同步总线由于依赖统一的时钟信号,可以在每个时钟周期内持续传输数据,因此传输速率通常更高,正确答案是 D。

6.【答案】C

【精解】A 项错误,同步总线确实依赖时钟信号,但数据传输速率仍可能受到设备速度的影响。如果某个设备速度较慢,它可能无法在每个时钟周期内完成传输,进而影响总线的总体传输效率。B 项错误,异步总线不依赖时钟信号,传输速率由握手信号协调,传输过程不依赖于固定的时钟频率,因此与时钟频率无关。C 项正确,同步总线使用统一的时钟信号,适用于各设备速度相对接近的场合,而异步总线通过握手信号协调,适用于速度差异较大的设备之间进行通信。D 项错误,异步总线不依赖时钟周期,传输过程依靠握手信号来确认,时钟周期与数据传输过程无关,所以正确答案是 C。

7.【答案】A

【精解】考点为串行异步通信知识。

每传送一个字符,在异步串行通信线上共需传输:1 个开始位、8 个数据位、1 位奇校验位和 2 位停止位,共 12 位。

最快情况下,每秒钟传输的字符数是:9600÷12＝800 个。所以答案是 A。

8.【答案】A

【精解】考点为总线性能知识。

每个总线时钟周期是 200＋300＝500ns,频率是 2MHz。

每个总线周期完成 1 次传输,速率是:2 字节×2M＝4MB/s。所以答案是 A。

9.【答案】A

【精解】考点为总线性能知识。

发送方要求总线周期≥100ns,则需要发送频率≤10MHz。

接收方要求总线周期≥400ns,则需要接收频率≤2.5MHz。

那么,需要总线频率≤2.5MHz。

每个总线周期完成 1 次传输,速率是:2 字节×2.5M＝5MB/s。所以答案是 A。

● 综合应用题

【答案精解】

存储器每个突发传送需要 6 个总线周期。每个突发传送可以传送数据字节数是:2B×4＝8B。

存储器每秒最大发送数据量:10M×8÷6＝13.3MB/s。

第 7 章　输入/输出系统

7.1　考点解读

输入输出系统主要包括 I/O 系统的组成和控制 I/O 操作的方式,涉及的内容有 I/O 系统的基本概念、对控制方式的理解。其中,基本概念、基本原理属于需要记忆与理解的层次,需要考生记忆并通过做题加深理解。输入输出的方式会通过具体的实例来综合考查。中断过程应该属于中等难度,一般涉及计算题。本章的内容相对独立,便于掌握。

本章考点如图 7.1 所示。本章最近 10 年统考考点题型分值统计见表 7.1。

图 7.1　本章考点导图

表 7.1　本章最近 10 年统考考点题型分值统计

年份 (年)	题型(题)		分值(分)			统考考点
	单项选择题	综合应用题	单项选择题	综合应用题	合计	
2015	4	0	8	0	8	磁盘计算、I/O 信息、异常、中断切换
2016	1	1	2	6	8	中断源、中断计算
2017	2	0	4	0	4	中断指令、中断过程
2018	1	1	2	8	10	中断知识、I/O 计算
2019	3	1	6	2	8	磁盘知识、中断计算、DMA、总线带宽、磁盘容量
2020	4	0	8	0	8	中断过程、中断类型、DMA 方式
2021	2	0	4	0	4	中断与异常、多重中断系统
2022	1	1 个考点	2	4	6	设备驱动程序、DMA 方式
2023	2	0	4	0	4	中断和异常的概念、I/O 控制方式概念
2024	2	0	4	0	4	中断响应和处理过程、I/O 控制方式概念

7.2　I/O 系统概念

7.2.1　I/O 系统基本概念

在计算机中输入信息,输出结果的部分是 I/O 系统。没有 I/O 系统,人们便无法使用计算机,计算机将没有意义。

I/O 系统包含硬件与软件:硬件包含设备与 I/O 接口,设备完成自身功能,接口用来与 CPU 连接;软件就是完成对 I/O 系统操作的代码或程序。

CPU 是数字电子器件。现实中的很多设备不能与 CPU 直接连接,需要通过 I/O 接口。直观上,I/O 接口就是一个电路板,介于设备与 CPU 之间,完成的功能有:信号转换、数据暂存、地址译码、控制设备、暂存设备状态等。I/O 接口不仅包含电路,还包含相关的代码。

7.3　I/O 接口

7.3.1　I/O 接口的功能和基本结构

I/O 接口接收 CPU 发来的数据(或命令),控制外部设备完成要求的操作,或者暂存设备的数据供 CPU 读取。I/O 接口与 CPU 的连接如图 7.2 所示。

图 7.2　I/O 接口与 CPU 的连接

简单的 I/O 接口,可能就是 1 个 bit 位,或者 1 个寄存器,或者若干个寄存器。复杂的 I/O 接口可能包含自己的 CPU 和大量的存储器。

I/O 接口与 CPU 的连接是通过系统总线实现的。系统总线包括地址总线、数据总线、控制总线。具体功能如下:

①CPU 向 I/O 接口发出地址信息,I/O 接口包含地址译码器,地址信息经过地址译码器选中某个寄存器,后续对该寄存器进行读写。

②CPU 可以通过数据总线往 I/O 接口的某个寄存器发送数据,I/O 接口也可以通过数据总线往 CPU 发送数据。

③CPU 通过控制信号,例如读信号、写信号,来决定 CPU 与 I/O 接口之间的数据流向。CPU 可以向 I/O 接口发送具有特定含义的数据,这就叫作命令。命令属于数据。I/O 接口也可以检测设备的状态,记录在状态寄存器中,供 CPU 读取后,了解设备的状态。

I/O 接口与设备的连接是多种多样的,属于设备设计的范围。

7.3.2 I/O 端口及其编址

从 CPU 的角度来看,I/O 接口可能是 1 个 bit,或者 1 个寄存器,或者若干个寄存器。通常把 I/O 接口内的寄存器叫作端口(port)。CPU 通过地址来选择某个寄存器,因此,每个寄存器有各自的地址,叫作端口地址。CPU 可以对端口进行读操作或写操作。

从设备的角度来说,1 个 I/O 接口的每个端口对于设备有不同的用途。有的端口用于存放数据,则该端口叫作数据端口。设备可以存取数据端口,CPU 也可以读写数据端口,这样便实现了 CPU 与设备的数据交换。

有的端口用来存放 CPU 发来的信息,该信息可以让设备完成某个任务或操作,这样的端口叫作命令端口或控制端口。CPU 往命令端口写入 1 条命令,该命令具体怎样作用于设备器,属于设备制造的范围。

有的端口用来存放设备的状态信息,这样的端口叫作状态端口。设备不断地把自己的状态送到自己的状态端口,CPU 读该端口获得设备的状态。设备状态最简单可以分为正常与非正常两种,所以状态信息可能只占用状态端口的 1 个位。当然,有的设备可能有很多状态。

一般情况下,CPU 只能向控制端口写入命令,而不能读取控制端口的内容。CPU 只能读出状态端口,不能向状态端口写入信息。因此,有时这两个端口可以占用同一个端口地址。CPU 可以通过读写操作来区分这两个不同端口。

端口地址的编码分为统一编址和独立编址。

统一编址就是把端口看作存储器分配地址,端口占用的地址与存储器的地址不能相同,以免冲突。这样 CPU 不用在指令系统设定 I/O 指令,用访问存储器的指令就可以访问 I/O 端口。

独立编址就是指 I/O 端口的地址与存储器的地址是独立的,地址可以相同,需要 CPU 设置存储器访问指令与端口访问指令,来分别访问存储器或者 I/O 端口。

I/O 接口一般也包含 1 个译码器。该译码器接收 CPU 发来的端口地址,产生的输出用来选中某个端口。具体的译码过程与存储器的译码过程类似,区别在于:端口的数量较少,这样用于访问端口的 CPU 地址线数量较少,译码电路相对简单。

7.4 I/O 控制方式

计算机系统经常使用的 I/O 控制方式如下所述。

7.4.1　程序查询方式

程序查询方式就是 CPU 通过指令或者一段程序读取 I/O 接口内的状态寄存器(存放设备状态信息的寄存器),根据读取的状态了解设备的状态。

对于输入设备来说,如果它准备好可读取的数据,CPU 就通过读指令获得 1 个字节数据。

对于输出设备来说,如果它处于空闲状态,就可以接收 CPU 发来的新数据,CPU 通过写指令发出 1 个字节数据。

这种方式就是先查看设备的状态,如果设备准备好(就绪),CPU 就读写设备数据;如果设备没有准备好(未就绪),CPU 就等待若干时间后,再次查询设备的状态,重复该过程,直到设备准备好,CPU 或者读设备的端口,或者写设备的端口,进行具体的输入输出。

CPU 在查询阶段,不能做别的事情,一直忙于查询,导致不能响应别的事情。程序查询方式流程如图 7.3 所示。

假定有 5 个设备,编号为 Device1 ~ Device5,都采用程序查询方式。则 CPU 先与 Device1 进行查询控制,直到 Device1 准备好,CPU 与 Device1 进行数据传送。随后,CPU 与 Device2 进行查询控制,按照类似步骤,最后 CPU 与 Device5 进行数据传送。

程序查询方式适合于设备数量较少,并且每次访问读写数据量较大的情况。

查询方式能够保证 CPU 把数据发送给状态正常的设备或者从状态正常的设备获得正确的数据。缺点是:如果设备产生故障,状态寄存器的信息一直是没有准备好的状态,那么 CPU 将一直处于查询状态,无法使程序往下运行。

图 7.3　程序查询方式的工作流程

7.4.2　程序中断方式

中断是计算机的重要概念。

中断是指计算机发生了某事件,需要 CPU 来处理。CPU 暂停正在运行的(原)程序,保存当前的程序计数器 PC、标志寄存器 FR 的内容,然后开始运行新的(某个中断服务)程序。该新的程序的任务是处理刚才发生的事件,该程序叫作中断服务程序(有些资料中也叫作中断处理程序,这个称呼容易导致混淆)。当中断服务程序运行完毕时(宏观上看,就是处理了刚才发生的事件),CPU 的运行转移到原来被暂停的程序,继续运行被暂停的程序。中断处理流程如图 7.4 所示。

图 7.4　中断处理流程

引起中断发生的事件叫作中断源。有些资料把引起中断发生的事件称为异常(exception)。

1个事件发生,相当于产生1个中断请求。一般情况下,每个中断请求事件对应1个中断服务程序。

中断按照事件的重要程度分为:可屏蔽中断、不可屏蔽中断。

① 可屏蔽中断:就是该中断请求可以被设置为被屏蔽(被忽略),这样CPU可以不处理它。通常可屏蔽中断的中断事件不是非常重要的事件,例如外部设备要求进行数据传输的中断。

② 不可屏蔽中断:就是该中断请求不能被忽略,CPU必须处理它,否则将导致严重后果。不可屏蔽中断的中断事件是十分重要的事件,通常与CPU的正常工作有关,例如内存奇偶校验出错。

有些中断发生在指令的执行过程。例如8086指令int 21h,可以产生1个软件中断。或者,在除法指令中,如果除数是0,也会导致1个中断。

有些中断发生的时间是随机的。例如,用户点击鼠标,产生1个输入中断。这类中断大部分是设备输入输出引起的中断。

中断按照发生的事件是否在CPU内部,可以分为内部中断和外部中断。显然,设备输入输出的中断属于外部中断。

CPU都有若干外部中断请求管脚来接收外面器件送来的中断请求。某个中断请求管脚的电平有效,代表产生1个中断请求。

CPU的工作流程是:读指令,译码指令,执行指令,检测是否发生中断并处理中断,循环此过程。也就是对于外部中断,CPU在1条指令执行完毕后,才处理中断请求。从外部提出中断请求,到CPU开始处理该中断,间隔很短的时间。

对于可屏蔽中断,CPU内部的标志寄存器FR里面有个可屏蔽中断控制位IE(interrupt enable)可以决定是否响应它。该位可以由用户通过指令设置。

当设置IE为1,就是允许CPU响应可屏蔽中断的请求,CPU需要处理该请求。

当设置IE为0,就是禁止CPU响应可屏蔽中断的请求,CPU不处理该请求。

以外部中断为例来描述中断处理的过程。该过程大致的步骤如下:

① 有些CPU可能对每个事件设置1个中断请求管脚,当多个外部中断同时请求时,多个中断请求管脚处于有效状态。假定当前IE位被设置为1,则CPU内部配置的中断优先级判断电路从这几个中断请求中确定出优先级最高的中断请求,进行下一步的处理。

有些CPU可能只有1个外部中断请求管脚,这时需要设计或增加外部的中断优先级判断电路,由该电路确定优先级最高的中断请求,记录该中断请求对应的1个编号n(叫作中断类型号,用于区分不同的中断),在中断响应阶段,由CPU读取该中断类型号。

② 有些CPU存在中断响应的操作,该类CPU有至少1个叫作int_ack的管脚(中断响应管脚)。当CPU决定处理该中断时,int_ack的管脚发出有效信号,送给外部的中断请求电路,要求外部的电路送来该中断的中断类型号。CPU中断响应的目的是识别提出中断的事件。只有识别了中断的事件,才能执行对应的程序。

③ CPU根据收到的中断类型号,找到该事件对应的中断服务程序在内存的开始地址(也叫入口地址)。在步骤(1)中,得到的优先级最高的中断请求的中断类型号n,一般根据n,可以通过某种方式,得到它的中断服务程序的开始地址M。由中断类型号n得到对应的中断服务程序的开始地址M的过程,与CPU的设计有关。不同的CPU该过程可能有所不同。

④ 接着,CPU把标志寄存器FR的内容送到特定的寄存器或特定的存储器单元进行保存,目的是以后需要恢复FR的原值。

然后把FR的IE位设置为0,目的是防止下面的处理过程受到中断请求的干扰。

把 PC 的内容送到特定的寄存器或特定的存储器单元保存,因为以后需要恢复 PC 的原值,从而继续运行被暂停的原程序。

这里的保存 FR、PC 原值的操作叫作保存断点。

然后,把中断服务程序的开始地址 M 送 PC,开始执行中断服务程序。

本步骤的实现是由 CPU 的控制器发出信号完成的,需要几个 CPU 时钟周期。

⑤ 执行中断服务程序,完成需要的操作。

中断服务程序(有的资料称为中断处理程序)的工作流程通常是:保存现场、可能的开中断、处理具体的输入输出、恢复现场、可能的开中断、中断返回。

A. 保存现场。中断服务程序会用到某些寄存器,这些寄存器在原程序有自己的值。需要把这些寄存器的值保存到内存特定区域(一般是内存的堆栈区域),等到中断服务程序使用完这些寄存器,再恢复这些寄存器的原有的值。

B. 可能进行开中断。保存现场完毕,由于此时标志寄存器 FR 的 IE 位为 0,这是禁止 CPU 响应中断的。如果不希望 CPU 有中断嵌套,也就是不希望更高优先级的中断事件打断当前中断服务程序的运行,就不用管 IE 位,因为此时 IE 为 0。

如果希望 CPU 有中断嵌套,也就是允许更高优先级的中断事件打断当前中断服务程序的运行,就需要在这时增加 1 条允许中断指令(也叫开中断指令),当 CPU 执行开中断指令时,IE 就被设置为 1,允许 CPU 响应更高优先级的中断。

中断嵌套是 CPU 在执行 1 个中断服务程序过程中,CPU 响应新的优先级更高的中断请求,导致现在的中断服务程序暂停,执行另外的优先级更高的中断服务程序的现象。

中断嵌套能够使中断请求优先级更高的中断得到优先服务,但是中断嵌套会导致程序运行情况不明确。

C. 处理具体的输入输出。这部分代码完成读写端口来实现输入输出。具体代码与需要的任务有关。

D. 恢复现场。这里从特定内存区域把前面保存的寄存器值恢复到对应的寄存器中。需要保存与恢复的寄存器与具体的输入输出代码有关,不同的输入输出代码使用的寄存器不同。所以把这两个工作放到中断服务程序内由代码实现,不采用由 CPU 控制器统一完成的方式。

E. 可能的开中断。由于此时标志寄存器 FR 的中断允许位 IE 为 0,这是禁止 CPU 响应中断的。这里可以增加 1 条开中断指令,当 CPU 执行开中断指令时,IE 就被设置为 1,允许 CPU 响应更高优先级的中断。也可以等到回到原程序,再通过开中断指令使 CPU 响应中断请求。

F. 中断返回。通常是 1 条中断返回指令。CPU 执行该指令,就恢复标志寄存器的旧值,此值的 IE 位是 1,也就是允许中断。然后恢复 PC 的旧值,这样就开始继续运行原程序。

采用中断方式进行输入输出的设备 D 具有一定的智能化。如果它是输入设备,当它需要从 CPU 获得有效数据时,就向 CPU 提出中断请求,要求 CPU 发送若干字节的数据,一般每次传输的数据不会很多。

CPU 每执行完 1 条指令,检测是否有中断请求。如果有中断请求,并且 IE 位为 1,且该中断请求是优先级最高的,则 CPU 开始响应该中断请求,然后执行该请求对应的中断服务程序。与设备 D 真正打交道是在中断服务程序中具体的输入输出部分(例如,CPU 往数据端口发送几个字节数据)。

当中断返回后,CPU 继续允许被暂停的原程序,设备 D 自己处理数据端口的数据,当设备 D 处理完毕后,它还需要数据的话,再次向 CPU 提出中断。

如果它是输出设备,它与 CPU 的交互过程类似于上面的过程。

可见,除了中断处理的时间,其他时间 CPU 与设备 D 各自独立工作,互不打扰。当设备需要

CPU 的帮助时,主动提出请求。

这样 CPU 与设备 D 的利用率都很高。

利用中断进行设备输入输出的方式适合于设备的请求不频繁、随机请求的情况,并且中断的设备进行传输的数据量不大,为几个字节的情况。

7.4.3 DMA 方式

中断的缺点是:在处理中断时,在原程序与中断服务程序的切换过程中,需要保存与恢复 IP、FR 与其他寄存器,耗费时间。

要进行大量数据传输,需要采用 DMA(direct memory access)方式。

通常实现外设向内存传输 1 次数据的操作是:

CPU 读外设→外设发出数据到数据总线→CPU 得到数据→CPU 发出数据、写内存控制信号→内存接收数。

实现内存向外设传输 1 次数据的操作与上面的过程相反。

DMA 方式就是用 DMA 控制器代替 CPU 发出需要的信号,完成 1 次数据传输,循环若干次,就实现了大量数据的传输。在传输中,CPU 不参与控制信号的产生。在传输开始与传输完成时,CPU 进行初始化或其他工作。

早期,DMA 控制器连接在总线上。现在出现了设备专用的 DMA 控制器。这两种 DMA 控制器与总线的连接如图 7.5 所示。

图 7.5　两种 DMA 控制器与总线的连接

(1)DMA 控制器的组成

DMA 控制器内部包含:地址寄存器 AR(Address_Register)、字数计数器 WCR(Word_ Count_ Register)、数据缓冲器。

(2)DMA 的传送过程

DMA 的数据传送过程分为预处理、数据传送和后处理 3 个阶段:

① 预处理。由 CPU 完成一些必要的准备工作。首先,CPU 执行几条 I/O 指令,用以测试 I/O 设备状态,向 DMA 控制器的有关寄存器置初值、设置传送方向、启动该设备等。

然后,CPU 继续执行原来的程序,直到 I/O 设备准备好发送的数据(输入情况)或接收的数据(输出情况)时,I/O 设备向 DMA 控制器发送 DMA 请求,再由 DMA 控制器向 CPU 发送总线请求(有时将这两个过程统称为 DMA 请求),用以传输数据。

② 数据传送。DMA 的数据传输可以以单字节(或字)为基本单位,也可以以数据块为基本单位。对于以数据块为单位的传送(如硬盘),DMA 占用总线后的数据输入和输出操作都是通过循环来实现的。需要指出的是,这一循环也是由 DMA 控制器(而非通过 CPU 执行程序)实现的,即数据传送阶段完全由 DMA(硬件)控制。

③ 后处理。DMA 控制器向 CPU 发送中断请求,CPU 执行中断服务程序做 DMA 结束处理,包括校验送入主存的数据是否正确、测试传送过程中是否出错(错误则转诊断程序)及决定是否继续使用 DMA 传送其他数据等。

DMA 操作有三种方式:停止 CPU 访问主存、周期挪用、DMA 与 CPU 交替访问主存。

① 停止 CPU 访问主存。当 I/O 设备有 DMA 请求时,由 DMA 控制器向 CPU 发送一个停止信号,使 CPU 脱离总线,停止访问主存,直到 DMA 传送一块数据结束。数据传送结束后,DMA 控制器通知 CPU 可以使用主存,并把总线控制权交还给 CPU。

② 周期挪用(或周期窃取)。当 I/O 设备有 DMA 请求时,会遇到 3 种情况:a.是此时 CPU 不在访存(如 CPU 正在执行乘法指令),因此 I/O 的访存请求与 CPU 未发生冲突;b.是 CPU 正在访存,此时必须待存取周期结束后,CPU 再将总线占有权让出;c.是 I/O 和 CPU 同时请求访存,出现访存冲突,此时 CPU 要暂时放弃总线占有权。I/O 访存优先级高于 CPU 访存,因为 I/O 不立即访存就可能丢失数据,此时由 I/O 设备挪用一个或几个存取周期,传送完一个数据后立即释放总线,是一种单字传送方式。

③ DMA 与 CPU 交替访问主存。这种方式适用于 CPU 的工作周期比主存存取周期长的情况。例如,若 CPU 的工作周期是 $1.2\mu s$,主存的存取周期小于 $0.6\mu s$,则可将一个 CPU 周期分为 C_1 和 C_2 两个周期,其中 C_1 专供 DMA 访存,C_2 专供 CPU 访存。这种方式不需要总线使用权的申请、建立和归还过程,总线使用权是通过 C_1 和 C_2 分时控制的。

(3)DMA 方式和中断方式的比较

① 中断方式是程序的切换,需要保护和恢复现场;而 DMA 方式除了预处理和后处理,其他时候不占用 CPU 的任何资源。

② 对中断请求的响应只能发生在每条指令执行完毕时(即指令的执行周期后);而对 DMA 请求的响应可以发生在每个机器周期结束时(在取指周期、间址周期、执行周期后均可),只要 CPU 不占用总线就可被响应。

③ 中断传送过程需要 CPU 的干预;而 DMA 传送过程不需要 CPU 的干预,因此数据传输率非常高,适合于高速外设的成组数据传送。

④ DMA 请求的优先级高于中断请求。

⑤ 中断方式具有对异常事件的处理能力,而 DMA 方式仅局限于传送数据块的 I/O 操作。

⑥ 从数据传送来看,中断方式靠程序传送,DMA 方式靠硬件传送。

7.5 重难点答疑

I/O 接口的概念。

【答疑】I/O 接口从硬件角度讲就是 1 个电路板,该电路板连接 CPU 与外设。与 CPU 传输需要地址总线、数据总线、控制总线。与外设如何协调工作则是设备设计者需要处理的事情。从 CPU 角度看接口,I/O 接口就是可以访问的寄存器集合。CPU 通过地址区分每个寄存器。

7.6 命题研究与模拟预测

7.6.1 命题研究

从历年全国统考情况来看,本章内容每年都会考查到,有 2 道左右的单选选择题,有时有 1 道综合题。

首先考生需要掌握 I/O 的组成,这属于需要考生记忆与理解的范围。

关于设备的知识会涉及显示带宽的计算,曾经出现在全国统考题目中,属于简单知识。考生能够很容易掌握。

I/O 接口的组成、端口、端口的编址暂时没有出现在全国统考题目中,但属于简单知识。考生很容易掌握。

程序查询、中断、DMA 是本章的重点,曾经多次出现在全国统考题目中。题目多结合总线操作要求进行定量计算。难度属于中等偏上,需要考生通过练习加以掌握。

7.6.2 模拟预测

● 单项选择题

1. 某计算机系统支持多重中断,采用优先级中断处理机制。假设系统中有 3 类中断源,分别为 A(最高优先级)、B(次高优先级)和 C(最低优先级)。在某一时刻,CPU 正在处理中断 B 的请求,同时又发生了 A 和 C 的中断请求。下列关于中断处理顺序的叙述中,正确的是(   )。

A. CPU 将继续处理中断 B,忽略 A 和 C 的中断请求

B. CPU 将立即暂停处理中断 B,先处理 A 的中断请求,处理完 A 后继续处理中断 B,最后处理 C

C. CPU 将同时处理中断 A 和 B,处理完后再处理 C

D. CPU 将按照 A、B、C 的顺序依次处理,处理完当前的 B 后先处理 A,再处理 C

2. 关于程序中断和 DMA(直接存储器访问)方式的概念,下列说法中正确的是(   )。

A. 程序中断方式适用于大量连续数据传输的场景

B. DMA 方式在数据传输过程中,CPU 仍需逐字节参与传输

C. 程序中断方式在每次中断时,CPU 会暂停当前程序执行以处理数据传输

D. DMA 方式不适用于高速设备的数据传输

3. 某计算机系统地址管脚有 20 根。访问内存使用 20 位地址线,访问 I/O 使用 16 位地址线。采用独立编址。则 CPU 可以访问的地址范围的总数是(   )。

A. 2^{20} B. 2^{16} C. $2^{20}+2^{16}$ D. 2^{36}

4. 端口与接口的关系是(   )。

A. 1 个端口只包含 1 个接口   B. 1 个端口可以包含多个接口

C. 1 个接口只包含 1 个端口   D. 1 个接口可以包含多个端口

5. 下列关于直接存储器访问(DMA)方式的叙述中,不正确的是(   )。 【模考密押 2025 年】

A. DMA 适用于大块数据的快速传输

B. DMA 控制器在数据传输过程中可以暂时接管总线

C. DMA 传输不需要 CPU 参与数据传输过程

D. 在 DMA 传输期间,CPU 可以完全自由地执行其他任务,不受任何影响

6. 下列关于 I/O 控制方式中的程序中断和 DMA(直接存储器访问)的叙述中,错误的是(   )。

【模考密押 2025 年】

A. 程序中断方式会导致 CPU 在数据传输过程中频繁处理中断请求

B. DMA 方式在数据传输过程中可以接管总线,避免 CPU 频繁介入

C. 程序中断方式适用于小数据量、低速外设的数据传输

D. 在 DMA 传输中,CPU 完全不需要参与任何控制,直到传输完成

7. 在以下关于 I/O 接口的描述中,正确的是(　　)。　　　　　　　　　　【模考密押 2025 年】

A. I/O 接口用于连接 CPU 与主存储器

B. I/O 接口的主要功能是完成 I/O 设备与外部总线的时序协调

C. I/O 接口主要负责控制 I/O 设备的电源

D. I/O 接口只能通过中断方式与 CPU 进行通信

● 综合应用题

1. 若系统采用周期挪用 DMA 方式进行磁盘与主存之间的数据传输,DMA 控制器的缓冲区大小为 128 字节,磁盘的每个扇区可存储 1024 字节的数据,则在一个扇区传输过程中,DMA 控制器会发出多少次总线请求? 如果 DMA 传输过程中发生了中断,系统将如何处理 DMA 与中断服务程序的总线使用权竞争? DMA 控制器和 CPU 的优先级如何影响这一过程?　　　【模考密押 2025 年】

2. 某计算机采用中断方式进行 I/O 操作。CPU 响应中断的时间(即从 CPU 发现中断到开始执行中断服务程序的时间间隔)是 $6\mu s$。中断服务程序运行完毕返回被中断的原程序需要 $3\mu s$。

(1)如果中断服务程序由 10 条指令构成,且 CPU 每 $1\mu s$ 执行 10 条指令。则中断服务的效率是多少?

(2)假定中断服务的效率是 80%,则中断服务程序应该由多少条指令构成?

3. 假定某 I/O 系统采用 DMA 方式。从外设提出数据传输的请求到数据开始传输需要花费 20ms。数据传输的速率是每 $1\mu s$ 传输 1 个字节。

(1)假定 1 个数据块是 1K 个字节,计算 1 次 DMA 传输的效率。

(2)假定 1 个数据块是 10K 个字节,计算 1 次 DMA 传输的效率。

7.6.3 答案精解

● 单项选择题

1.【答案】B

【精解】B选项正确,在多重中断系统中,当优先级更高的中断请求出现时,CPU会暂停当前的中断服务程序,去处理优先级更高的中断。处理完优先级更高的中断(A)后,CPU会返回继续处理中断B,最后处理优先级最低的C,所以B选项正确。

2.【答案】C

【精解】A选项错误,程序中断方式并不适合大量连续数据的传输,因为每次数据传输都需要CPU参与中断处理,频繁的中断会增加CPU的负担,降低系统效率。大量数据传输更适合DMA方式。B选项错误。在DMA方式下,数据的传输完全由DMA控制器负责,CPU只在数据传输完成后被通知。因此,CPU不需要逐字节参与传输,大大减少了CPU的负担。C选项正确,在程序中断方式中,当外设发出中断请求后,CPU会暂停当前正在执行的程序,跳转到中断处理程序来完成数据传输,处理完后再返回继续执行原程序。D选项错误,DMA方式特别适合高速设备的数据传输,因为它能够在不占用CPU大量时钟周期的情况下,快速在外设和主存之间传输数据。所以正确答案是C选项。

3.【答案】C

【精解】考点为端口编址方式。

独立编址就是I/O端口的地址与存储器的地址是独立的,地址可以相同。

访问内存使用20位地址线,地址范围为2^{20}。

访问I/O使用16位地址线,地址范围为2^{16}。

所以答案为C。

4.【答案】D

【精解】考点为端口、接口的知识。

1个接口,从硬件角度看就是电路板,从软件角度看就是不同端口的集合。端口就是寄存器。接口可以包含多个端口。所以答案为D。

5.【答案】D

【精解】A选项正确,DMA非常适用于大块数据的传输,特别是当设备和内存之间需要高速传输时,DMA可以有效提高传输效率。B选项正确,在DMA传输过程中,DMA控制器可以暂时接管总线,直接在外设和内存之间传输数据,而不需要CPU参与。C选项正确,DMA传输的特点是无需CPU参与数据的实际传输过程,数据传输是由DMA控制器完成的,CPU只需发起传输请求并在传输结束时处理完成中断。D选项错误,虽然DMA能够在传输过程中减轻CPU负担,但在DMA传输期间,CPU并不是完全自由的,因为总线可能会被DMA控制器占用,导致CPU在访问内存时可能会受影响。例如,CPU可能会等待总线可用。

6.【答案】D

【精解】A选项正确,在程序中断方式下,每次数据传输都要通过中断通知CPU,这会导致CPU频繁处理中断请求,尤其是在大量数据传输时,这种方式效率较低;B选项正确,在DMA方式下,DMA控制器可以在数据传输过程中接管总线,实现外设和主存之间的大块数据传输,从而减少CPU的介入,显著提高传输效率;C选项正确,程序中断方式适用于小数据量和低速外设的情况,频繁的中断处理虽然会占用CPU,但对于低速设备,这种方式可以有效提高系统资源利用率;D选项错误,虽然在DMA传输过程中,CPU不参与具体的数据传输,但它需要在传输开始前设置DMA控制器,配置传输参数,并在传输完成后处理中断信号。因此,CPU并非完全不参与任何控制。所以正确答案是D。

7.【答案】B

【精解】A 选项错误,I/O 接口用于连接 CPU 与 I/O 设备,并不是用于连接 CPU 和主存储器,主存储器通过内存总线与 CPU 连接;B 选项正确,I/O 接口的主要功能是负责 I/O 设备与外部总线(如系统总线或设备总线)之间的时序协调,保证数据的正确传输;C 选项错误,I/O 接口并不直接控制 I/O 设备的电源,电源控制是由其他电路或控制器完成的,I/O 接口主要负责数据传输和控制信号;D 选项错误,I/O 接口可以通过多种方式与 CPU 通信,除了中断方式,还有查询方式、DMA(直接存储器访问)等,所以 B 选项正确。

● 综合应用题

1. 【答案精解】

每个扇区的数据大小为 1024 字节,DMA 控制器的缓冲区为 128 字节,DMA 一次能传输 128 字节数据。因此,传输一个扇区需要总线请求次数:1024/128 = 8 次 DMA 传输与中断的总线使用权竞争:

在周期挪用 DMA 方式下,DMA 控制器通过周期性占用总线向主存传输数据。若在此过程中发生中断,请求服务,系统需要协调 DMA 与中断服务程序对总线的竞争。如果 DMA 控制器和中断服务程序同时需要访问,总线,系统将根据它们的优先级决定谁能优先获得总线使用权。通常,DMA 控制器具有比 CPU(包括中断服务程序)更高的优先级。此时,DMA 控制器可以继续传输数据,而 CPU 将暂时挂起执行,直到 DMA 传输完成或 DMA 控制器释放总线。

优先级的影响:

DMA 控制器优先级高:如果 DMA 优先级高于中断服务程序,则即使发生中断,中断服务程序也要等待 DMA 传输完成后才能执行。

CPU 优先级高:如果中断服务程序优先级高于 DMA 传输,则在中断发生时,DMA 传输会被暂停,CPU 先处理中断,然后 DMA 传输在中断处理完成后继续。

这种机制保障了在系统高负载情况下,DMA 和中断都能得到及时响应,但优先级设置的合理性直接影响系统性能。例如,高优先级的 DMA 传输可以减少传输时间延迟,但过高的 DMA 优先级也可能阻塞 CPU 的中断处理。

2. 【答案精解】

某计算机采用中断方式进行 I/O 操作。CPU 响应中断的时间(即从 CPU 发现中断到开始执行中断服务程序的时间间隔)是 6μs。中断服务程序运行完毕返回被中断的原程序需要 3μs。

(1)中断服务程序运行时间是 1μs。

处理中断需要的总的时间是:3+6+1 = 10μs,

中断服务的效率是:中断服务程序的时间÷中断总时间。

所以,1÷10 = 0.1 = 10%。

(2)假定中断服务程序运行时间是 x,假定中断的效率是 80%,即:

x÷(x+9) = 0.8,则 x = 36μs。

CPU 每 1μs 执行 10 条指令,则中断服务程序的指令条数是:10×36 = 360 条。

3. 【答案精解】

(1)假定 1 个数据块是 1K 个字节。

传输该数据块需要时间是:1μs×1024 = 1024μs,

DMA 操作花费总的时间:102μs+20ms = 21024μs,

传输的效率是:1024μs÷21024μs = 0.0487 = 4.87%。

(2)假定 1 个数据块是 10K 个字节。

传输该数据块需要的时间是:1μs×10240 = 10240μs,

DMA 操作花费总的时间为:10240μs+20ms = 30240μs,

传输的效率是:10240μs÷30240μs = 0.3386 = 33.86%。

参考文献

［1］教育部考试中心,2025. 2025 年全国硕士研究生招生考试计算机科学与技术学科统考计算机学科专业基础综合考试大纲［M］.北京:高等教育出版社.

［2］唐朔飞,2008. 计算机组成原理(第 2 版)［M］.北京:高等教育出版社.

［3］William Stallings,2011.计算机组成与体系结构:性能设计(第 8 版)［M］.彭蔓蔓等译. 北京:机械工业出版社.

［4］Carl Hamacher,Zvonko Vranesic,Safwat Zaky,Naraig Manjikian,2013.计算机组成与嵌入式系统(第 6 版)［M］.王国华等译. 北京:机械工业出版社.